MikroComputer—Praxis

Herausgegeben von
Dr. L. H. Klingen, Bonn, Prof. Dr. K. Menzel, Schwäbisch Gmünd
und Prof. Dr. W. Stucky, Karlsruhe

33 Spiele mit PASCAL
und wie man sie (auch in BASIC) programmiert

Von Dr. Heinz-Erich Erbs, Konstanz

Mit zahlreichen Abbildungen, Illustrationen
und Anleitungen zum Weiterbasteln

B. G. Teubner Stuttgart 1984

CIP-Kurztitelaufnahme der Deutschen Bibliothek

Erbs, Heinz-Erich:
33 [Dreiunddreißig] Spiele mit PASCAL und wie man sie
(auch in BASIC) programmiert / von Heinz-Erich Erbs. —
  (MikroComputer-Praxis)
  ISBN 978-3-519-02518-4   ISBN 978-3-663-01222-1 (eBook)
  DOI 10.1007.978-3-663-01222-1

Gesamtherstellung: Beltz Offsetdruck, Hemsbach/Bergstraße
Umschlaggestaltung: W. Koch, Sindelfingen

Vorwort

Das grosse Weihnachtsgeschäft des Jahres 1982 waren die Videospiele - Steuergeräte mit vielfältigem Instrumentarium zum
Schieben, Drehen und - vor allem - zum Abschiessen, und einer
reichen Auswahl zugehöriger Spielkassetten. Heute, im November
1983 stellt sich die Situation für den "Weihnachtsmann" anders
dar: der Trend geht eindeutig weg von dem "reinen" Spielautomaten hin zu den universell einsetzbaren Heim-/Personal Computern.
Da nützt es - in meinen Augen - den Spielautomaten auch nichts,
daß sie geradezu verwegene Dinge lernen: der eine kann BASIC
in der Art des Computerunterstützten Unterrichts vermitteln,
der andere kann zu einer einfachen Heimorgel aufgerüstet werden.
Nur - universell einsetzbar werden sie damit eben doch nicht.

Das Thema "Spiele" ist nun aber keineswegs aus der Welt; es
erhält vielmehr auf dem neuen Trägermedium eine ganz andere
Bedeutung: der Besitzer eines Personal Computers kann mit den
einzelnen Spielen eben nicht mehr nur spielen, sondern er kann
sie umgestalten, verbessern, Varianten ausprobieren.
Damit erschließt sich ihm eine neue, aktive Dimension des Um-
gangs mit Spielprogrammen.

Soweit die Theorie; bei einem gekauften Spielprogramm erwirbt
man in der Praxis doch nur Maschinencode - das Quellprogramm
in BASIC, Pascal oder vielfach Assembler mag der Erfinder kaum
herausgeben. Und bevor man sich an Korrekturen eines Maschinen-
programms herantrauen kann, sollte man doch einige Erfahrung
in der generellen Konstruktion von Spielprogrammen besitzen.
Genau hierzu möchte dieses Buch verhelfen.

Was benötigt man also an Vorkenntnissen?

    Für die Stufe 1 ("Spielen mit den Spielen"):
        keine, außer den Kenntnissen
        "Wie benutze ich einen Mikrorechner (z. B. basis 108
        oder apple II) mit fertigen Programmen"

Für die Stufen 2 und 3 ("Spiele verändern und in andere
                    Sprachen umschreiben")
   erste Erfahrungen in der Programmierung -
   das eine oder andere Programm sollte man bereits
   selbständig geschrieben haben

Für die Stufe 4 ("Spiele selbständig erfinden")
   Wissen, wie man Computerspiele erfindet;
   Erfahrung in der Analyse von Zusammenhängen und Abläufen
   - und genau dieses Wissen sollten sie nach Lektüre
   (und Anwendung!) dieses Buches eigentlich erworben haben!

Neben den Programmen, für deren Existenz ich der alleinig Schul-
dige bin, haben noch folgende Studenten der Universität Konstanz
eine Reihe von Spielprogrammen auf dem Gewissen:

   Ralf Dierenbach (CHICAGO, SCHIFFE_VERSENKEN, SOLITAIRE);
   J. Corber, R. Bühler, G. Kothe (REVERSI); Gerhard Merkle
   (HAMURABI); Matthias Liefland (MONDLANDUNG); B. M. Haas,
   H. Röhl (BIORHYTHMUS); Gerhard Holtkamp (HOROSKOP);
   Konstantin Läufer (GAME_OF_LIFE); K. Läufer, R. Dierenbach
   (PINGPONG); Thomas Beicher (UMDREHEN)

Von den einzelnen Ideenlieferanten will ich hier gar nicht reden -
das Literaturverzeichnis am Ende des Buches zählt einige auf.
Auf der Textseite hat mein Kollege Otto W. Stolz das Kapitel
"Von Pascal nach BASIC" durchgesehen und erweitert. Bei Problemen
mit der Hardware meines MicroComputers stand mir mein "local
dealer" J. Baron von der Firma CAN zur Seite und ohne die Hilfe
meiner Kollegen Jochen Brüning und Alfried Hagemeister wäre das
Erstellen der Druckvorlage sicherlich schwierig geraten.
Der Rest der Danksagungen bleibt in der Familie: bei meiner
Mutter, die (für) die Titelbilder (verantwortlich) zeichnete und
bei meiner Frau, die mich bei den Programmierarbeiten und der
Texterfassung tatkräftig unterstützte. Schließlich bitte ich
meine Tochter noch um Nachsicht mit dem Papa, der schon wieder
ein Buch schreiben "mußte"...

Konstanz, im November 1983   H. E. Erbs

Inhalt

Einleitung

Zunächst einmal: ohne Computer geht's nicht! So wie man Schwimmen
nicht ohne Wasser lernt, so kann man keine Programme verfassen,
ohne Zugriff auf einen Computer zu besitzen. Und mit diesen oder
anderen Programmen zu spielen, ginge dann auch nicht!
Spielen Sie! Lange Zeit wurde die Programmierung von Computern
als derart ernste Tätigkeit betrachtet und die Beschäftigung mit
Spielprogrammen als unseriös abgetan, daß man es sich kaum träumen
lassen konnte, anhand von Spielprogrammen die Programmiererei zu
erlernen. Doch diese Zeit ist vorbei. Man hat eingesehen, daß zur
Entwicklung von "guten" Spielprogrammen wesentliche Grundsätze
der Softwareentwicklung angewendet werden können und auch müssen -
welch glückliches Zusammenspiel: Was sinnvoll ist, macht auch noch
Spaß!

Was benötigt man nun hierzu an Hardware und Software?
Entweder (eine **Pascal-Maschine**):
einen Mikrorechner, etwa vom Typ apple II oder Basis 108, mit
64 KB Arbeitsspeicher, mit Monitor (schwarz/weiß genügt), zwei
Diskettenlaufwerke (eines tut's auch schon, das ständige Wechseln
der Disketten ist nur recht ermüdend) und den unvermeidlichen
Paddles. Einen Drucker benötigt man nicht zwingend - aber man
wird ihn schnell vermissen ...

Oder (eine **BASIC-Maschine**):
Einen Mikrorechner mit möglichst großem Arbeitsspeicher (ein
Sinclair etwa mit 2 KB reicht doch nicht aus...). Weiterhin
natürlich einen Monitor und Paddles. Zum langfristigen Archi-
vieren der Programme empfehle ich ein Diskettenlaufwerk - lassen
Sie hierbei besser die Finger von Cassettenrecordern!

An Software benötigt man für die Pascal-Maschine (natürlich)
das Pascal-Sprachsystem, also einen Pascal-Compiler oder besser
noch: das komplette UCSD-Pascal-System (genau für dieses System
sind alle Beispielprogramme geschrieben). Die BASIC-Maschine
erfordert keine besondere Software; BASIC gehört in der Regel
zu der Standardausstattung eines jeden Computers.

Zwei Fragen stellen sich Ihnen sicherlich, wenn Sie dieses
Buch durchblättern:
    1. Warum enthält es "nur" 33 Spiele?
       Schließlich gibt es doch Bücher mit 100 Spielen
       oder noch mehr!
    2. Warum sind die einzelnen Spiele so lang?
Meine Antwort auf diese Fragen: Schauen Sie sich einmal diese
Bücher mit 100 Spielen genau an und vergleichen Sie sie mit dies-
sem Buch! Prüfen Sie insbesondere, ob sie die abgebildeten Programme lesen (und verstehen!) können. Und prüfen Sie, wie sich
diese Programme beim harten Spieleinsatz bewähren!

Dieses Buch bietet also nicht:
    - möglichst viele Spielprogramme, an denen man sehen kann,
      wie man möglichst viele undurchsichtige Anweisungen in
      beliebig kleine Rechner bekommt und
    - Spiele, die man weder verstehen, geschweige denn verändern
      kann.

Dieses Buch bietet:
    - "nur" 33 Spielprogramme, die aber verständlich sind und
      leicht verändert werden können,
    - Programme, die Ihnen Bausteine bieten, mit denen Sie weitere
      Spielprogramme realisieren können und
    - ausgetestete Spielprogramme (nichts ist ärgerlicher, als ein
      Spielprogramm, das an der entscheidenden Stelle immer wieder
      "aussteigt").

Die Zeiten sind vorbei, in denen der Programmierer bewundert wurde, der besonders trickreich programmieren konnte. Heute kommt es
darauf an, keine Tricks zu verwenden, sondern lesbare und damit
wartbare Programme zu schreiben. Ein Programm, bei dem man jedes

Statement erst mühsam entschlüsseln muß, ist ein sicherer Kandidat
für den Papierkorb!

Bei der **Auswahl der Spiele** habe ich versucht, eine Mischung aus
einfachen Spielen, die trotz ihrer Einfachheit noch interessant zu
spielen sind, und komplexeren Spielen zu finden. Dabei wird man
weder ein Schachprogramm finden (wesentlich zu komplex für diese
Sammlung) noch Kriegsspiele (SCHIFFE_VERSENKEN ist in meinen Augen
das Äußerste, was man bei dieser Maxime durchgehen lassen kann).
Andererseits habe ich Programme aufgenommen, die nur schwer als
Spiele zu erkennen sind: LEBENSBERATER oder PARTNER_VERMITTLUNG
sind zwei Beispiele hierfür. Gerade diese beiden Programme sind -
wie viele andere auch - an der Universität Konstanz in vielen
Einführungskursen benutzt worden, um den Umgang mit einer Rechenanlage kennenzulernen - und dabei hat sich der Spielcharakter
dieser Programme deutlich gezeigt. Es kommt letztlich nur darauf
an, sie nicht allzu ernst zu nehmen!

Warum sind alle 33 Spiele in Pascal geschrieben?
Viele Programmierer antworten auf die Frage "Warum verwenden Sie
als Programmiersprache die Sprache X?" mit "Die habe ich als erste
und einzige gelernt!". Dieses - eher armselige Argument - kann ich
für mich nicht verwenden; nach meinem Einstieg in die Programmiererei mit FORTRAN IV, einigen Gehversuchen in ALGOL 60 und PL/I
und reichlich "Quick and Dirty"-Programmierung mit BASIC bin ich
schließlich bei Pascal "hängengeblieben". Doch dürfte auch das
noch lange kein Grund sein, ein Buch mit Pascal zu schreiben, wo
sich BASIC-Bücher wesentlich besser verkaufen lassen!

Die Gründe liegen viel tiefer: Mir ist der Aufwand zu groß, zu
einer gegebenen Aufgabenstellung das entsprechende BASIC-Programm
zu schreiben - mir ist die Sprache mit ihren einfachen Mitteln zu
wenig problemnah; Pascal kommt mir (und dem Problem) wesentlich
mehr entgegen!

So hat Rüdeger Baumann durchaus recht, wenn er sagt, "daß man auch
in BASIC gut strukturierte und damit verständliche Programme
schreiben kann" (Baumann: Computerspiele und Knobeleien programmiert in BASIC). Die Frage ist nur: Wie groß ist der Aufwand, den

man dafür neben der "eigentlichen" Entwicklung treiben muß?
Und: Wie sehr legt es die verwendete Sprache dem Programmierer
nahe, klar und verständlich seine Gedanken und Entwurfsziele aus-
zudrücken?

Klaus Menzel führt das in seinem Buch "Dateiverarbeitung mit
BASIC" deutlich vor Augen: Neben dem eigentlichen Programm (ohne
Kommentar und erkennbarer Strukturierung) führt er eine Datei mit
Erläuterungen mit; jede Programmzeile erhält darin eine eigene
Kommentarzeile. Doch nicht genug damit, zwei Listen der verwende-
ten Variablennamen (nach Zeilennummern und nach dem Alphabeth
sortiert) mit einer kurzen Erläuterung sollen zusätzliches Licht
in das Dunkel des Programms bringen.

Nein, das ist mir alles viel zu mühsam! Ein Programm muß in meinen
Augen stets selbsterklärend sein, d. h.

o Bezeichner (als Variablennamen z. B.) müssen "sprechend" sein
  (ZEILEN_NUMMER statt Z1) und
o die Funktion der Anweisungen muß in den Anweisungen selber
  erkennbar sein und nicht durch zusätzliche Kommentare
  erklärt werden; die Struktur des Programms und die ver-
  wendeten Bezeichner müssen hier genügen!

Also: **Alles was zu einem Programm an Wissen gehört, muß auch im
Programm stehen!** Bei professionellen Software-Entwicklungs-
systemen geht das sogar so weit, daß die gesamte Dokumentation
(das Benutzerhandbuch!) Bestandteil des Programmes ist.

Und genau diese Anforderungen erfüllt unter den Sprachen-Kandida-
ten nur Pascal (und BASIC eben nicht). Mehr noch:

1. Pascal hat neben BASIC den höchsten Verbreitungsgrad auf
   Mikrorechnern.

2. Pascal ist (fast) normiert, BASIC erst auf dem langen
   Weg dorthin; aber was noch wichtiger ist: für Pascal gibt
   es in den einzelnen Implementationen nur geringe Abweichungen von dieser (oder der Wirth'schen) Norm - in BASIC

sieht's dagegen schön bunt aus: jeder Hersteller hat sein
eigenes BASIC konzipiert und realisiert.

3. Pascal wird von vielen als ideale "Design-Sprache" ange-
   sehen; als Sprache also, in der man einen Algorithmus ent-
   wirft und danach - wenn nötig - in eine andere Programmiersprache übersetzt.

4. Und die Effizienz? Eine Reihe von Sprachmitteln (z.B. Operationen mit dem Mengentyp) lassen sich höchst effizient ausführen
   (wenn der verwendete Compiler schlau genug ist und den entsprechend effizienten Maschinencode erzeugt). Und: BASIC-Programme
   werden in der Regel interpretiert, Pascal-Programme compiliert
   und der Maschinencode ausgeführt: ein Unterschied, der bei vielen Schleifendurchläufen voll zugunsten des compilierten
   Pascal-Programms durchschlägt.

Nun aber genug des Sprachenstreits (viele bezeichnen das schon als
"Glaubenskrieg" unter Programmierern) und hin zu den 33 Spielprogrammen:

Wenn auch so viele verschiedene Programmierer für die einzelnen
Programme verantwortlich sind, so findet man doch in den einzelnen
Programmen einen - weitgehend - einheitlichen **Programmierstil**
durchgehalten:

o Die Schlüsselwörter sind GROSS und Bezeichner klein geschrieben,
o es wird wenig (bis gar nicht) innerhalb des Programms kommen-
   tiert - durch die Wahl der Bezeichner und weitgehende Strukturierung in Prozeduren und Funktionen erübrigen sich zusätzliche Erklärungen (eine Variable 'HIER_IST_DER_KOBOLD' braucht
   man nicht mehr zu erklären),
o an dem Trennsymbol ';' und genauer noch: an seiner Plazierung,
   scheiden sich die Geister; die einen schreiben es an das Ende
   jeder Anweisung (außer der letzten), die anderen benutzen es
   als optischen Zusammenhalt der Anweisungen eines Blocks und
   setzen es an den Anfang der folgenden Zeile. Beide Möglichkeiten
   können Sie in den Programmen dieses Buches finden (aber natürlich nicht innerhalb eines Programms gemischt).

Gibt es nun eine Zwangsläufigkeit, mit der eine Problemstellung zu
einem Programm geführt hat/führt? **Ist Programmieren ein deduktiver
Prozeß,** bei dem ein bestimmter Input (= Anforderungen) einen und
nur einen Output (= Programm) ergibt? Sicherlich nicht - Dutzende
von Lösungen zu ein und demselben Problem belegen das Gegenteil!
So liegt es also ganz allein in der Hand des Programmierers, ein
bestimmtes Programm zu schaffen, wenn man auch stets 'Egoless
Programming' als Ziel vor Augen haben sollte, die 'Handschrift
des Meisters' bekommt ein Programm in jedem Fall.
Und so finden Sie auch in diesem Buch bei gleichartigen Problem-
stellungen ganz unterschiedliche Lösungen.

Ein Beispiel hierzu (Darstellung eines Kartenspiels):
```
    bei MAUMAU: karten_typ = (karo_bube .. kreuz_as)
                ein "Blatt":  SET OF karten_typ
    bei 17+4  : karten_typ = RECORD

                                farbe: (karo .. kreuz);
                                wert :  bube .. as
                            END;
                ein "Blatt":  Dynamische Datenstruktur "Ring"
```

Außerdem glaube man nur ja nicht, daß alle 33 Programme ideal-
typisch sind - sie sind sicherlich so weitgehend "durchprogram-
miert", daß sie viele der Anforderungen an verläßliche Software
erfüllen, aber nicht in jedem Programm sind **alle** Anforderungen
erfüllt. Noch genauer gesagt: Die Abprüfung der Eingabedaten
(Plausibilitätskontrollen etc.) fällt in dem einen Programm etwa
ärmlich aus, in einem anderen jedoch wird jede mögliche Eingabe
des Anwenders berücksichtigt. Die aufmerksame Analyse der Programme wird den Leser sicherlich schulen, daß er

1. den "Reifegrad" jedes einzelnen Programms erkennt,

2. die Programme durch eigene Ergänzungen zu einem höheren
   Reifegrad kommen läßt und - was mir noch wichtiger ist -

3. diese Erfahrungen bei der Programmierung eigener Aufgaben-
   stellungen anwendet.

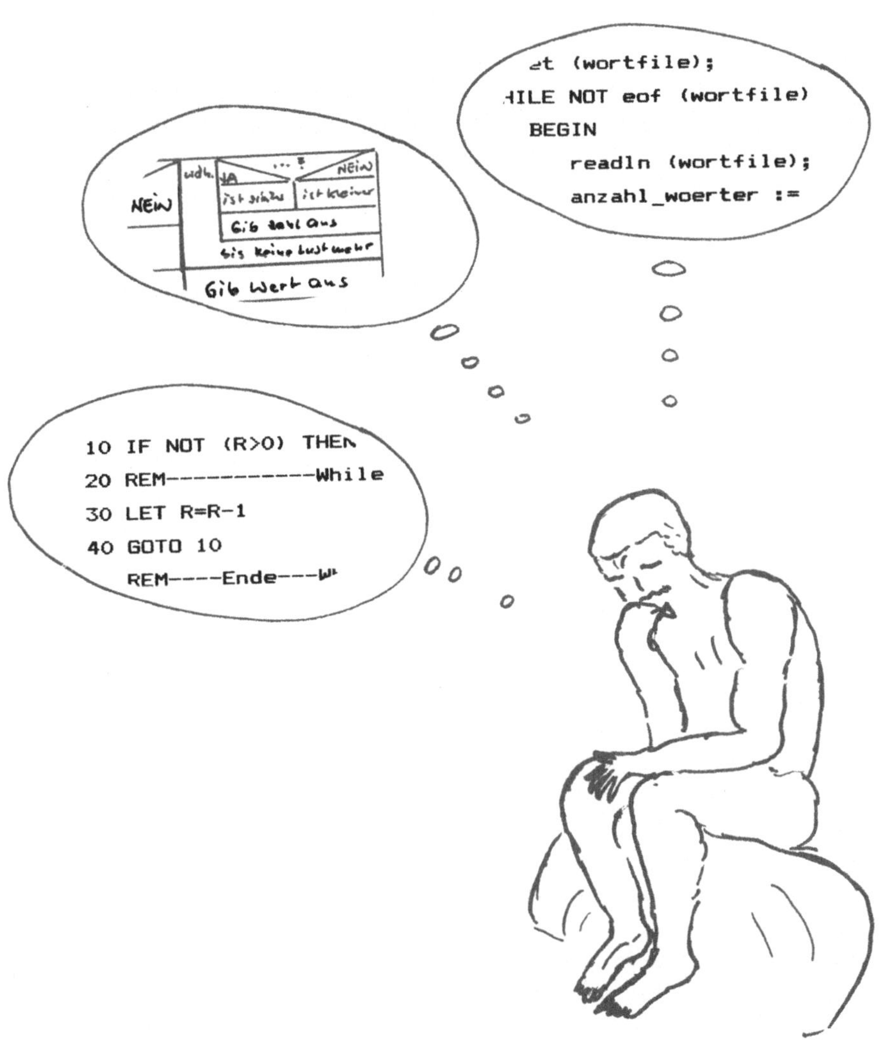

1 Spielprogramme – wie man sie programmiert

1.1 Konstruktion von Spielprogrammen : Prinzipien

In diesem Buch steht zwar die Praxis des Spiele-Programmierens
im Vordergrund, aber auf ein wenig Theorie kann man dennoch
nicht verzichten. Allzu weit gehe ich dabei in den grundlegenden
Betrachtungen sicher nicht - das mag mir der eine oder andere bei
dem einen oder anderen Thema möglicherweise vorwerfen. Ich habe
mich bei der Auswahl der Einzelthemen von dem Gedanken leiten
lassen: Was benötigt man an grundsätzlichem Wissen, um Spielprogramme selbständig zu konstruieren. Dazu gehört meiner
Meinung nach ein Klassifizierungsschema für Spieltypen und
die Kenntnis verschiedener Gewinnstrategien. Weiterhin sollten
Zufallszahlen nichts Geheimnisumwittertes mehr sein (wie es für
mich in der Anfangszeit meiner Programmierlaufbahn auch war).
Und schließlich möchte ich anhand von 9 Regeln zeigen, welchen
Anforderungen Spielprogramme (und man mag sagen: nicht nur
diese!) genügen müssen und welche besonderen Klippen bisweilen
mühelos (?) umschifft werden können (ich denke dabei z. B. an
das Problem des Randes auf Spielfeldern).

1.1.1 Allen Spielprogrammen gemeinsam: der Aufbau

Die Überschrift dieses Kapitels ist eine reine Provokation:
Wie können alle Spiele denselben Aufbau haben? Reicht nicht
der Vergleich von - sagen wir - 17+4 und ROENTGEN, um das
Gegenteil zu beweisen? Nein, dieser Vergleich findet mit einem
falschen Maßstab statt - mir geht es hier lediglich um die
generelle Programmstruktur. Und die weist folgende Elemente auf:
- o Einleitung mit
    - oo Anfangsmeldung ('Hier ist Spiel xyz Version 2.03')
    - oo Ausgabe des Spielablaufs und der Spielregeln
    - oo Wer fängt an?
    - oo Ausgangsstellung herstellen (Zahl ausdenken,
        Spielfeld-Grundaufstellung etc.)
- o das "eigentliche" Spiel
- o Schluß mit
    - oo Gewinner bekanntgeben
    - oo Schlußmeldung ('Ende Spiel xyz')

Und schon kommt der Einwand: Ein Spiel wie ZAHLENRATEN kennt
doch gar keinen Gewinner! Richtig; dafür es ist ja auch ein
Einpersonen-Spiel und außerdem tritt an die Stelle eine andere
Aktion: Entweder zu gratulieren (z. B. Zahl wurde erraten) oder
die Zahl zu nennen (Spieler hatte keine Lust mehr und hörte auf).
Gerade an die Bekanntgabe der Lösung muß ein Spiel-Programm
im letzten Fall unbedingt denken!

Kommen wir zur Struktur des "eigentlichen Spiels". Ich erkenne
hier zwei Varianten:

Variante 1: auf die Zugeingabe ausgerichtet

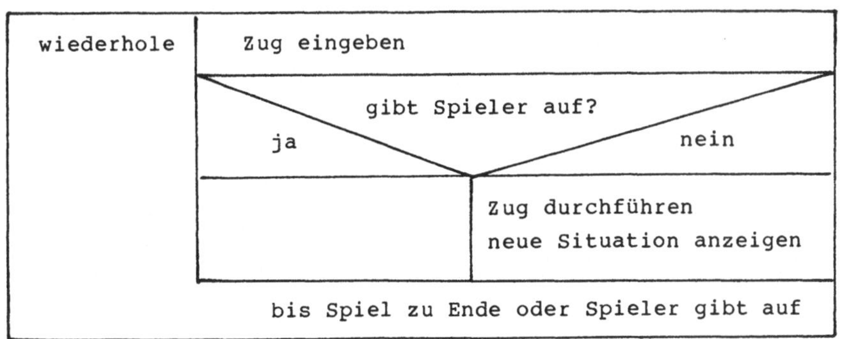

Diese Struktur läßt sich gut bei einfachen Spielen (wie ZAHLEN-
RATEN) und insbesondere bei Einpersonen-Spielen anwenden.

Variante 2: auf das Zugresultat ausgerichtet

Beiden Varianten gemeinsam ist die Existenz z w e i e r
Abbruchkriterien: das Ziel wurde erreicht oder ein Spieler
gibt auf. Die "saubere" Konstruktion einer Wiederholung
ohne Fallunterscheidung im Rumpf gelingt in keinem Fall -
es kann ja immer sein, daß gerade das "andere" Abbruch-
kriterium erfüllt ist.

Ein besonderes Problem stellt noch der Wechsel der Spiel-
aktionen ("Wer ist am Zug?") dar.
Eine einfache Lösung könnte so aussehen:

Eingabe Zug des Menschen Verarbeitung des Zuges
Berechnung Zug des Rechners Verarbeitung des Zuges

Abgesehen von dem zweifachen Aufruf der Verarbeitungsroutine gibt
es einige Probleme, die in dieser Darstellung nicht aufgenommen
sind:
- Der Zug des Rechners darf nicht mehr berechnet werden,
  wenn der menschliche Zug zum Spielende geführt hat.
- Der "Zug" des Menschen kann nur dann ausgeführt werden,
  wenn es überhaupt einer war; bei Spielaufgabe müssen die
  restlichen Schritte unberücksichtigt bleiben.
- Und wie werden Mehrfachzüge einer Partei abgehandelt?

Ich erspare mir und Ihnen das Struktogramm einer Struktur,
die alle diese Abhängigkeiten aufnimmt und auf dieser "einfachen"
Lösung aufgebaut ist. Einfacher wird es tatsächlich erst, wenn
man von der ursprünglichen starren Struktur abgeht und lediglich
einen Schritt vorsieht, eine Prozedur ZUG, die mit einem
Parameter SPIEL_PARTEI versehen ist. Diese Prozedur hat dann
auch die Aufgabe, die Spielpartei zu bestimmen, die den
nächsten Zug durchführt, und dabei bereitet es dann auch keine
Schwierigkeiten, wenn eine Partei mehrere Züge hinterein-
ander vornimmt.

Sehen wird uns diesen Aufbau im Struktogramm an:

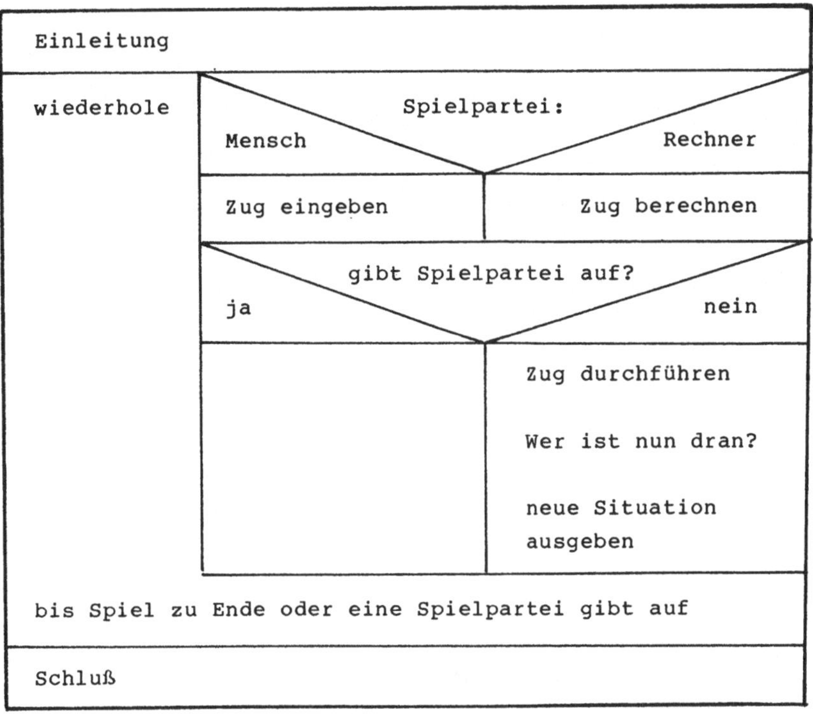

Wem das zuviel Grafik ist, der kann sich diese Struktur auch
als Pascalprogramm ansehen:

```
PROGRAM spiel (input,output);
TYPE
    spielertyp = (mensch,rechner);
VAR
    spiel_partei : spieler_typ;
.
. < hier stehen  die  einzelnen Prozeduren >
.
BEGIN
    einleitung (spiel_partei);
    REPEAT
       CASE spiel_partei OF
          mensch : zug_eingeben(zug);
```

```
            rechner: zug_berechnen(zug)
        END (* Case *);
        IF spiel_aufgabe
            THEN
                (* nun ist nichts mehr zu tun *)
            ELSE
                BEGIN
                    Zug_durchfuehren(zug,spiel_partei);
                    situation_ausgeben(spiel_partei)
                END (* Else *)
    UNTIL spiel_zu_ende OR spiel_aufgabe;
    schluss
  END (* Spiel *).
```

Und noch ein Randproblem: Wie wird festgelegt, wer den ersten Zug
macht? Hier bieten sich zwei Lösungen an; entweder läßt das Programm den menschlichen Spieler die Wahl oder es bestimmt über eine
Zufallszahl den Beginner. Die Zufallswahl kann dann so aussehen:

```
    IF odd(random)
        THEN
            faengt_an := mensch
        ELSE
            faengt_an := rechner
```

Diese Anweisung paßt dann auch sehr einfach zu folgender
Prozedurdefinition:

```
    PROCEDURE einleitung (VAR faengt_an : spieler_typ);
```

Man sieht, eine zusätzliche Variable braucht man überhaupt
nicht!

1.1.2 Der Computerpart: Rollen & Strategien

In meinen Überlegungen zur generellen Struktur von Spielprogrammen im vorigen Abschnitt klang stets wieder der Zug des
Rechners an. Dabei kommt es in vielen Spielen gar nicht zu
einem solchen Zug: Der Rechner beschränkt sich lediglich
auf die Durchführung des Spiels, d. h. er "führt Buch" über
die Züge des Menschen. Auch das Herstellen einer Anfangs-
situation, bei der z. B. eine Zeichenfolge zufällig angelegt
wird (und dann vom Menschen geraten werden muß), weist den
Rechner noch nicht als aktiven Partner aus. Aktiv wird er erst
als Gegenspieler wie in REVERSI oder, wenn er der alleinige Spieler ist (wie im LABYRINTH). Und in dieser Rolle kann man bei dem
Computer als Spieler verschiedene Strategien erkennen, nach denen
die einzelnen Züge ermittelt werden:

1. Formelmäßige Berechnung des nächsten Zuges
  Bei vollständig analysierten Spielen (wie z. B. NIM) läßt
sich zu einer beliebigen Situation sagen, ob sie gewinn- oder
verlustbringend ist, d. h. ob es allein in der Hand des Spielers
liegt, das Spiel zu gewinnen oder nicht. Man spricht hier auch
von einer "sicheren" bzw. "unsicheren" Position. Ist eine
sichere Position erreicht, ist es möglich, einen Zug zu berechnen, der wiederum in eine sichere Position führt. Und letztlich
führt dieses Vorgehen zum Ziel, dem Gewinn des gesamten Spiels.
Was im NIM-Spiel recht einfach gerät, ist in anderen Spielen nur
schwer und bei den meisten Spielen gar nicht möglich: Eine
sichere Position als "sicher" zu erkennen und sogar noch eine
Operation anzugeben, die wieder in eine sichere Position über-
führt. Schach ist hierfür sicherlich das herausragende Beispiel.
Aber was ist also zu tun, wenn eine formelmäßige Berechnung nicht
möglich ist?

2. Alle Möglichkeiten durchprobieren
Diesem Vorgehen kommt die spezielle Eigenschaft eines Computers
entgegen, sehr viele Operationen in kurzer Zeit durchführen zu
können, und man müßte doch eigentlich von einer maßgeschneider-
ten Strategie sprechen. Wenn nur nicht die Komplexität der
Situation wäre! Den Ausweg aus einem Labyrinth zu suchen - das

geht noch an; viele Alternativen gibt es ja auf den einzelnen Wegen nicht. Alle Möglichkeiten eines Spiels mit KALAH aus einer beliebigen Situation bis zum Ende durchzurechnen, geht aber schon
weit über die Leistungsfähigkeit eines Computers hinaus. Denn was
sind a l l e Möglichkeiten? Das bedeutet: Auf - sagen wir -
5 alternative Züge von Spieler A folgen 4 Alternativen von Spieler
B, darauf wieder 3 von A, 6 von B usw. Alle genannten Zahlen
müssen miteinander malgenommen werden, um zu der Anzahl der
verschiedenen Zugfolgen zu gelangen (hier also bei 4 Zügen:
5 * 4 * 3 * 6 = 360). Im "worst case" müßte man bei 5 Doppel-
zügen also 6! = 60 466 176 Zugfolgen durchrechnen - eine unlös-
bare Aufgabe für einen Mikrocomputer, und ein Spielende ist dann
in den meisten Fällen auch noch lange nicht abzusehen.

Es kann also bei dieser Strategie nur darum gehen, in einer
bestimmten Tiefe alle Möglichkeiten durchzuprobieren und die
günstigste Zugfolge auszuwählen. Nur, wie erkennt der Computer die
günstigste Zugfolge?

3. Eine Spielsituation bewerten

Das einfachste Bewertungsproblem liefert KALAH: Die Position
der Spielsteine spielt fast keine Rolle, lediglich die Zahl der
Steine im eigenen HOME stellt den Maßstab dar. Damit genügt ein
Blick in diesen Topf (im Vergleich zu dem des Gegners), um
den Wert einer bestimmten Situation (und nun wieder im Vergleich zur Ausgangsposition) festzustellen. Schwieriger liegen
die Dinge bei einem Spiel wie REVERSI: Die "nackte" Zahl an
eigenen Steinen sagt gar nichts über den "Wert" der gesamten
aktuellen Stellung aus, ihre Anordnung auf dem Spielfeld ist
wesentlich wichtiger als ihre Anzahl (das kann jeder bestä-
tigen, der das Spiel einmal gespielt hat). Hier bietet sich
als einfache Lösung eine "Bewertungsmatrix" an, mit der jedem
Spielfeld eine Bewertungszahl zugeschrieben wird, die seinen
strategischen Wert wiedergibt. Summiert man nun auf - stets
relativ zu diesen Bewertungszahlen - so erhält man eine gute
Maßzahl für den Wert einer Situation.

4. Minimax-Verfahren

In KALAH wird die Bewertung jeder Stufe um die Tiefenposition
gewichtet, d. h. ein früher Zug in der Zugfolge ist wahrschein-
licher als ein später und bietet einen sicheren Gewinn. Sehen
wir uns einmal zu KALAH einen Ausschnitt aus dem "Spielbaum"
an (in den Knoten ist die Differenz der beiden HOMEs angegeben):

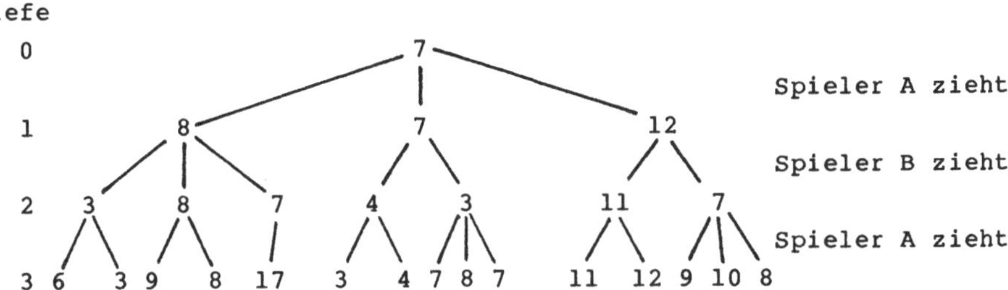

Eine Strategie, die berücsichtigt, daß Spieler A ein Maximum
erreichen will, Spieler B jedoch gerade des Minimum (für A) zuläßt, muß also versuchen, in jeder Tiefe des Baumes die optimale
Wahl zu treffen. In diesem Spielbaumausschnitt bedeutet das:

    Spieler A wählt in Tiefe 1 die Variante max(8,7,12) = 12
    Spieler B wählt in Tiefe 2 min(11,7) = 7

    Spieler A wiederum wählt in Tiefe 3 max(9,10,8) = 10
Damit ist zwar nicht das absolute Maximum erreicht worden (das
beträgt 17), aber hätte Spieler A in Tiefe 1 die Variante mit
der Bewertungszahl 8 gewählt, so hätte Spieler B in Tiefe 2
die Variante min(3,8,7) = 3 genommen und das Endresultat in
Tiefe 3 wäre für Spieler A wesentlich magerer ausgefallen:
max(6,3) = 6.

5. Lernender Automat

Warum soll man auch einen Zug, den man früher einmal als falsch
diagnostiziert hat, immer wieder tun. Für einfache Spiele (wie
TIC-TAC-TOE z. B.) stellt dieses Vorgehen die beste
Strategie dar: Der Rechner merkt sich die Situationen und Folge-
züge, die zum Verlust der Partie geführt haben und spielt sie
nie wieder so. So leicht sich das jetzt anhört (der Mensch

macht's doch genauso?), so schwierig ist das jedoch in "höheren"
Spielen zu realisieren, denn:
1. Wie erkennt der Computer den "falschen Zug", welcher
   in der Zugfolge war das?
2. Wann sind zwei Spielsituationen "gleich" - absolute
   Identität führt z. B. im Schachspiel zu nichts;
   hier kommt es auf das Erkennen von Mustern an!
Wollte man diese Überlegungen weiterführen, käme man ganz zwangs-
läufig in das Gebiet der "künstlichen Intelligenz" und das führt
in diesem Buch nun wahrlich zu weit!

1.1.3 Zufall oder kein Zufall - das ist hier die Frage

In den meisten Spielprogrammen werden zufällige Anfangszustände
benötigt, so wird eine zu ratende Zeichenfolge festgelegt, ein
Wort aus einem Wortschatz ausgewählt und vieles andere mehr.
Oder der Rechner ermittelt seinen Zug aus der Menge der Varianten völlig zufällig. Nur, was heißt hier "zufällig"? Alle
Abläufe sind durch den Programmierer vorherbestimmt, ein zu-
fälliges Element kann es doch in einem Computerprogramm gar nicht
geben! Richtig, und doch ist es möglich, Algorithmen zu entwerfen,
die Zahlenfolgen errechnen, die für den Menschen recht zufällig
zusammengestellt aussehen.
Ein Beispiel:
   Die Zahlenfolge   19 41 11 17 3 57 59 33 5 1 9 43
sieht schon recht zufällig aus, und doch entstammt sie lediglich folgender Vorschrift:

$$z\_neu := (19 * z\_alt) \bmod 64$$

Dabei wird als z_alt stets das letzte z_neu eingesetzt und als
Startwert im Beispiel oben wurde 1 verwendet. Diese Formel liefert nur Zufallszahlen im Bereich 0..63 und dies möglicherweise
nicht einmal sonderlich gut. Eine bessere Implementation dieses
Algorithmus auf eine bestimmte Rechenanlage sieht so aus, daß
man in der allgemeinen Form

$$z \quad := (a * z \quad) \bmod r$$

die Konstante r durch die größte im Rechner darstellbare Zweierpotenz (+1!) ersetzt.

Verwendet beispielsweise ein Mikrorechner wie der apple II 16 Bits
zur Darstellung von ganzen Zahlen, so wäre die größte ganze Zahl
$2**15$, also 32768. Doch leider läßt der Compiler diese Zahl nicht
zu. Da sie den Wert von maxint im normalen Datentyp integer übersteigt, wird sie als zu groß abgelehnt. Damit bleibt als nächst-
niedrigere größte Zweierpotenz $2**14 = 16384$. Als Wert für a wird
in der Literatur 32781 vorgeschlagen oder aber ein anderer Wert
der Bildungsregel $a = 8 * t + 3$ (wobei t eine beliebige ganze Zahl
$>= 0$ ist). Die vorgeschlagene Konstante 32781 läßt sich auch am
apple II nicht anwenden (> maxint!); hier muß man also auch etwas
tiefer ansetzen, z. B. mit 32763.

Und jetzt wird's trickreich: Das Produkt a * z übersteigt in
vielen (in fast allen) Fällen den Wert von maxint - gibt das
denn keinen Laufzeitfehler? Es gibt keinen, vielmehr wird eine
Zahl errechnet, die kleiner als maxint ist! Der Grund dafür
liegt darin, daß bei der Multiplikation (im Binärsystem) alle
Stellen über 16 Bits herausfallen und siehe da: Damit erfolgt
bereits ganz automatisch die Restklassenbildung mit $r = 2**16$
$= 65536$, die uns der Compiler nicht erlaubt hat.

Als einfachen **"Pseudo-Zufallszahlengenerator"** für den apple II
erhalten wir also folgende Funktion:

```
          FUNCTION zufall: integer;
          BEGIN
             zufall_neu := zufall_neu * 32763
             zufall     := zufall_neu
          END;
```

wobei zufall_neu vor dem ersten Aufruf der Funktion mit irgend-
einem Wert initialisiert werden muß.
Doch selbst diese Funktion brauchen wir nicht zu verwenden, UCSD-
Pascal sieht hierzu eine vordefinierte Leistung vor: die RANDOM-
Funktion. Sie ist Bestandteil der Bibliothek APPLESTUFF und
kann daraus aufgerufen werden. Im Programm sieht das etwa so aus:

```
          USES applestuff;
             .
          zufall := RANDOM
             .
```

Doch damit ist das Problem eines geeigneten Startwertes nicht
gelöst. Auch RANDOM liefert immer dieselbe Folge (der Startwert
wird implizit festgelegt). Man kann hier auch nicht auf den
guten Willen des Anwenders eines Spielprogramms bauen, der
zum Spielbeginn zunächst einmal einen Startwert vorgibt (mit
dem man die Funktion RANDOM einige Male "leerlaufen" läßt)
oder schlimmer noch: bei jedem Spiel einen anderen wählt!
Aber auch hier gibt es Abhilfe: viele Pascal-Versionen bieten
eine Zeitfunktion (ob sie nun die Uhrzeit oder die Maschinenzeit
bieten, ist gleichgültig), die man zum "Anwerfen" des Zufallszahlengenerator benutzen kann:

```
        leer_zyklen := maschinen_zeit MOD 1000;
        FOR i := 1 TO leer_zyklen DO
            zufall_zahl := random
```

So muß man es zumindest machen, wenn man den Startwert nicht
direkt (als Konstante) setzen kann bzw. will.
Eine noch einfachere Lösung bietet wiederum die UCSD-Bibliothek
applestuff: Mit Hilfe der Prozedur RANDOMIZE wird ein zufälliger
Startwert für RANDOM aus der Maschinenzeit ermittelt. Welche
das nun genau ist, darüber schweigt sich das Manual aus - dort
ist nur ein Bezug zur Ein-/Ausgabe angedeutet (Apple Pascal
Language Reference Manual S. 201).

Die einfachste (Apple-)Lösung zur Realisierung eines Würfelwurfs
sieht dann so aus:

```
        randomize;
        wuerfel := RANDOM MOD 6 + 1
```

Und genau diese Lösung wird auch in allen Beispielprogrammen,
in denen Zufallszahlen gebraucht werden, verwendet.

Kommen wir zur Anwendung des (Pseudo-)Zufallszahlengenerators;
Zahlen aus dem Bereich 0..32767 braucht man in den wenigsten Fäl-
len, benötigt wird vielmehr eine zufällig gezogene Spielkarte, ein
Wort, eine Zeichenfolge oder ein Zufallsschuß.

1. Zahl aus einem Bereich des Datentyps INTEGER ("Subrange")
    Aus dem Bereich ANFANG..ENDE soll zufällig eine Zahl
    ausgewählt werden.

```
    zufalls_zahl := anfang + random MOD (ende-anfang+1)
```

Im Sonderfall anfang = 1 reduziert sich diese Formel auf:
    zufalls_zahl := random MOD ende + 1
Aber darauf wären Sie sicherlich auch selbst gekommen ...

2. Element (= Index) einer Reihe
Dieses Problem ist im Kern dasselbe wie in Rezept 1
(Zahl aus Bereich).

3. Element aus einer Menge

wiederhole	numerisches Äquivalent ermitteln (nach Rezept 1: Zahl aus Bereich)
	Transformieren in den Objektbereich
bis gezogenes Objekt in der Menge enthalten ist	

In Pascal sieht das etwa so aus (aus MAUMAU):

```
REPEAT
        karte := spiel_karte (zufall)
UNTIL karte IN karten_set
```

'zufall' ist dabei folgende Funktion:

```
FUNCTION zufall : num_typ;
BEGIN
    zufall := random MOD anzahl_karten
END (* Zufall *);
```

und SPIEL_KARTE übernimmt die Transformation numerischer Werte
aus dem Bereich 0..(anzahl_karten-1) in den Objektbereich
karo_bube .. kreuz_as.

```
FUNCTION spiel_karte (numerisch: num_typ): karten_typ;
VAR
    karte : karten_typ;
BEGIN
    karte := karo_bube;
    WHILE numerisch > 0 DO
        BEGIN
            karte := succ(karte);
```

```
            numerisch := pred(numerisch)
        END (* While *);
      spiel_karte := karte
    END (* Spiel_karte *);
```

4. Satz aus einer Datei

Zunächst muß man die Anzahl der Sätze der Datei bestimmen,
etwa so (aus WORTRATEN):

```
        anzahl_woerter := 0;
        reset (wortfile);
        WHILE NOT eof (wortfile) DO
            BEGIN
                readln (wortfile);
                anzahl_woerter := anzahl_woerter + 1
            END
```

Sodann wird aus dem Bereich 1..anzahl_woerter eine Zufallszahl z gezogen und der Satz Nr. z aus der Datei gelesen
(zum genauen Verfahren siehe: WORTRATEN).

5. Element aus linearer Liste

Das Verfahren deckt sich mit dem aus dem Rezept 4: 'Satz
aus einer Datei bestimmen'; lediglich die Operationen müssen
der speziellen Datenstruktur entsprechen.

6. Element aus Dynamischer Datenstruktur "Ring"

Das eleganteste Verfahren! In einem Ring ist
   a) keine Abbildung auf einen festen Bereich (1..
      anzahl_elemente) nötig sowie
   b) kein Test nötig, ob das vorgeschlagene Element über-
      haupt in der Objektgruppe enthalten ist (sonst wäre
      es ja nicht im Ring enthalten!).

Zum Verfahren: Eine beliebige Zahl z wird nach Rezept 1 ermittelt (wie gesagt: die obere Grenze spielt nur für die Rechenzeit eine Rolle!). Der gesamte Ring wird nun (an beliebiger
Stelle beginnend) solange durchlaufen, bis z Elemente
passiert sind. Das nächste Element ist dann das zufällig
gezogene.

Ein Beispiel (aus 17 + 4):

```
            aktuell := kopf;
            FOR i := 1 TO random MOD 100 DO
               aktuell := aktuell^.next;
            karte := aktuell^.next^.data
```

1.1.4 Neun Regeln zur Programmierung von Spielprogrammen

Gegeben sei folgender (Teil-)Algorithmus (siehe hierzu auch die
erste Version von ZAHLENRATEN):

wiederhole	rate Zahl
solange Zahl nicht geraten	

Ein schlimmer Algorithmus! Der Spieler ist gezwungen, i m m e r
das Spiel bis zum Ende zu spielen - eine Ausstiegsmöglichkeit
besteht nicht. Gut - ich gebe zu: jede Rechenanlage weist irgendwo einen AUS-Schalter auf und damit läßt sich jedes Programm
zum 'Absturz' bringen. Nur ist das ganz und gar nicht die feine
Art, mit der ein Spieler einem Programm seine Unlust mitteilen
sollte und daher gilt ab sofort die Maxime:

> Regel 1 (Die Regel über den Ausstieg):
> In einem Spielprogramm muß an jeder Stelle, an der
> eine Benutzereingabe vorgesehen ist, eine Ausstiegs-
> möglichkeit aus dem Spiel vorgesehen sein!

Also muß man den Anwender fragen, ob der denn noch Lust hat,
weiterzuspielen, überhaupt anzufangen oder anderes mehr.
Passiert das in jeder Spielrunde immer wieder, ist das (mit) ein
Grund, das Spiel (oder allgemeiner: das Dialogprogramm) nicht
mehr zu verwenden (weil das doch arg ermüdend ist).

> Regel 2 (Die Regel von der sparsamen Eingabe):
> Sehen Sie so wenig Eingaben wie möglich und so viele
> wie nötig vor; insbesondere vermeiden Sie zusätzliche
> Nachfragen, ob's weitergehen soll ('Noch 'ne Runde?').

Besondere Eingabewerte zum Ausstieg dienen demselben Zweck
(siehe Regel 1)! So wird z. B. in KNOPF der Wert '0'
(als Konstante KEINE_LUST_MEHR) eingeführt (eine Person '0'
ist nicht vorstellbar und scheidet daher als jemals möglicher
Wert aus).

Eine der unrühmlichsten Situationen für den Anwender eines
Dialogprogramms besteht darin, daß er zur Eingabe aufgefordert
wird, er aber nicht weiß, was er eingeben soll! Nicht ganz so
schlimm, aber dafür wesentlich häufiger, erlebt er sich in der
Lage, wohl zu wissen, was er eingeben soll, aber nicht, auf
welche Art (d. h. in welchem Format). So ist die Eingabeauf-
forderung
    (Rechner:) Gib Geburtstag:
nicht leicht 'richtig' zu beantworten; etwa mit:
    (Mensch:)   25. August 1981 (dazu neigt man vielleicht aus
                                  der Gewohnheit)
oder:
    (Mensch:)   25,8,1981   (dazu neigt eigentlich niemand
                                 von Natur aus - nur BASIC-Rechner)
oder:
    (Mensch:)   810825   (dazu neigen höchstens Informatiker
                                 oder Schotten; pardon!)

Regel 3 (Die Regel von der Erläuterung der Eingabe):
Jede Eingabe muß angekündigt werden, sodaß der Anwender
sich völlig im klaren ist, was er eingeben soll und wie
er es zu tun hat!

Oder auf gut Pascalesisch (Regel 3a):
Vor jedes read/readln (auf input) gehört unbedingt
ein write/writeln (auf output)!

Die Erfahrung in der Programmierung von Dialogprogrammen zeigt,
daß keine noch so gute Erläuterung vor einer Eingabe eines
Benutzers diesen davon abhält, eine "völlig sinnlose" Eingabe
vorzunehmen. Folgender Dialog belegt das:

    (Rechner:)   Gib Anzahl Stellen:

```
(Mensch:)      vier
(Rechner:)     +++++ ERROR 007/0815 AT ACO3E3 SYSTEM ABORTED
```

Was liegt hier vor?
Im Programm steht 'read(zahl)', wobei 'zahl' eine Variable aus
einem numerischen Datentyp ist. Gibt der Benutzer nun etwas
anderes als eine Ziffer(-nfolge) ein, so meldet die Eingabe-
routine (tief im Betriebssystem) einen Fehler und das gesamte
Programm stürzt ab. So etwas darf in Qualitätssoftware nicht
passieren!

> Regel 4 (Regel von der toleranten Eingabebehandlung):
> Ein Dialogprogramm muß jede mögliche Eingabe einplanen
> und entsprechende Aktionen für sie vorsehen!

So zeigt z. B. HOROSKOP, wie man solch ein "gutmütiges" Programm schreiben kann. Wenn in dem Programm eine Ziffer
erwartet wird, dann werden alle anderen Zeichen, die der
Benutzer bietet, schlichtweg überlesen. In Pascal sieht das
so aus:

```
            REPEAT
                read (zeichen)
            UNTIL zeichen IN ['0'..'9']
```

Nach Ablauf dieser Wiederholung ist das erste Ziffernzeichen
gefunden.

Gibt es nun mehrere Möglichkeiten, einen Algorithmus zu formulieren, so entscheide man sich tunlichst für diejenige Variante,
die am besten zu durchschauen ist (und damit in der Regel dem
Problem am nächsten kommt). Effizienzgesichtspunkte sollten nur
in besonders gewichtigen Fällen den Ausschlag geben, z. B.
wenn dieser Teil des Programms hunderttausendmal durchlaufen
wird (aber in welchem Programm geschieht das schon ...).

Ein Beispiel (aus KNOPF): Die Ermittlung des Vorgängers in einer
kreisförmig angeordneten Objektmenge (z. B. Personen an einem
runden Tisch) kann auf zwei verschiedene Arten erfolgen:

```
Variante A:
   IF objekt = 1
      THEN
         vorgaenger := max_objekte
      ELSE
         vorgaenger := pred (objekt)


Variante B:
   vorgaenger := ((max_objekte+objekt-2) MOD max_objekte) +1
```

Was Sie bei Variante A auf Anhieb deuten können, bleibt Ihnen
(wahrscheinlich) in Variante B eine Weile verborgen - und
das umso mehr, wenn es nicht wie hier isoliert steht, sondern
in einem großen Programm irgendwo versteckt ist.

> Regel 5 (Die Regel von der lesbaren Variante):
> Entscheiden Sie sich stets für die durchschaubare Vari-
> ante eines Algorithmus, wenn Sie die Wahl haben. Spätere
> Leser (und das Wartungspersonal) Ihres Programms werden
> es Ihnen danken (vielleicht sind Sie es auch selber...).

Untersuchungen auf Spielfeldern erfordern immer dann Sonderbehandlungen (und -überlegungen), wenn die Untersuchungsposition am Rand
liegt.

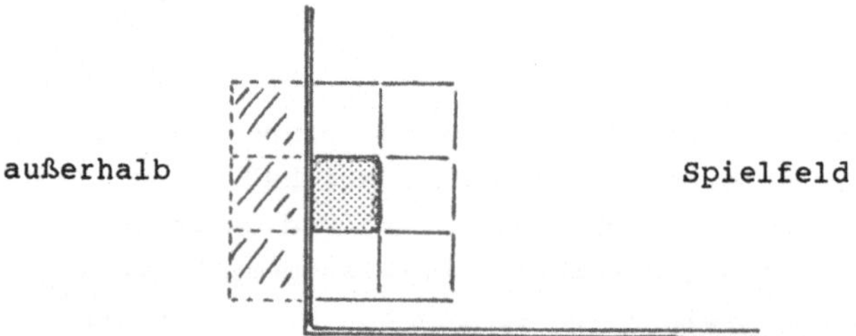

Im Beispiel existieren die schraffierten Felder als Spielfelder
nicht und müssen daher in Wiederholungen z. B. ausgeklammert
werden. Diese - dann nötigen - Abprüfungen geraten kompliziert
und verschleiern damit den Kern des Algorithmus.
Die beste Lösung ist daher:

Regel 6 (von der Überdimensionierung von Spielfeldern):
Überdimensionieren Sie das Spielfeld, d. h. schaffen
Sie eine genügend breite Randzone!

In unserem Fall, in dem es auf direkte Feld-Nachbarschaft ankommt,
genügt eine Überdimensionierung von '1'. Ein Beispiel:
    benötigte Größe : (1..zeile   ) * (1..spalte)
    überdimensioniert: (0..zeile_plus_1) * (0..spalte_plus_1)

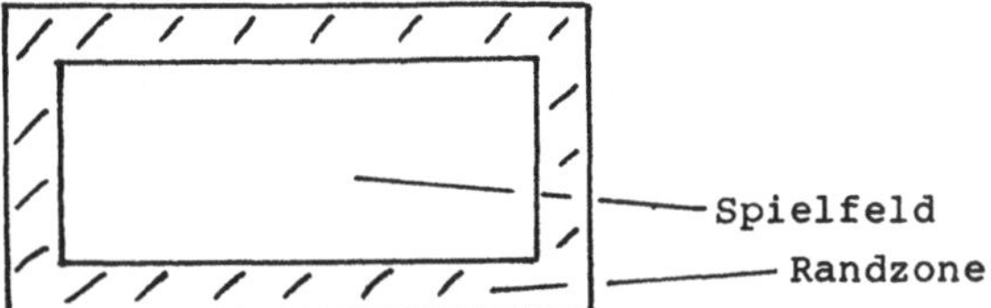

Damit können Sie für jedes Feld des tatsächlichen Spielfeldes
immer alle 8 Nachbarn im überdimensionierten Spielfeld angeben.
Sonderbehandlungen der Randfelder sind nun nicht mehr nötig.
Aber: Bei der Initialisierung darf man natürlich die (überdimensionierten) Randfelder nicht vergessen!

Ist man es leid, stets einen neuen Bildschirmaufbau zu sehen
zu bekommen, auch wenn sich lediglich eine Zahl geändert
haben mag, dann kann man auch ein direktes Ändern des Text-
Bildschirms vornehmen. Das ist z. B. stets nötig, wenn man die
Dynamik von Vorgängen sichtbar machen will (bei dynamischen
Varianten von Programmen wie PFERDEWETTE, LABYRINTH2).

Regel 7 (Die Regel vom Bildschirmaufbau):
Fertigen Sie vor der Programmierung eine Skizze des
Bildschirmaufbaus an
   o Wo sind Ausgabefelder?
   o Wo sind Eingabefelder?
Verändern Sie diesen generellen Aufbau während des
Programmlaufs nicht!

Diese Regel kommt erst richtig bei der Programmierung von Bild-
schirmmasken zum Tragen, aber auch bei Spielprogrammen mit
dynamischem Bildaufbau sollte sie beherzigt werden!

Auch wenn ein Programmierer all das bedacht hat, was die Lehre
von der Programmierung ihm vermitteln will und er sich recht
sicher über das Tun seines Programmes ist, möchte er doch ab
und zu einmal wissen, wie sein Programm nun wirklich abläuft
("Trace"). So möchte er z. B. die strategischen Überlegungen
des Computers selbst verfolgen und nicht nur mit ihrem Resultat
konfrontiert werden ('Wie kommt ER bloß darauf?');
oder ein noch einsichtigeres Beispiel: Die zu ratende Zahl von
MASTERMIND möchte er zu Spielbeginn sehen und mit den Verlaufs-
resultaten vergleichen, oder er möchte schlicht dem Computer bei
MAUMAU in die Karten schauen.

Zu diesem Zweck benötigt er nun keineswegs eine zweite Version des
Programms, sondern lediglich eine (eingebaute) Variante.

> Regel 8 (Die Regel von den stummen Varianten):
> Sehen Sie Varianten vor, in denen das Programm einiges
> von seinem Ablaufverhalten preisgibt (Trace-Funktion).

In nahezu jedem Spielprogramm wird der Anwender zu Beginn um
eine Eingabe gebeten (Name, Parameter etc.), oder einfach um
den Startschuß bei der PFERDEWETTE. An dieser Stelle lassen
sich besondere Steuerungsangaben machen, die allerdings
nicht dem Anwender angeboten werden (sie tauchen im Eingabemenü
nicht auf). Der Entwickler/Tester hat damit seine Testmöglich-
keit.
Beispiel (PFERDEWETTE):

```
    readln; (* Fuer den Startschuss *)
    CASE input^ OF
        ' ':    (* normaler Startschuss *)
                trace := false
        'T':    trace := true
    END (* Case *);

    .

    IF trace
        THEN
            writeln ('+++++ Trace:', <div. Berechnungsdaten >)
```

Und an dieser Stelle könnte man sicherlich (?) optimieren;

folgendes Statement hat dieselbe Funktion wie die Auswahl oben:
    trace := input^ = 'T'
Welche Lösung besser zu lesen ist, überlasse ich der Entschei-
dung des Lesers - in jedem Fall aber bietet sich die Mehrseitige
Auswahl dann an, wenn weitere Varianten hinzukommen.

Damit wären wir auch schon bei der letzten Regel angelangt, der

<table>
<tr><td>Regel 9 (Die Regel von der Optimierung):
    Tu's nicht!</td><td></td></tr>
</table>

Und wenn Sie dieser Regel nicht folgen mögen, dann wenden Sie
doch wenigstens die Regel 9a an.

<table>
<tr><td>Regel 9a:
    Tu's jedenfalls nicht heute!</td><td></td></tr>
</table>

Das was man an "Effizienz" gewinnen mag, geht üblicherweise
an Lesbarkeit, Wartbarkeit usw. verloren. Gegen elegantere,
dem Problem angemessene Lösungen habe ich nichts - die sind
stets der Feind der weniger guten Lösungen. Aber Optimierung
um der Beschleunigung des Programms willen - davon sollte man
(heutzutage) die Finger lassen!

1.2 Pascal – kurz gefaßt

Die Programmiersprache Pascal wird üblicherweise in ihrem
Sprachumfang anhand von Syntax-Diagrammen dargestellt; manche
Autoren bezeichnen diese grafischen Darstellungmittel als
"Eisenbahnzüge". Damit gelingt es immerhin, die gesamte Syntax
der Sprache und einen bestimmten Teil der Semantik auf 6 Seiten
kompakt darzustellen. Seit N. Wirth zu diesem Mittel 1971 zur
Definition von Pascal gegriffen hat, tun es immer mehr Autoren
in der Hoffnung, das Instrument tauge auch zur Lehre. Meine
Erfahrungen in der Ausbildung von Programmieranfängern zeigen
aber, daß Syntaxdiagramme als Lernmittel nicht akzeptiert werden;
was in Pascal "geht" und was nicht, wird ausschließlich durch
Beispiele und - textliche - Erläuterungen erfahren.

Und genau deshalb will ich es mir hier auch nicht so leicht machen
und lediglich Syntaxdiagramme abmalen; "Pascal - kurz gefaßt" soll
vielmehr eine verbale Zusammenfassung wesentlicher Bausteine aus
Pascal sein (und dabei fege ich Fragen nach der Syntax fast
völlig beiseite, denn dafür gibt's ja Lehrbücher).

Vor einem Trugschluß muß ich an dieser Stelle deshalb warnen:
Dieses Kapitel ist kein Ersatz für ein "ausgewachsenes" Lehrbuch;
wer gerade erst anfängt zu programmieren, der sollte sich zumindest die Anfangsgründe mit einem speziellen Lehrbuch "Einführung
in die Programmierung" (oder wie auch immer es heißen mag) er-
werben, und dieses natürlich am besten mit einer Sprache, die
sich für den Einstieg anbietet: Pascal. In diesem Buch möchte ich
nur soviel von der Sprache Pascal erläutern, wie zum Verstehen
der Spielprogramme unbedingt nötig ist - es handelt sich also um
einen "partiellen passiven Wortschatz", wie das so schön wissen-
schaftlich-unverständlich heißt.

1.2.1 Die Sprachelemente

A. Generelle Struktur von Pascal-Programmen

Ein Programm besteht aus dem Programmkopf, einer Folge von Deklarationen (Konstanten, Datentypen, Variablen und Unterprogrammen) und Anweisungen. Dabei können innerhalb von Unterprogrammen wieder die genannten Deklarationen und Anweisungen auftreten. Pascal ist blockorientiert und formatfrei, die Sprache enthält Reservierte Wörter mit festgelegter Bedeutung (wie z. B. REPEAT, UNTIL) und vordefinierte Bezeichner (wie z. B. integer). Reservierte Wörter können nur in ihrer festgelegten Bedeutung benutzt werden, vordefinierte Bezeichner können beliebig zu anderen Zwecken "mißbraucht" werden - man sollte es aber tunlichst unterlassen. Deklarationen werden durch ';' abgeschlossen, Anweisungen durch dasselbe Symbol voneinander getrennt. Trenner zwischen einzelnen Sprachbestandteilen ist in der Regel das Blank ' ' mit der Regel: Wo ein Blank steht, können auch mehrere Blanks stehen (ein Zeilenwechsel hat dabei die Bedeutung eines Blanks). Anwender-definierte Bezeichner können völlig frei gebildet werden nach der Regel: das erste Zeichen muß ein Buchstabe sein, alle folgenden (beliebig viele) müssen aus dem Zeichenvorrat Buchstaben und Ziffern stammen (manche Pascal-Versionen erlauben noch zusätzliche Sonderzeichen, wie z. B. den Unterstrich '_').

Die Reihenfolge der globalen Programmteile ist vorgeschrieben, grundsätzlich gilt die Regel: Alles was verwendet wird, muß vorher definiert worden sein! Automatismen (z. B. Deklaration von Variablen) gibt es nicht. Kommentare bilden keine selbständigen Anweisungen, sondern können überall dort in das Programm eingesetzt werden, wo Blanks erlaubt sind (also auch innerhalb von Deklarationen und Anweisungen). Sie werden durch Kommentarklammern eingefaßt und können über beliebig viele Zeilen reichen.

B. Programmkopf

Der Programmkopf besteht aus dem Reservierten Wort PROGRAM, dem Programmnamen und der Liste der nicht-lokalen Dateien. Beispiel:

```
PROGRAM test_programm (input,output,kaputt);
```

C. Deklarationen

C.1 Sprungsziele

Sprungziele (nur natürliche Zahlen) - in meinen Augen völlig unnö-
tig (keines der 33 Spielprogramme enthält auch nur einen einzigen
Sprung)!
Beispiel:

```
LABEL  1,2,3;
```

C.2 Konstanten

Nach den vordefinierten Konstanten (z. B. maxint als größte
ganze Zahl) können eigene Konstanten definiert werden.
Beispiel:

```
CONST
    maximale_hoehe = 30;
    minimale_hoehe =  1;
    name           = 'Florentina Tausendschoen'
    pi             = 3.14;
```

C.3 Datentypen

Zu den Standarddatentypen integer, real, char und boolean können
eigene, beliebig strukturierte Datentypen gebildet werden. Dabei
stehen als Bausteine folgende Elemente zur Verfügung:

- o Reihen   ('ARRAY'; beliebig dimensioniert)
- o Mengen   ('SET')
- o Verbunde   ('RECORD')
- o Folgen   ('FILE', besser bekannt unter dem Namen 'Datei')

Außerdem können noch Aufzählungstypen definiert werden.
Beispiel:

```
farben_typ = (rot, gruen, gelb, braun, schwarz);
```

Hinsichtlich der gegenseitigen Verwendbarkeit ('Orthogona-
lität') dieser einzelnen Bausteine gibt es folgende Regel:
Alle einfachen Datentypen (außer real) können als
Elemente von Mengen (hinsichtlich der Anzahl implemen-
tationsabhängig beschränkt) oder als Indextypen von
Reihen verwendet werden.
Beispiele:

```
farben_tabelle = ARRAY [farben_typ] OF integer;
farben_menge   = SET OF farben_typ;
```

Die Kombinationsmöglichkeiten der strukturierten Datentypen sind
lediglich im Verbot '.. OF FILE' eingeschränkt, ansonsten ist jede
Kombination möglich (und das auch noch beliebig tief). Zu den
einfachen Datentypen können "Bereiche" (Subranges) definiert werden, die einen Ausschnitt aus dem originären Datentyp darstellen.
Beispiele:

```
farben_bereich = rot .. gelb;
wuerfel_zahlen = 1 .. 6;
```

C.4 Variablen
Mit den vor- und selbstdefinierten Datentypen können Variablen
definiert werden, die zur Laufzeit des betreffenden Programm-
teils erzeugt werden.
Beispiel:

```
farbe   : farben_typ;
wuerfel : wuerfel_zahlen;
```

C.5 Unterprogramme
Unterprogramme (Prozeduren/Funktionen) sind Bestandteil eines Pro-
gramms (vorübersetzte Unterprograme sind nicht in allen Pascal-
Versionen implementiert). Über Parameter können Werte beliebigen
Typs ausgetauscht werden. Dabei wird in Wert-, Referenz- und
Namenparameter unterschieden. Wertparameter werden mit dem Aufruf
des Unterprogramms dynamisch generiert und mit Verlassen des
Unterprogramms wieder ausgegeben.
Beispiele (hier nur der Unterprogrammkopf):

```
PROCEDURE produkt (multiplikand, multiplikator: zahl_typ;
                   VAR ergebnis            : zahl_typ);
FUNCTION summe (zahl2, zahl2 : zahl_typ) : zahl_typ;
```

Als Ergebnistyp von Funktionen können nur einfache Datentypen benutzt werden (in meinen Augen eine herbe Einschränkung
in manchen Anwendungen!). Bestandteile eines Unterprogramms können wiederum alle Deklarationen der Elemente C.1 bis C.5 und die
noch zu erläuternden Anweisungen sein. Und damit ist auch eine
rekursive Definition erlaubt.

D. Anweisungen

Mit der Zuweisung können Werte und Ausdrücke einfache Variablen
werden oder auch komplexe Strukturen (mit einer Anweisung) typ-
gleichen(!) Variablen angewiesen werden.
Beispiele:

```
kreis_umfang := 2 * pi * radius;
farben_tab1  := farben_tab2
```

D.1 Auswahlanweisungen

Mehrseitige Auswahl (der Auswahlausdruck muß von einfachem,
                        abzählbarem Datentyp sein)
Beispiel:

```
CASE ampel_farbe OF
   rot  : write ('Anhalten !');
   gruen: write ('Weiterfahren!');
   gelb : write ('Achtung!')
END (* Case *)
```

Zweiseitige Auswahl (die Bedingung muß vom Typ boolean sein)
Beispiel:

```
IF ampel_farbe = gruen
   THEN write ('Weiterfahren!')
   ELSE write ('Anhalten!')
```

Einseitige Auswahl (wie Zweiseitige Auswahl; ohne ELSE-Zweig)
Beispiel:

```
IF ampel_farbe = gruen
   THEN write ('Weiterfahren!')
```

D.2 Wiederholungen

Abweisende Schleife: Ist die Bedingung vor Eintritt in die Schleife nicht erfüllt, so wird die Schleife keinmal durchlaufen.
Beispiel:

```
WHILE ampel_farbe = rot DO
   warten_bis_gruen_erscheint
```

Annehmende Schleife: Wird mindestens einmal durchlaufen
Beispiel:

```
REPEAT
   einen_stein_setzen
UNTIL spiel_ist_zu_ende
```

Laufanweisung: Dient ausschließlich dem Durchlaufen von Reihen-
elementen (z. B. zur Initialisierung) und ähnlichem
Beispiel:

```
    FOR index := rot TO schwarz DO
        farben_tab [index] := 0
```

Die Schrittweite liegt fest: jedes Element kommt dran;
lediglich die Laufrichtung kann angegeben werden (TO oder DOWNTO).

Alle Kontrollstrukturen sind miteinander kombinierbar, für das
Ausmaß der Schachtelung unterschiedlicher oder auch gleichartiger
Konstrukte gibt es keine Obergrenze. Sollen innerhalb einer
Wiederholung oder einer Auswahlstruktur mehrere Anweisungen
zusammengefaßt werden, so müssen sie durch BEGIN und END "einge-
klammert" werden.

D.3 Ein-/Ausgabe

Zur Ein-/Ausgabe stehen die Prozeduren get und put (bei beliebigem
Folgentyp) für den Transport von Daten auf bzw. von einer Datei
zur Verfügung. Zur leichteren Handhabung von Textdateien (Datentyp
text = FILE OF char; Beispiele: input und output) gibt es außerdem
noch die Prozeduren read und write.
Beispiele:

```
    read (input, zeichen);
    write (output, zahl);
```

Die Bezeichner input und output können auch bei den entsprechenden Anweisungen weggelassen werden. Bei Folgen des
Datentyps text können die Anweisungen writeln bzw. readln
benutzt werden, um eine Zeile abzuschließen bzw. auf den
Anfang der nächsten zu springen (und damit den Rest der
aktuellen zu "skippen"). Alle Folgen (außer input und output)
müssen vor dem ersten Gebrauch initialisiert werden:

```
    reset   : Folge wird zum Lesen eingestellt.
    rewrite : Folge wird zum Schreiben eingestellt.
```

Das direkte "Updaten" eines Satzes ist damit nicht möglich.
In beiden Fällen erfolgt außerdem eine Positionierung an den
Anfang der Folge.

D.4 Aufruf von Unterprogrammen

Unterprogramme werden über ihren Namen aufgerufen (ohne 'CALL'
oder ähnlichem Schlüsselwort). Mit dem Aufruf muß (gegebenenfalls)
eine typidentische Parameterliste übergeben werden. Typidentisch
bedeutet dabei, daß die formalen und aktuellen Parameter Typ-
namensgleich sein müssen - inhaltlich identisch genügt nicht!
Beispiele (gehen auf die Deklaration in C.5 zurück):

```
produkt (3, 4, ergebnis)
write (summe (27, 33))
```

D.5 Sprunganweisung

Mit der Sprunganweisung GOTO kann auf eine Anweisung im Programm gesprungen werden, die durch ein Sprungziel (LABEL)
gekennzeichnet worden ist.
Beispiel:

```
2: write ( .. )
      .

      .

   GOTO 2
```

Diese Anweisung hat sich als heimtückisch in der Anwendung heraus-
gestellt ("Spaghetti-Programme": zupft man an einem Ende, bewegt
sich irgendwo anders etwas...); jede Struktur mit GOTO läßt sich
durch eine funktionsgleiche Wiederholungs- bzw. Auswahlstruktur
ersetzen.

E. Dynamische Datenstrukturen ("Pointer")

Pascal bietet die Möglichkeit, abstrakte Datentypen wie "Lineare
Liste", "Ring", "Binärer Baum" und vieles andere mehr mit den
zugehörigen Operationen Einfügen, Löschen etc. mit Hilfe von
Zeigern effizient zu implementieren. Zeiger sind dabei Variablen,
in denen Adressen des Arbeitsspeichers gehalten werden. Der Zugriff auf den zugehörigen Datenbereich kann also unmittelbar erfolgen, Umrechnungen (wie z. B. beim Zugriff auf ein Reihenele-
ment) müssen nicht vorgenommen werden. Aber keine Sorge, diese
"Hardware-Nähe" bekommt der Programmierer überhaupt nicht zu spü-
ren; was in den Zeigervariablen steht, interessiert ihn nicht
(und braucht ihn auch nicht zu interessieren), die Bedeutung des
Inhalts ("nächstes Element einer linearen Liste") ist ausschließlich wichtig.

Beispiel (Definition eines Datentyps "Lineare Liste"):

```
TYPE zeiger = ^ objekt;
     objekt = RECORD
                    data : data_typ;
                    next : zeiger
               END;
VAR
     kopf : zeiger;
BEGIN
     new (kopf);
     kopf^.next := ...
     kopf^.data := ...
```

Elemente von dynamischen Datenstrukturen werden vom Programm zur
Laufzeit generiert (Prozedur new); erst dann können sie benutzt
werden.

Ein Pascal-Programm sieht also im Aufbau (und von der Reihenfolge
der einzelnen Bausteingruppen her) etwa so aus:

```
PROGRAM programm-name (dateien_liste);
LABEL
    <Sprungmarken-Deklarationen>;
CONST
    <Konstanten-Deklarationen>;
TYPE
    <Datentyp-Deklarationen>;
VAR
    <Variablen-Deklarationen>;
PROCEDURE unterprogramm-name (parameter_liste);
    <Prozedurrumpf>;
FUNCTION unterprogramm-name (parameter_liste) : ergebnis_typ;
    <Funktionsrumpf>;
BEGIN
    <Anweisungteil>
END.
```

Nicht benötigte Deklarationsteile können ausgelassen werden
(so vorzugsweise die Deklaration von LABELs); Prozeduren und
Funktionen sind in der Deklarationsfolge gleichwertig.

1.2.2 Was ist an UCSD-Pascal anders?

In dem vorigen Kapitel 1.2.1 habe ich Pascal nach dem Funktions-
umfang des ISO-Standards beschrieben (und dieses ja auch nur an-
deutungsweise). In den einzelnen Spielprogrammen wird abweichend
von diesem Standard eine Erweiterung benutzt, die sich auf Mikrocomputern als Quasi-Standard herausgeschält hat: UCSD-Pascal.
Diese Pascal-Version wurde an der Universität von Kalifornien in
San Diego (aha, daher der Name "UCSD-Pascal"!) Ende der siebziger
Jahre auf einer Reihe von Mikrocomputern implementiert und berücksichtigt insbesondere solche Sprachelemente, die den täglichen
Umgang mit der Sprache erleichtert. Und das sind:

1. Die Ein-/Ausgabe ist interaktiv, d. h. mit Hilfe der Write-
   Anweisung ist ein "Prompting" möglich: Der Cursor bleibt direkt
   hinter dem Ausgabetext stehen und erwartet dort die Eingabe.
   Und was noch bedeutender ist: Der Ablauf der Anweisung read
   ist der Terminal-Eingabe angepaßt worden.

                  read (f,v) bedeutet
   in Standard-Pascal: in UCSD-Pascal:
      v := f^;   get (f);
      get (f)   v := f^
   Gewisse Ungereimtheiten, die bei Dialogprogrammen (in Standard-
   Pascal geschrieben) auftreten, treten damit im UCSD-Pascal
   nicht auf.

2. In der Textverarbeitung (welches ernstzunehmende Programm kommt
   eigentlich ganz ohne Textverarbeitung aus?) erweist sich das
   Fehlen eines vordefinierten String-Typs (Zeichenkette mit
   variabler Länge) als arge Belastung; UCSD-Pascal sieht diesen
   Typ mitsamt einiger Prozeduren zum Zusamensetzen von Strings
   und Stringvergleichen vor.

3. Die Dateiverarbeitung vollzieht sich in UCSD-Pascal - was die
   Initialisierung angeht - anders als im Standard: Neben der
   Einbettung der Dateizuordnung intern (im Programm) zu extern
   (auf der Floppydisk) besitzen die Prozeduren reset und rewrite
   abweichende Bedeutungen. Darüberhinaus wird noch eine Prozedur
   zum expliziten Schließen einer Datei (close) geboten.

4. Während sich Standard-Pascal bei dem Umfang an Standardfunk-
   tionen eher ärmlich darstellt und in der Ecke 'Zufallszahlengenerator' gar nichts zu bieten hat, weist UCSD-Pascal mit den
   Prozeduren
       RANDOM   (als Pseudo-Zufallszahlengenerator) und
       RANDOMIZE (als Startprozedur zur zufälligen Initialisierung
              von RANDOM)
   auf. Außerdem werden diese und einige andere Funktionen in besonderen Bibliotheken (applestuff, trenscend, turtlegraphics)
   gehalten, die über die USES-Deklaration angeschlossen werden.

5. Standard-Pascal weist (natürlich?) keine Funktion zum Positionieren des Cursors auf dem Bildschirm auf. Diese Leistung wird
   nun aber in Programmen benötigt, die Bildschirmsteuerung realisieren (siehe z. B. LABYRINTH2). UCSD-Pascal bietet hierfür die
   Prozedur GOTOXY an.

Diese genannten Unterschiede werden in den 33 Spielprogrammen an
verschiedenen Stellen benutzt, weitere Abweichungen sind den ein-
schlägigen Manuals zu entnehmen.

1.2.3 Das Pascal-Sicherheitspaket

Was auf dem ersten Blick umständlich aussieht, entpuppt sich
später als sinnvolle Investition: Das Definieren von Konstanten und Typen im Kopf von Pascalprogrammen. Wie weit soll man es
dabei treiben? Nicht alle Konstanten müssen definiert werden, bei
manchen Anweisungen kann man ohne Schaden einen konstanten Wert
auch direkt hinschreiben. Aber überall dort, wo Änderungen zu
erwarten sind und vor allem - Abhängigkeiten anderer Werte/Typen
von diesen Konstanten vorliegen, sollte man zur expliziten Definition greifen. Und: Bei der Definition von Parametern benötigt
man ohnehin (besondere) Datentypen - deshalb sollte man es gleich
vernünftig machen ...

Ein Beispiel sagt auch hier mehr als weitere Worte. In dem folgenden Programmfragment soll eine eindimensionale Reihe initialisiert
werden:

```
PROGRAM sicherheit (output);
CONST   index_untere_grenze   = 0;
        index_obere_grenze    = 10;
        wert_untere_grenze    = - 50;
        wert_obere_grenze     = 50;
TYPE    index_typ = index_untere_grenze .. index_obere_grenze;
        wert_typ  = wert_untere_grenze .. wert_obere_grenze;
        reihe_typ = ARRAY [index_typ] OF wert_typ;
VAR     reihe : reihen_typ;


PROCEDURE initialisieren (VAR reihe : reihe_typ;
                              init_wert : wert_typ);
VAR     index : index_typ;
BEGIN
   FOR index := index_untere_grenze TO index_obere_grenze DO
      reihe [index] := init_wert
END (* initialisieren *);


BEGIN
   initialisieren  (reihe, 0)
   .

   .
END (* Sicherheit *).
```

Prüfen Sie einmal, an welchen Stellen Sie ändern müssen, wenn
Sie die Reihe auf den Indexbereich 0 .. 30 erweitern wollen!
Innerhalb der Prozedur INITIALISIEREN wird an keiner Stelle ein
Wert direkt benutzt, sondern ausschließlich definierte Konstanten, Parameter und Typdeklarationen - damit sind auch bei Änderungen im Hauptprogramm keine Abweichungen in dieser Prozedur
möglich.

1.3   Von Pascal nach BASIC – Tips für Umsteiger

Genauso wenig wie das Kapitel "Pascal - kurz gefaßt" ein Lehrbuch
über Pascal ersetzen soll oder kann, so wenig steht dieses Kapitel für eine Einführung in die Programmiersprache BASIC. Hier
möchte ich lediglich versuchen, generelle Rezepte zu zeigen, mit
deren Hilfe Pascal-Programme nach BASIC übersetzt werden können.
Nur - was ist **BASIC**?

BASIC (= **B**eginner's **A**ll Purposes **S**ymbolic **I**nstruction **C**ode)
1964 am Dartmouth College New Hampshire (USA) als eine einfache
Programmiersprache für Anfänger entwickelt. Da sich die Einfachheit besonders bei der Implementation auf Kleinrechnern zeigte,
wurde sie zu d e r Sprache für Personal Computer.

Diese weite Verbreitung hatte nun allerdings auch Schattenseiten:
jede Implementation wurde ein wenig (oder auch ganz) anders
als die andere - es fiel immer schwerer, einen "Sprachkern" auszumachen - Spötter behaupten, es gibt heute BASIC-Dialekte, die
nicht einen einzigen gemeinsamen Befehl mehr aufweisen. Trotz
dieser Probleme kann man durchaus wohl gewisse Gemeinsamkeiten
in den einzelnen BASIC's erkennen und auf diesen gemeinsamen Kern
möchte ich mich hier zurückziehen.

1.3.1. Elemente von BASIC

A Generelle Struktur von BASIC-Programmen
Ein Programm besteht aus einer Folge von einzelnen, unabhängigen
Anweisungen (pro Zeile eine Anweisung; in manchen Dialekten sind
auch mehrere Anweisungen pro Zeile zugelassen). Jede Anweisung
besteht aus einer Nummer, einem Schlüsselwort und einer Spezifi-
kation.
     Beispiel: 20 PRINT "Hallo Hallo"
Das gesamte Programm wird mit der END-Anweisung abgeschlossen.

B Datentypen/Variablen

'Zahl' (analog 'real' in Pascal)in manchen Dialekten zusätzlich
'INT' (analog 'integer')

'Zeichenfolge' (analog 'String'-Typ in UCSD-Pascal)

Reihen von Zahlen (und bisweilen von Zeichenfolgen)
Die Indizierung beginnt bei 0 oder 1.

Folgen (in kaufmännisch orientierten Dialekten, wie BUSINESS-
BASIC, enthalten)

Variablen werden nicht explizit deklariert: der Name bestimmt
den Typ. Üblich ist bei Zahl-Variablen 1 Buchstabe + 1 Ziffernzeichen (Beispiel: A1) und bei Zeichenfolgen 1 Buchstabe + '&'
(z.B.: C&) oder 1 Buchstabe + '$' (z.B.: C$).
Ausnahme: 'lange' Zeichenfolgen und Reihen sowie besondere Datentypen (je nach Dialekt) werden mit der DIM-Anweisung deklariert.

C Anweisungen

Zuweisungen/arithmetische Ausdrücke
```
    Beispiele:   20  LET Z1 = 24
                 30  LET A& = "Heute ist Sonntag"
```
Bisweilen kann auch 'LET' weggelassen werden.

Ablaufsteuerung
C1 Unbedingter Sprung
```
    Beispiel:  30 GOTO 100
```
Die Anweisungsnummern werden dabei als Sprungziel verwendet.

C2 Bedingter Sprung
```
    Beispiel: 67 IF A1 < A2 THEN 323
```
Einen ELSE-Zweig, (= eine ELSE-Marke) gibt es nur in wenigen,
neueren Dialekten. Aus bedingten und unbedingten Sprüngen können
alle bekannten Ablaufstrukturen aufgebaut werden (wenn es auch
bisweilen etwas unübersichtlich gerät).

C3 Zählschleife
```
    Beispiele:   50 FOR I1 = 1 TO 20
                 60    PRINT I1, I1 * I1
                 70 NEXT I1
```

C4 Bedingte Verzweigung

Zumindest auswählen kann man anhand dieser Anweisung (auch
COMPUTED GOTO genannt); ohne Blockstruktur liegt die Verantwortung
voll in der Hand des Programms für den richtigen Ablauf in dem
jeweiligen Zweig.

    Beispiel: ON Z1 GOTO 21,22,23,24
    (Mit der Bedeutung: weiter bei 21, wenn Z1 = 1
                                 bei 22, wenn Z1 = 2
                                 bei 23, wenn Z1 = 3
                                 bei 24, wenn Z1 = 4
    weiter in der nächsten Zeile in allen anderen Fällen.)

C5 Ein-/Ausgabe-Anweisungen

Eingabe
    Beispiel: 40 INPUT A&
bisweilen ist die Generierung eines"Prompt-Characters" möglich:
    Beispiele: 43 INPUT "Gib Name:"; A&
                 45 INPUT "?"; Z1

Ausgabe
    Beispiel: 56 PRINT I1, A&
Die Ausgabe erfolgt in einem Standardformat (analog Pascal): Eine
formatierte Ausgabe kann man in manchen Dialekten mit der PRINT
USING-Anweisung erzielen. Die Anweisungen
        100 PRINT USING 110; m1, m2
        110: Minimum = ### Maximum = ###
erzeugen die Ausgabe:
        Minimum = -11 Maximum =   23
(bei m1 = -11 und m2 = 23).

Ein-/Ausgabe auf Folgen
Bisweilen wie oben (unter Angabe einer Folgen-Nummer) oder über
eigene Schlüsselwörter.
    Beispiele (aus verschiedenen Dialekten):
           30 INPUT 3: A&
           33 INPUT #3; A&
           40 PRINT 7: Z1,Z2
           78 READ (4); A&
           79 WRITE (23);Z1,Z2

91 READ &25;Z1

DATA und READ

Mit der READ-Anweisung werden Zahlen oder Strings "gelesen", die
innerhalb des Quellprogramms in einer DATA-Anweisung stehen.
Anwendungen: Initialisierung von Tabellen und anderen Reihen durch
DATA und READ in einer Schleife (in Pascal viel umständlicher!);
Parametrisierung von Programmen (ähnlich CONST in Pascal, nur
nicht so sicher).

C6 Kommentare

Kommentare sind selbständige Anweisungen (mit REM als Schlüsselwort).

   Beispiel: 30 REM ***** Dieses ist ein Kommentar *****

C7 Unterprogramme

Eine statische Verschachtelung ist nicht möglich (lineare Anordnung im Programm); ob eine dynamische Verschachtelung möglich ist,
hängt von der Implementierung ab.

Prozeduren

Prozeduren sind Bestandteil des (Haupt-)Programms (also keine
eigenständigen Teile), besitzen k e i n e n Prozedurkopf, aber
zum Rücksprung eine RETURN-Anweisung.

   Beispiel: 10 PRINT "Hallo Hallo"
                    20 RETURN
                    30 GOSUB 10

Parameter gibt es nicht, ebenso keine lokalen Variablen - alles
ist global! Achtung Falle: Prozeduren können auch ganz normal
(also nicht durch GOSUB aufgerufen) durchlaufen werden, was bei
der RETURN-Anweisung passiert, weiß niemand...

Funktionen

Funktionen werden mit der DEF-Anweisung definiert. Einschränkun-
gen: maximal 26 Funktionen (FNA .. FNZ), nur 1 Parameter, die
Funktion selber besteht aus nur einer Anweisung

   Beispiel: 10 DEF FNA (X) = X * X

C8 Besonderes
Merkwürdigerweise gibt es in den meisten Dialekten eine Reihe von
Unterprogrammen/Operationen zur Bearbeitung von Matrizen.
    Beispiele: 10 MAT A = B * C
                  20 MAT INPUT A,B,C
    (A,B,C sind zweidimensionale Matrizen)

1.3.2 Um BASIC herum

Zusammen mit der Sprache wurde für BASIC auch eine Programmierumgebung geschaffen, die bei allen Implementationen in dieser Art zu
finden ist. Dabei ist es gleichgültig, ob das BASIC-Programm
compiliert (eher ungewöhnlich) oder interpretiert wird, der Anwender hat stets mit (irgend-)einem **BASIC-Dialogsystem** zu tun. Damit
kann er die - in der Regel garstige - Kommandosprache seines Rechners schnell vergessen. Beispiele für Kommandos in diesem Dialog-
system sind (die Programmierumgebung ist übrigens genausowenig
genormt wie die Sprache BASIC):

10 PRINT "Hallo"	Eintragen der Zeile 10 in die Arbeitsdatei
RUN	Übersetzen und Ablaufen bzw. Inter- pretieren des Programms
DELETE 10-36	Löschen der Zeilen 10-36 in der Arbeitsdatei
RENUMBER	Neu-Numerieren aller Zeilen der Arbeitsdatei
LIST	Zeigen aller Zeilen der Arbeitsdatei

Genauere und vollständige Informationen über Sprachumfang und
Kommandos des Dialogsystems Ihres BASIC-Rechners hält die
Betriebsanleitung bereit - schauen Sie nur hinein!

1.3.3 Einige Standard-Übersetzungshilfen

Was soll man tun, wenn man keine Pascal-Maschine besitzt?
Ein vernünftiger Ausweg aus der mißlichen Lage ist: zuerst

- trotzdem - das Programmierproblem in Pascal lösen (zumindest in
Grundzügen) und dann in die Sprache BASIC übersetzen. Wem das zu
kompliziert ist, der sollte, wenn er schon gleich in BASIC losle-
gen will, bei der Programmierung deutlich machen, welche Konstrukte er   e i g e n t l i c h   verwenden wollte (und sie nur
nicht hatte). Das geschieht am besten durch "Action Cluster" =
Folgen von Anweisungen oder Anweisungsteilen, die schematisch für
die eigentlich gemeinten Konstrukte eingesetzt werden.

A1 Konstanten
In BASIC nicht vorhanden; als Variablen benutzen oder Werte an der
Stelle ihrer Verwendung direkt einsetzen.

A2 Einfache Variablen/Standard-Datentypen

Aufzählungstyp

```
        Pascal:                 BASIC:
    farbe:(rot,gelb,        10 LET ROT    = 0
           gruen);          20 LET GELB   = 1
                            30 LET GRUEN  = 2
    farbe := gelb           40 LET FARBE  = GELB
```

Stehen nur Variablennamen mit Maximallänge 2 zur Verfügung, so
wird man auf eine derartige Codierung verzichten müssen (wer
versteht schon LET F = G1 ?).

Integer
Im allgemeinen kann dafür der Typ "ZAHL" verwendet werden. Als
Ausnahmen fallen mir nur bei der Anwendung von DIV und MOD ein:

```
        Pascal:                 BASIC:
    n DIV k                 INT ((N+0.5)/K)
    n MOD k                 K-K*INT((N+0.5)/K
```

Real: ist dem Datentyp "Zahl" äquivalent.
Char: Datentyp "Zeichenfolge" der Länge 1
Boolean: Übersetzung nach "Zahl" (true = 1; false = 0)

A3 Zusammengesetzte Datentypen

Reihe

Da es in der Regel erhebliche Beschränkungn hinsichtlich der Tiefe
(z.T. max 1 Dimension) gibt, ist manchmal eine Zerlegung in mehrere Reihen nötig.

```
        Pascal:                       BASIC:
   m:ARRAY [1..2,1..7] OF real;    10 DIM M1(7),M2(7)
Anderer Ausweg: mehrere Indizes auf einen abbilden:
   m:ARRAY [0..4,1..7] OF real;    10 DIM M(35)
                                   20 REM    -- = 5*7
   m[i,k] := 1                     99 LET M(7*I+K)=1
```

Menge: Übersetzen in eine Reihe (von Typ "Boolean")

```
        Pascal:                       BASIC:
     s:SET OF 1..20                10 DIM S(20)
                                   20 FOR I=1 TO 20
                                   30    LET S(I) = 0
     s := [ ]                      40 NEXT I
                                   50 LET S(7) = 1
     s :=  7,12                    60 LET S(12) = 1
```

Existenzabfrage bei Mengen

```
        Pascal:                       BASIC:
   IF zahl IN [1..6]                5 REM IF zahl IN [1..6]
        .                          10 IF zahl <1 THEN 40
        .                          20 IF zahl >6 THEN 40
   THEN                            30 REM     THEN
        .                             .
   ELSE                            40 REM     ELSE
```

Verbund

Ein Verbund kann nicht "komplett" übersetzt werden (genausowenig
wie eine komplexe Reihe); er muß in die einzelnen Felder zerlegt
werden.

Folge

Ganz unsicheres Terrain; üblicherweise ist nur Typ "text" implementiert.

Kombination von Strukturierungsmethoden

Diese Strukturen müssen in einfache Strukturen zerlegt werden.
Was innerhalb einer Struktur indiziert ist, wird zur -isolierten-
Reihe, auch wenn damit der Überblick verlorengeht.
Beispiel: eine Tabelle wird in Pascal als "ARRAY ... OF RECORD",
in BASIC dagegen als eine Sammlung mehrerer Reihen (eine für jedes Feld der Pascalstruktur) realisiert.

```
        Pascal:                          BASIC:

    VAR bundesliga: ARRAY [verein]
        OF RECORD name       :wort;      DIM N&(18)
                   tordiff   :integer    DIM T1(18)
                   erreicht,             DIM E1(18)
                   verspielt:0..68       DIM V1(18)

        END


    bundesliga [hsv].erreicht :=         LET E1(3) = E1(3)+2
       bundesliga [hsv].erreicht + 2
```

Dynamische Datenstrukturen

Dynamische Datenstrukturen sind in BASIC nicht vorgesehen; eine
Simulation über Reihen (Indizes statt Pointer) ist möglich, aber
nur teilweise sinnvoll (Reihen haben feste Grenzen und daher muß
das Programm auf das größtmögliche Problem dimensioniert werden)
und auf jedem Fall bei weitem nicht so effizient (ein Zugriff über
Pointer ist erheblich schneller als ein Zugriff über Index).

B1 Ablaufsteuerung
Zweiseitige Auswahl

```
        Pascal:                          BASIC:
    IF z < x                     20 IF NOT (Z<X) THEN 40
        THEN                     30 REM -----------THEN
            writeln              31 PRINT "z<x"
            ('z<x')              32 GOTO 50
        ELSE                     40 REM-----------ELSE
            writeln              41 PRINT "z>=x"
            ('z>=x')             42 GOTO 50
                                 50 REM----------ENDE IF
```

Mehrseitige Auswahl

```
      Pascal:                       BASIC:
CASE a OF                     10 ON A GOTO 100,200,300
                             40 REM-----------SONST
                             50 GOTO 999
                             100 REM-----------A=1
   1 : writeln ('a=1');       110 PRINT "a=1"
                             120 GOTO 999
                             200 REM-----------A=2
   2 : writeln ('a=2');       210 PRINT "a=2"
                             220 GOTO 999
                             300 REM-----------A=3
   3 : writeln ('a=3')        310 PRINT "a=2"
                             320 GOTO 999
END (* Case *)               999 REM----ENDE----Case
```

Abweisende Schleife

```
      Pascal:                       BASIC:
WHILE r>0 DO                  10 IF NOT (R>0) THEN 99
                             20 REM-----------While
   r := r - 1                30 LET R=R-1
                             40 GOTO 10
                             99 REM----Ende---While
```

Annehmende Schleife

```
      Pascal:                       BASIC:
REPEAT                        10 REM---------REPEAT
   r := r - 1                20 LET R=R-1
UNTIL r < o                   30 IF NOT (R<O) THEN 10
                             99 REM----Ende--REPEAT
```

Laufanweisung

```
      Pascal:                       BASIC:
FOR i1:= 1 TO 20 DO           20 FOR I1 = 1 TO 20
   writeln (i1*i1)            30    PRINT I1*I1
                             40 NEXT I1
FOR i1:= 20 DOWNTO 1 DO       20 FOR I1 = 20 TO 1 STEP -1
   writeln (i1*i1)            30    PRINT I1*I1
                             40 NEXT I1
```

Anweisungsverbund

Die explizite Übersetzung von Anweisungsverbunden ist nicht nötig,
da die gezeigten Strukturen stets mehrere Anweisungen (anstelle
der einen write-Anweisung z.B.) enthalten können. Es ist nur entsprechend viel "Platz" in der Zeilennumerierung vorzusehen.

B2 Unterprogramme

Prozeduren

Lokale Variablen müssen global deklariert werden (Obacht: Gefahr
der Namenskollision!). Übergabe von Werten über "Parameter":

```
        Pascal:                          BASIC:

   maximum (3,5,2,max)            10 LET Pa = 3

                                  20 LET P2 = 5

                                  30 LET P3 = 2

                                  40 GOSUB 12345

                                  50 LET   MAX = P4
```

Rekursive Prozedur-Aufrufe müssen aufgelöst werden: je nach Ge-
stalt der Prozedur sind zwei Fälle zu unterscheiden:

1. Steht ein einziger rekursiver Aufruf am Ende der Prozedur
   (oder ist er durch einfache Programm-Modifikation dorthin zu
   bringen), so wird die Prozedur in eine Schleife verwandelt;
   die formalen Parameter werden dabei zu (globalen) Laufvariablen.

```
        Pascal:                          BASIC:
PROCEDURE trichter (b:0..69);    10 GOTO 100

BEGIN (* trichter *)             20 REM Begin PROZEDUR TRICHTER

 IF b > 0                        30 IF .NOT. (B > 0) THEN 80

 THEN BEGIN                      40 REM-----------------While

       writeln ('*', '*':b);     50 PRINT "*"; TAB(B+1); "*"

       trichter (b-1)            60 LET   B = B-1

 END   (* b>0 *)                 70 GOTO 30

                                 80 REM-------Ende------While

END (* trichter *); (*...*)      90 RETURN


trichter (h)                     100 B = H

                                 110 GOSUB 20
```

In Sonderfällen kann die simulierte WHILE-Schleife durch eine
echte FOR-Schleife ersetzt werden. Die gleiche Technik funktio-
niert auch dann, wenn die rekursive Prozedur mit einer Fall-

unterscheidung endet und in jedem Zweig höchstens ein rekursiver
Aufruf steht (und zwar jeweils am Ende des Zweigs).

2. Enthält ein Programmzweig der Prozedur einen rekursiven Auf-
   ruf, der sich nicht an das Ende schaffen läßt, so ist ein
Keller für die lokalen Variablen der Prozedur, für die aktuellen
Parameter und für die Fortsetzungsstelle im Programm anzulegen.
Hierfür verwendet man eine Reihe und eine Index-Variable namens
"Pegel"; wegen der festen Obergrenze der Reihe gibt das natür-
lich nur einen Keller beschränkter Tiefe (=bounded stack; ideal
wäre eine Zeigerkette wie in Pascal möglich ...).

```
          Pascal:                    BASIC:
      PROCEDURE                  1 GOTO 50
        hanoi (hoehe: 0..n,      2 REM==== PROC hanoi (H,S,Z)
               start,            3 REM Keller K1 mit Pegel P1:
               ziel: 1..3);      4 DEM K1 (32)
                                 5 LET P1 = 0
      BEGIN (* hanoi *)          6 REM Fortsetzungsstelle F1:
                                 7 LET F1 = 3
        IF hoehe > 0             8 IF NOT (H>0) THEN 40
        THEN BEGIN               9 REM-----------------WHILE
                                10 REM einkellern:
                                11 IF .NOT. (P1>28) THEN 15
                                12 REM-------P1>28------THEN
                                13    PRINT "Keller-Jberlauf"
                                14 STOP
                                15 REM-----------------ELSE
                                16 LET P1 = P1 + 4
                                17 LET K1(P1+1) = F1
                                18 LET K1(P1+2) = H
                                19 LET K1(P1+3) = S
                                20 LET K1(P1+4) = Z
           hanoi                21 REM rekursiver Aufruf 1
                                22 LET F1 = 1
              (hoehe -1,        23 LET H  = K1(P1+2) - 1
               start,           24 LET S  = K1(P1+3)
               6-start-ziel);   25 LET Z  = 6 - K1(P1+3)
                                              - K1(P1+4)
```

```
                                26 GOTO 8
                                27 REM hier Fortsetzung F1=1
          writeln (            28 PRINT USING 29; K1(P1+2),
                                        K1(P1+3), K1(P1+4)
            'Scheibe',          29: Scheibe## von## nach##
            hoehe:2,
            'von', start:2,
            'nach',ziel:2);
          hanoi                 30 REM rekursiver Aufruf 2
                                31 LET F1 = 2
            (hoehe-1,           32 LET H  = K1(P1+2) - 1
             6-start-ziel,      33 LET S  = 6 - K1(P1+3)
                                        - K1(P1+4)
             ziel        )      34 LET Z  = K1(P1+4)
                                35 GOTO 8
                                36 REM hier Fortsetzung F1=2
                                37 REM Kellerpegel zur}cksetzen
                                38 LET P1 = P1 - 4
                                39 ON F1 GOTO 27,36,8
        END (* hoehe > 0 *)     40 REM -----Ende------WHILE
      END (* hanoi *);          41 RETURN
    BEGIN (* Hauptprogramm *)   50 REM=======Hauptprogramm
      hanoi (5,                 51 LET H = 5
             1,                 52 LET S = 1
             2)                 53 LET Z = 2
                                54 GOSUB 2
```

Funktionen

Bis auf die vorgestellten "Einzeiler" können Funktionen nicht
übersetzt werden. Als Ausweg bietet sich die Anwendung von Prozeduren an.

1.3.4. Programm-Layout

Ich kenne kein BASIC-Dialogsystem, das die Anweisungen an der
Stelle innerhalb der Zeile stehen läßt, wo ich sie beim Eintrag
geboten hatte. Stets wurde das Programm linksbündig eingetragen
und "überflüssige" Leerzeichen wurden innerhalb jeder Anweisung
entfernt. Um trotzdem ein vernünftiges Layout zu erzielen, bleibt
nur die REM-Anweisung übrig; mit ihr kann z. B. auch die Tiefe
der Schachtelung von Wiederholungen verdeutlicht werden.

Beispiel:

```
20 REM-- +1--------------While a=b
   .
   .
   .
30 REM-- +2------------While x=u
   .
   .
   .
70 REM-- -2--------Ende--While x=u
   .
   .
   .
90 REM-- -1----------Ende--While a=b
```

An dieser Stelle wäre nach allen diesen Fragmenten einmal ein
vollständiges Übersetzungsbeispiel ganz passend - blättern Sie nur
um auf das erste Spiel ("ZAHLENRATEN"), dort folgt schon eines!

2 33 Spielprogramme

2.1 Alle Programme in der Übersicht

```
Name des Programms    1: Kurzbeschreibung
                      2: Rolle des Computers
                      3: Computerstrategie
                      4: welche besonderen Algorithmen oder
                         Datenstrukturen werden verwendet?
                      5: besondere Pascal-Sprachmittel
--------------------------------------------------------------
ZAHLENRATEN           1: Raten einer Zahl im vorgegebenen Intervall
                      2: Buchhaltung      3: -      4: -      5: -
MUENZWURF             1: Wetten gegen eine Münze
                      2: Münzwurf-Simulator      3: -      4: -
                      5: geschachtelte zweiseitige Auswahl
KNOBELN               1: Zahlenknobeln      2: Gegenspieler
                      3: Zufallsstrategie      4: -      5: -
KNOPF                 1: Knopfsuche in einer Personenrunde
                      2: Buchhalter      3: -      4: Abstrakter
                         Datentyp "Runde" mit Operationen
                         Vorgänger/Nachfolger
                      5: FUNCTION, PROCEDURE
NIM                   1: Abwechselndes Nehmen von Objekten einer
                         Objektmenge      2: Gegenspieler
                      3: analytisch      4: -      5: -
MAUMAU                1: Kartenspiel MauMau      2: Buchhalter und
                         Gegenspieler      3: Zufallsstrategie
                         (etwas abgemildert)      4: -
                      5: Mengentyp mit Operationen IN, +, *, -
17 + 4                1: Kartenspiel 17 + 4      2: Buchhalter und
                         Gegenspieler      3: Zufallsstrategie
                         (defensiv)      4: dynamische Datenstruktur
                         'Ring' mit Operationen Einfügen, Löschen
                      5: Zeigertyp
CHICAGO               1: Würfelspiel mit 3 Würfeln  2: Buchhalter
                         und Gegenspieler      3: Zufallsstrategie
                      4: -      5: -
KOBOLD                1: Suche nach einem Kobold in zweidimin-
                         sionaler Matrix      2: Buchhalter
                      3: -      4: zweidimensionale Matrix
```

	5: ARRAY und Indizierung
SCHIFFE_VERSENKEN	1: Schiffe versenken 2: Buchhalter und Gegenspieler 3: Zufallsstrategie/ "Nachsetzen" 4: Weitreichende Plausibilitätskontrollen der Eingaben 5: Mengentyp, direkte Eingabe (ohne RETURN)
MEMORY	1: Zahlpaare suchen (und merken) 2: Buchhalter 3: - 4: - 5: zweidimensionale Matrix mit Operationen
SOLITAIRE	1: Strategiespiel für 1 Person 2: Buchhalter 3: - 4: Richtungsangabe in zweidimensionaler Matrix 5: -
REVERSI	1: Strategiespiel für 2 Personen 2: Buchhalter und Gegenspieler 3: Zugauswahl nach Bewertung 4: Richtungssuche (indirekt) in Matrix 5: -
KALAH	1: Bohnen in Töpfe verteilen 2: Buchhalter und Gegenspieler 3: Zugauswahl nach Bewertung 4: rekursiver Aufruf von Prozeduren 5: -
HAMURABI	1: Managementstrategiespiel 2: Buchhalter 3: - 4: zentrale Fehlertextangabe 5: -
MONDLANDUNG	1: Landeanflug auf den Mond 2: Buchhalter 3: - 4: - 5: -
ROENTGEN	1: Suche nach Kristallen mit Teststrahl 2: Buchhalter 3: - 4: Bewegen in Matrix mit direkter Richtungsangabe; Menüeingabe 5: -
OEKOSYSTEM	1: Simulation eines Räuber-Beute-Modells 2: Simulationsmanager 3: Zufall und Gesetzmäßigkeiten 4: Pegelstandsangabe grafisch 5: -
LIFE	1: Simulation einer Welt aus einer Art Lebewesen 2: Simulationsmanager 3: Gesetzmäßigkeiten 4: - 5: -
LOTTO	1: Ziehen einer Lottozahlenreihe 2: Lottotrommelsimulator 3: Zufall 4: - 5: Mengentyp
BIORHYTHMUS	1: Ausgabe eines persönlichen Biorhythmus'

- 61 -

	2: Formel 4: Ewiger Kalender 5: -
HOROSKOP	1: Erstellen eines (Nonsens-)Horoskops
	2: Zukunftsdeuter 3: eingabeabhängig
	4: vollständige Eingabebehandlung 5: -
PARTNER	1: Partnervermittlung über eine Datenbank
	2: Datenbankmonitor 3: lineares Suchen mit Abgleich 4: Dateiverarbeitung
	5: Datentyp FILE mit Operationen
LEBENSBERATER	1: umfassende Lebensberatung
	2: Berater 3: Zufall 4: - 5: -
LABYRINTH	1: Auswegsuche im Labyrinth 2: Sucht den Ausweg 3: Absuchen aller Alternativen
	4: Backtracking mit Rekursion 5: -
BUCHTITEL	1: Erfinden von Buchtiteln
	2: Erfinder 3: Zufall 4: - 5: -
ZAHLTAFEL	1: Zahlraten mit Zahlentafeln
	2: Rater 3: - 4: - 5: -
LABYRINTH2	1-4: wie LABYRINTH (nur hier "dynamisch")
	5: Bildschirmpositionierung
PINGPONG	1: Tischtennis-Videospiel (1/2-Personenspiel)
	2: Buchhalter 3: -
	4: Grafikeingabe, Verwendung der Paddles
	5: Grafikbibliothek TURTLEGRAFICS
PFERDEWETTE	1: Pferdewette auf der Rennbahn
	2: Buchhalter 3: gewichteter Zufall
	4: Datenstruktur Tabelle (ARRAY.. OF RECORD..) 5: -
UMDREHEN	1: Sortierspiel mit Zahlenfolgen
	2: Buchhalter 3: - 4: - 5: -
WORTRATEN	1: Wörter raten aus festem Bestand
	2: Buchhalter 3: -
	4: Zufallsauswahl eines Elements aus Datei
	5: Textverarbeitung mit Standard-Pascal
MASTERMIND	1: Zeichenkombination raten 2: Buchhalter
	3: - 4: - 5: Mengenoperationen

2.2 Einfache Spiele für den Anfang

Zahlenraten

Als erstes Spiel möchte ich ZAHLENRATEN präsentieren, ein Spiel,
das auf dem ersten Blick sehr einfach erscheint, das aber auf den
zweiten Blick - gewissermaßen vom Computer aus gesehen - einen
wichtigen Suchalgorithmus nahelegt, die "Binäre Suche". Doch zunächst einmal zum Ablauf des Spiels:

Der Spielgedanke liegt darin, eine zufällig gezogene Zahl aus ei-
nem vorgegebenen Intervall (üblicherweise 1 bis 100) zu suchen.
Das Programm teilt in seiner Analyse nun nicht nur mit, ob der
Rateversuch des Menschen die Zahl traf (oder auch nicht), sondern
auch, ob er zu groß oder zu klein war. Damit ergibt sich als
Grundablauf des Programms:

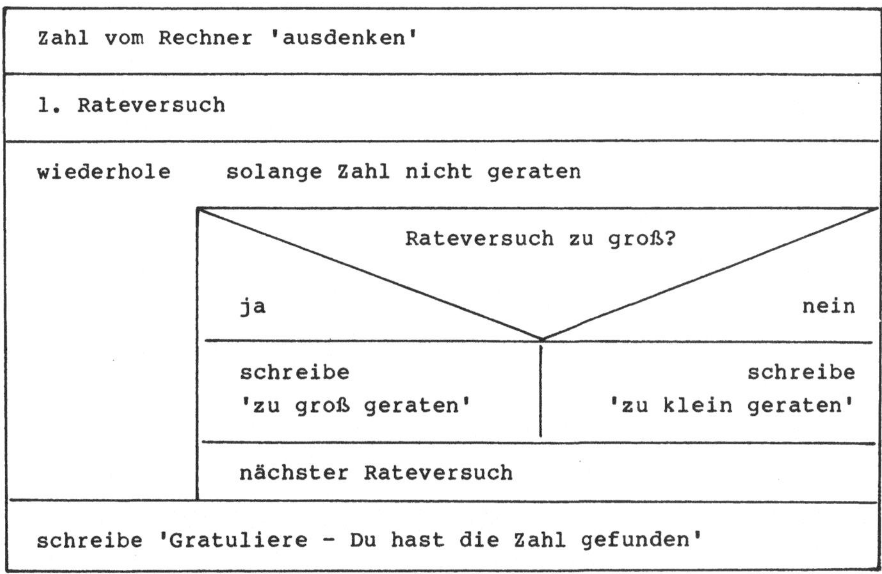

Doch mit dieser Struktur verletzt das Programm die Regel 1
(Regel über den Ausstieg); der Spieler hat keine Möglichkeit,
vorzeitig (d. h. bevor er die Zahl geraten hat) das Spiel zu
beenden. Also heißt es, folgende Erweiterungen vorzunehmen:

1. Die Bedingung in der Wiederholung unseres ZAHLENRATENS
   ('wiederhole solange Zahl nicht geraten') muß erweitert werden
auf 'wiederhole solange Zahl nicht geraten und Spieler noch
spielen möchte'.

2. Nun ist es nicht mehr sicher, daß mit dem Austritt aus der
   Wiederholung die Zahl geraten ist. Jetzt kann auch der Fall
'keine Lust mehr' vorliegen. In diesem Fall ist eine Gratulation
fehl am Platz, nötig ist es vielmehr, die gedachte Zahl endlich
zu nennen (nach möglicherweise 30 Rateversuchen platzt der Spieler
fast vor Neugier...).

Damit gelangen wir zu folgendem Struktogramm:

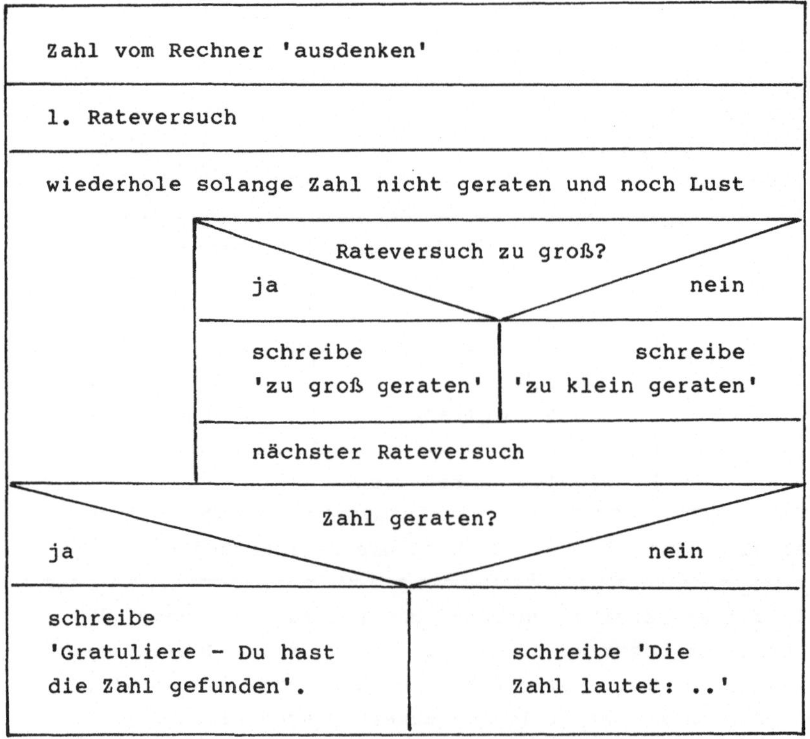

```
+------------------------------------------------------------------+
:                                                                  :
:    1 PROGRAM zahlenraten (input, output);                        :
:    2                                                             :
:    3 (*         Zahlenraten         *)                           :
:    4 (*                             *)                           :
:    5 (* Autor: H.E. Erbs 1983 *)                                 :
:    6                                                             :
:    7 USES                                                        :
:    8    applestuff;                                              :
:    9                                                             :
:   10 CONST                                                       :
:   11    maximum = 100;                                           :
:   12    schluss = 0;                                             :
:   13                                                             :
:   14 VAR                                                         :
:   15    zahl             : schluss .. maximum;                   :
:   16    gedachte_zahl    : 1 .. maximum;                         :
:   17    anzahl_versuche  : 1 .. maxint;                          :
:   18    bereits_genannt  : SET OF 1 .. maximum;                  :
:   19                                                             :
:   20 BEGIN                                                       :
:   21    randomize;                                               :
:   22    gedachte_zahl := random MOD maximum + 1;                 :
:   23    writeln ('Ich habe mir eine Zahl zwischen 1 und ',       :
:   24             maximum, ' gedacht - rate sie!');               :
:   25    anzahl_versuche := 1;                                    :
:   26    bereits_genannt := [];                                   :
:   27                                                             :
:   28    writeln; write ('***** Erster Versuch; gib Zahl:');      :
:   29    readln (zahl);                                           :
:   30    WHILE NOT (zahl IN [gedachte_zahl, schluss]) DO          :
:   31       BEGIN                                                 :
:   32          writeln;                                           :
:   33          IF zahl IN bereits_genannt                         :
:   34             THEN                                            :
:   35                writeln ('Nanu, ',zahl,' hast Du aber ',     :
:   36                         'schon genannt!')                   :
:   37             ELSE                                            :
:   38                BEGIN                                        :
:   39                   write (zahl,' ist ');                     :
:   40                   IF zahl > gedachte_zahl                   :
:   41                      THEN                                   :
:   42                         write ('groesser')                  :
:   43                      ELSE                                   :
:   44                         write ('kleiner');                  :
:   45                   writeln (' als die gedachte Zahl.');      :
:   46                   writeln;                                  :
:   47                   bereits_genannt := bereits_genannt        :
:   48                                    + [zahl];                :
:   49                   anzahl_versuche := anzahl_versuche + 1    :
:   50                END (* ELSE *);                              :
:   51          writeln;                                           :
:   52          write ('***** Der ', anzahl_versuche,              :
:   53                 '. Versuch; ', 'gib Zahl:');                :
:   54          readln (zahl)                                      :
:   55       END (* WHILE *);                                      :
:                                                                  :
+------ Zahlenraten ----------------------------------- 1 ------+
```

```
+------------------------------------------------------------------+
:                                                                  :
:  56                                                              :
:  57     writeln; writeln;                                        :
:  58     IF zahl = gedachte_zahl                                  :
:  59        THEN                                                  :
:  60           writeln ('===== Richtig! Du hast die Zahl mit ',   :
:  61                     anzahl_versuche, ' Versuchen geraten.')  :
:  62        ELSE                                                  :
:  63           writeln ('===== Die gedachte Zahl lautet: ',       :
:  64                     gedachte_zahl)                           :
:  65 END (* Zahlen_raten *).                                      :
:                                                                  :
+------ Zahlenraten ----------------------------------- 2 ------+
```

Anregungen zum Weiterbasteln

1. Lösen Sie das "monolithische" Programm in ein Hauptprogramm mit
   den Prozeduren INITIALISIEREN, EINGABE, BEWERTUNG und SCHLUSS_
   BEMERKUNG auf.

2. Geben Sie differenzierte Auskünfte über die Nähe des Rateversuchs an der gesuchten Zahl. Vorschlag: Orientieren Sie sich an
   der Kinderterminologie "kalt" - "lauwarm" - "warm" - "wärmer" -
   "heiß" - "ganz heiß".

3. Erfinden Sie die "Rechner-Variante" von ZAHLENRATEN. Dabei
   denkt der Mensch sich eine Zahl aus und teilt dem Rechner mit,
   ob sein Rateversuch richtig, zu groß oder zu klein ist.
   Vorschlag für die Eingabe: '=', '+' und '-'.

4. Falls Sie nicht bereits in der Lösung zu Anregung 3 eine geeignete Rechnerstrategie vorgesehen haben, so probieren Sie es
   mit der Idee des 'Binären Suchens': In dem Suchintervall wird
   stets als Rateversuch das mittlere Element genommen. Es stellt
   bei Mißerfolg die untere bzw. obere Grenze des neuen Intervalls
   dar. Mit dieser Strategie gelangen Sie (bzw. der Rechner) bei
   n Zahlen stets mit maximal ld(n) Versuchen zur gesuchten Zahl
   (dabei bedeutet ld: logarithmus dualis).
   Beispiel: ld (100) = 6.64...
   Bei 100 Zahlen benötigt man also nach dieser Strategie maximal
   7 Versuche!

For BASICians only

Den grundsätzlichen Teil des Algorithmus habe ich nach BASIC übersetzt; es bleibt dem Leser überlassen, das "Gedächtnis" (welche
Zahl wurde bereits genannt?) zu ergänzen.

```
10 REM
20 REM - Z A H L E N R A T E N -
30 REM
40 REM---------------------------G : GEDACHTE ZAHL
50 LET G=INT<RND(1)*100)+1
60 PRINT "ICH HABE MIR EINE ZAHL ZWISCHEN 1 UND 100 GEDACHT."
70 REM-------------------------V : ANZAHL RATEVERSUCHE
80 LET V=1
90 PRINT "ERSTER VERSUCH; GIB ZAHL:"
100 REM----------------------Z : EINGABEZAHL
105 INPUT Z
110 REM
120 REM--------------------------------------------------WHILE
130 IF Z=G THEN 499
140 IF Z=0 THEN 499
150 REM----------------------------------------------IF
160 IF Z>G THEN 200
170 IF Z<G THEN 300
200 REM-----------------------------------------THEN
210 PRINT Z; "IST GROESSER ALS DIE GEDACHTE ZAHL"
220 GOTO 400
300 REM------------------------------------------ELSE
310 PRINT Z;"IST KLEINER ALS DIE GEDACHTE ZAHL"
320 GOTO 400
400 REM---------------------------------ENDE-------IF
410 REM
420 PRINT
430 LET V=V+1
440 PRINT "DER";V;".VERSUCH; GIB ZAHL:"
450 INPUT Z
460 GOTO 120
499 REM----------------------------------ENDE----------WHILE
500 REM
550 REM------------------------------------------------IF
560 IF Z=G THEN 600
570 IF Z<>G THEN 700
600 REM------------------------------------------THEN
610 PRINT "RICHTIG! MIT ";V;"VERSUCHEN GERATEN."
620 GOTO 800
700 REM------------------------------------------ELSE
710 PRINT "DIE GEDACHTE ZAHL LAUTET:";G
720 GOTO 800
800 REM----------------------------------ENDE----------IF
900 END
```

Münzwurf

Dieses Spiel läuft etwa so ab:

```
            ***** Münzwurf *****
Kopf oder Zahl (K/Z):      K    - RETURN -
Es liegt oben:  Kopf  --   richtig geraten !


Noch ein Wurf  (J/N):      J    - RETURN -


Kopf oder Zahl (K/Z):      Z    - RETURN -
Es liegt oben:  Kopf  --   falsch geraten !
  .

  .
```

Dieses Programm nutzt (wie schon ZAHLENRATEN) den Zufallszahlengenerator; hier allerdings geht es nicht um eine Zahl, sondern
um die Seite der Münze - realisiert durch Aufruf der Funktion
odd(random).

Struktur des Programms:

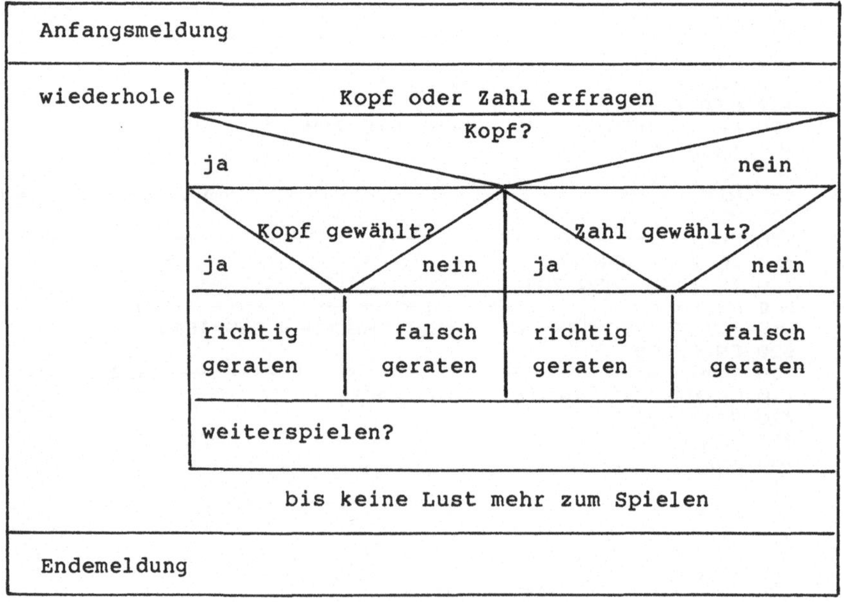

```
   1 PROGRAM muenzwurf (input, output);
   2
   3 (*     M u e n z w u r f     *)
   4 (*                           *)
   5 (* Autor: H.E. Erbs   1983 *)
   6
   7 USES
   8     applestuff;
   9
  10 VAR
  11     eingabe : char;
  12
  13 BEGIN
  14     writeln ('***** Muenzwurf *****');
  15     randomize;
  16
  17     REPEAT
  18        write ('Kopf oder Zahl (K/Z): ');
  19        readln (eingabe);
  20        write ('Es liegt oben: ');
  21        IF odd (random)
  22           THEN (* -- Kopf liegt oben -- *)
  23              BEGIN
  24                 write ('Kopf --> ');
  25                 IF eingabe IN ['k','K']
  26                    THEN
  27                       write ('richtig')
  28                    ELSE
  29                       write ('falsch')
  30              END (* THEN *)
  31           ELSE (* -- Zahl liegt oben -- *)
  32              BEGIN
  33                 write ('Zahl --> ');
  34                 IF eingabe IN ['z','Z']
  35                    THEN
  36                       write ('richtig')
  37                    ELSE
  38                       write ('falsch')
  39              END (* ELSE *);
  40        writeln (' geraten!'); writeln; writeln;
  41        write ('Noch ein Wurf (J/N): ');
  42        readln (eingabe)
  43     UNTIL eingabe IN ['n','N'];
  44
  45     writeln; writeln ('***** Ende Muenzwurf *****')
  46 END (* Muenzwurf *).
```

Anregungen zum Weiterbasteln

1. Nach mehreren Runden MÜNZWURF findet es ein Spieler sehr
   lästig, vor jedem Wurf sagen zu müssen, daß er noch einmal die
   Münze werfen will.
   Sehen Sie eine "Kombi-"Eingabe vor, in der neben KOPF oder ZAHL
   auch der Ausstieg (STOP) aus dem Programm angegeben werden
   kann (entsprechend Regel 2)! Vermeiden Sie auf jeden Fall, daß
   bei einem Ausstieg stets noch einmal die Münze geworfen wird!

2. Treiben Sie ein wenig Statistik! So kann das Programm
   z. B. aufsummieren,
       o wie oft Kopf oder Zahl gewürfelt worden sind
         (incl.Prozentangabe)
       o wie oft richtig geraten wurde
       o wie lang die längste Folge gleicher Würfe war
         u.s.w.

3. Etwas abseits vom MÜNZWURF:
   Testen Sie den Zufallszahlengenerator Ihres Computers! Lassen
   Sie ihn zu diesem Zweck würfeln (Würfel := random MOD 6 + 1)
   und eine Statistik über die Ausfälle ausgeben.
   Zusatzfrage: Sind mehr als maxint Aufrufe von random sinnvoll?

For BASICians only

Bei der Übersetzung dieses Programms geht es im wesentlichen nur
darum, die zweiseitige Auswahl mit der IN-Operation auf Mengen
und die boolean Variable KOPF in BASIC-Sprachelemente zu übertragen. Dennoch soll hier das - wenn auch nicht ganz - vollständige Programm in BASIC stehen:

```
5 REM
10 REM MUENZWURF
20 REM Autor: Heinz-Erich Erbs 1983
30 REM
50 REM---------------------REPEAT
60 INPUT "KOPF oder ZAHL (K/Z):", E&
70 K:= INT (RND(1) * 100)
80 K:= K - K/2 * 2
90 IF K = 1 AND (E& = "K") THEN GOTO 150
100 IF K = 0 AND (E& = "G") THEN GOTO 150
110 REM ELSE
120 PRINT "falsch"
130 GOTO 200
140 REM THEN
150 PRINT "richtig"
160 REM------------------Ende IF
200 INPUT "Noch ein Wurf (J/N):", E&
210 IF E& = "J" THEN GOTO 50
220 REM------------------UNTIL
230 PRINT "Ende Muenzwurf"
240 END
```

Knopf

Sieben Personen sitzen in einer Runde; eine Person hält bei sich
einen Knopf verborgen. Der Spieler (als äußerer Betrachter dieser
Szene) muß erraten, welche Person das ist. Nur ist es nach jedem
Rateversuch nicht gesichert, daß der Knopf bei dem ursprünglichen
Besitzer verblieben ist. Hat der Rater die richtige Person be-
zeichnet, so ist das Spiel (verständlicherweise) zu Ende. Hat er
es nicht, so gibt es zwei Möglichkeiten:

o Hat er knapp daneben getroffen (der rechte oder linke Nachbar war der Richtige), so gibt der KNOPF_BESITZER den Knopf
  an seinen (rechten oder linken) Nachbarn weiter.

o Ist der KNOPF_BESITZER nicht direkter Nachbar der bezeich-
  neten Person, so bleibt der Knopf, wo er ist.
  Das sieht auf dem ersten Blick recht einfach aus - spielen
  Sie's nur einmal.

Zum Aufbau des Programms (hier kann man wohl erstmals von einem
richtigen "Aufbau" reden):

Initialisieren (insbesondere Knopf verstecken)	
Person raten	
wiederhole	solange Person nicht geraten und noch Lust
	Analyse (Knopf wandert oder auch nicht...)
	Person raten
Schlußbemerkung	

Interessant an dem Programm ist noch die Datenstruktur
"person_typ" mit den Operationen "Vorgänger" und "Nachfolger".
Eine alternative Lösung zu der zweiseitigen Auswahl (Zeile 67 - 71
bzw. 77 - 81) stellt etwa folgende Formulierung dar:

    vorgaenger := (max_personen + p - 2) MOD max_personen + 1

Wenn ich die Wahl zwischen dieser (mich eher an Geheimschrift
erinnernde) Lösung und einer lesbaren und unmittelbar einleuchtende Formulierung habe, so entscheide ich mich stets für die
einleuchtende (siehe auch Regel 5!) Lösung!

Ein Ablaufbeispiel:

    ***** Knopf *****

    7 Personen sitzen in einer Runde.

    .
    .
    .

    Wer hat den Knopf (1..7; Ende = 0): 3 - RETURN -
    Nein, ich nicht - aber mein Nachbar!
    Nur hat der ihn schon weitergegeben ...

    Wer hat den Knopf (1..7; Ende = 0): 1 - RETURN -
    Nein, nein - ich doch nicht!

    Wer hat den Knopf (1..7; ENDE = 0): 5 - RETURN -
    Richtig, ich habe ihn!

```
   1 PROGRAM knopf (input, output);
   2
   3 (*          K n o p f         *)
   4 (*                            *)
   5 (* Autor: H.E. Erbs   1983 *)
   6
   7 USES
   8    applestuff;
   9
  10 CONST
  11    keine_lust_mehr = 0;
  12    max_personen    = 7;
  13
  14 TYPE
  15    person_typ       = keine_lust_mehr .. max_personen;
  16
  17 VAR
  18    person, knopf_besitzer : person_typ;
  19
  20
  21 PROCEDURE init (VAR erster_knopf_besitzer : person_typ);
  22 BEGIN
  23    writeln; writeln ('***** K n o p f *****'); writeln;
  24    writeln (max_personen,
  25              ' Personen sitzen in einer Runde.');
  26    writeln;
  27    writeln ('               1');
  28    writeln ('       7           2'); writeln;
  29    writeln ('      6             3'); writeln;
  30    writeln ('          5    4'); writeln;
  31    writeln;
  32    writeln ('Rate, welche Person den (einzigen)',
  33              ' Knopf hat.');
  34    writeln ('Nennst Du den Nachbarn des Knopfhalters,');
  35    writeln ('so wandert der Knopf sofort an dessen');
  36    writeln ('linken oder rechten Nachbarn weiter.');
  37    writeln;
  38    randomize;
  39    erster_knopf_besitzer := random MOD max_personen + 1
  40 END (* Init *);
  41
  42
  43 PROCEDURE lies (VAR person : person_typ);
  44 VAR
  45    zahl : integer;
  46 BEGIN
  47    write ('Wer hat den Knopf (1..', max_personen,
  48            '; Ende=', keine_lust_mehr, '): ');
  49    readln (zahl);
  50    WHILE NOT (zahl IN [keine_lust_mehr..max_personen]) DO
  51      BEGIN
  52        writeln;
  53        write  ('>>> Bitte nur eine Zahl zwischen ',
  54               keine_lust_mehr, ' und ',
  55               max_personen, ' eingeben: ');
```

```
 56         readln (zahl)
 57       END (* While *);
 58    person := zahl
 59 END (* Lies *);
 60
 61
 62 PROCEDURE analyse (      person     : person_typ;
 63                      VAR hat_knopf : person_typ);
 64
 65 FUNCTION vorgaenger (p : person_typ) : person_typ;
 66 BEGIN
 67    IF p = 1
 68       THEN
 69          vorgaenger := max_personen
 70       ELSE
 71          vorgaenger := p - 1
 72 END (* Vorgaenger *);
 73
 74
 75 FUNCTION nachfolger (p : person_typ) : person_typ;
 76 BEGIN
 77    IF p = max_personen
 78       THEN
 79          nachfolger := 1
 80       ELSE
 81          nachfolger := p + 1
 82 END (* Nachfolger *);
 83
 84
 85 BEGIN (* Analyse *)
 86    CASE abs (person - hat_knopf) OF
 87      1, 6    : BEGIN
 88                   writeln ('Nein, ich nicht - ',
 89                            'aber mein Nachbar!');
 90                   writeln ('Nur hat der ihn schon ',
 91                            'weitergegeben ...');
 92                  IF odd (random)
 93                     THEN
 94                       hat_knopf := vorgaenger (hat_knopf)
 95                     ELSE
 96                       hat_knopf := nachfolger (hat_knopf)
 97                END (* 1,5 *);
 98      2,3,4,5 : writeln ('Nein, nein - ich doch nicht!')
 99    END (* Case *);
100    writeln; writeln
101 END (* Analyse *);
102
103
104 PROCEDURE schluss (eingabe, hat_knopf : person_typ);
105 BEGIN
106    IF eingabe = keine_lust_mehr
107       THEN
108          writeln ('Person ',hat_knopf,' hat den Knopf.')
109       ELSE
110          writeln ('Richtig, ich habe ihn!')
```

```
+------------------------------------------------------------------+
!                                                                  !
! 111 END (* Schluss *);                                           !
! 112                                                              !
! 113                                                              !
! 114 BEGIN (* Knopf *)                                            !
! 115    init (knopf_besitzer);                                    !
! 116    lies (person);                                            !
! 117    WHILE (person IN [1..max_personen]) AND                   !
! 118         (person <> knopf_besitzer)           DO              !
! 119       BEGIN                                                  !
! 120         analyse (person, knopf_besitzer);                    !
! 121         lies (person)                                        !
! 122       END (* While *);                                       !
! 123    schluss (person, knopf_besitzer)                          !
! 124 END (* Knopf *).                                             !
!                                                                  !
+------ Knopf -------------------------------------------- 3 ------+
```

Anregung zum Weiterbasteln

Das Programm KNOPF kann man leicht auf eine beliebig große Zahl von
Personen durch Ändern der Konstanten MAX_PERSONEN anpassen.
Ja, wenn die grafische Angabe des Personenkreises nicht wäre!
Kann man auch diesen Teil variabel gestalten?

Knobeln

Dieses Spiel wird in vielerlei Variationen und mit verschieden-
artigen Materialien gespielt - besonders weit verbreitet ist das
Streichholz-Knobeln. Dabei setzt jeder Mitspieler eine beliebige
Zahl von Hölzern, und wer die Gesamtzahl aller gesetzten Hölzer
errät, hat gewonnen. Das Programm KNOBELN stellt eine einfache
Variante dar: Mensch und Computer "bieten" in beliebiger Höhe, ist
die Summe beider Zahlen ungerade, so gewinnt der Computer, ist sie
gerade, gewinnt der Mensch. Dabei werden gewonnene Spiele notiert
und der Endgewinner über alle Runden am Schluß des Programms
angegeben.

Ein Ablaufbeispiel:

```
***** Knobeln *****

Gib Zahl zwischen 1 und 32767:  27  - RETURN -
Rechner bietet:  46
Du bietest    :  27
Summe         :  73


Ich habe gewonnen.

Gib weitere Zahl (ENDE = 0):
  .

  .

  .
Endstand
        Rechner  :  7
        Mensch   : 13
```

```
  1 PROGRAM knobeln(input,output);
  2
  3 (*          K n o b e l n          *)
  4 (*                                 *)
  5 (* Autor: Heinz-Erich Erbs  1983 *)
  6
  7 USES
  8    applestuff;
  9
 10 TYPE
 11    spielertyp = (mensch, rechner);
 12 VAR
 13    geboten,
 14      bisher_gewonnen : ARRAY [spielertyp] OF 0..maxint;
 15    gewinner          : spielertyp;
 16
 17 BEGIN (* Knobeln *)
 18    bisher_gewonnen [mensch ] := 0;
 19    bisher_gewonnen [rechner] := 0;
 20    randomize;
 21    writeln; writeln ('***** K n o b e l n *****');
 22    writeln;
 23    write  ('Gib Zahl zwischen 1 und ',maxint,' :');
 24    read (geboten[mensch]);
 25
 26    WHILE geboten[mensch] > 0 DO
 27       BEGIN
 28          geboten[rechner] := random;
 29          writeln ('Rechner bietet: ',geboten [rechner]);
 30          writeln ('Du bietest    : ',geboten [mensch ]);
 31          writeln ('Summe         : ',geboten[rechner] +
 32                                       geboten[mensch]);
 33          writeln;
 34          IF odd (geboten[rechner] + geboten[mensch])
 35             THEN
 36                BEGIN
 37                   writeln ('Ich habe gewonnen.');
 38                   gewinner := rechner
 39                END
 40             ELSE
 41                BEGIN
 42                   writeln ('Du hast gewonnen.');
 43                   gewinner := mensch
 44                END;
 45          bisher_gewonnen [gewinner] :=
 46                          bisher_gewonnen [gewinner] + 1;
 47
 48          writeln; write ('Gib weitere Zahl (ENDE = 0): ');
 49          read (geboten [mensch])
 50       END; (* WHILE *)
 51
 52    writeln; writeln ('Endstand');
 53    writeln ('       Rechner : ',bisher_gewonnen [rechner]);
 54    writeln ('       Mensch  : ',bisher_gewonnen [mensch ])
 55 END (* Knobeln *).
```

Anregungen zum Weiterbasteln

1. Was geschieht, wenn der Spieler tatsächlich die größte Zahl des
   Zahlenbereichs angibt (beim apple ist maxint = 32767)? Sehen
   Sie eine Begrenzung vor, die die Summation mit der Rechnerzahl
   noch erlaubt!

2. KNOBELN bildet die Vorstufe zu dem bekannten Spiel "Stein -
   Schere - Papier". Seine Regeln:
   a) Stein schärft Schere,
   b) Schere schneidet Papier,
   c) Papier hüllt Stein ein.
   Entwerfen Sie das Programm!

3. Realisieren Sie das 'Streichholz-Knobeln', wie ich es zu
   Beginn der Programmbeschreibung erwähnt habe (für beliebig
   viele Mitspieler!).

Nim

Nim stellt eines der klassischen (Computer-)Spiele dar; seine
Ursprünge lassen sich im alten China ausmachen. Allen Variationen
dieses Spieles ist eines gemeinsam: Nach einer festgelegten Regel
nehmen zwei Spielpartner abwechselnd Objekte (z. B. Streichhölzer)
von einem Haufen. Wer das letzte Objekt nehmen muß, hat verloren.

In dem Program Nim habe ich eine dynamische Variante realisiert;
jeder Spieler darf von dem Haufen maximal die Hälfte der verblei-
benden Objekte nehmen (also gibt's keine über alle Runden feste
Obergrenze). Das entscheidende Neue ist aber die implementierte
Computerstrategie: wie in Kapitel 1.1 beschrieben, geht es darum,
in eine sichere Position zu gelangen, d. h. eine Zahl von Objekten
zu hinterlassen, aus der es eine Gewinnstrategie gibt. Diese
Strategie lautet hier: Hinterlasse dem Gegner stets einen Haufen
mit Objekten, deren Zahl gerade um 1 kleiner ist als eine Zweierpotenz (1,2,4,8,16,...). In einem Struktogramm sieht das so aus:

<table>
<tr><td>Bestimme die größte Zweierpotenz < zahl_objekte</td></tr>
<tr><td>nimm (zahl_objekte - gefundene Zweierpotenz - 1)
vom Haufen weg</td></tr>
</table>

Ein Spiel könnte dann etwa so ablaufen:

```
    ***** NIM-Spiel *****
    Vor uns liegt ein Haufen mit 59 Streichhölzern.
    .
    Ich fange an!
    Ich nehme 28 Hölzer --------------------- Rest: 31

    Wieviele Hölzer willst Du ziehen (1..15): 15
                         --------------------- Rest: 16
    Ich nehme  1 Hölzer --------------------- Rest: 15
    .
    .
```

```
  1 PROGRAM nim (output);
  2
  3 (*              N i m            *)
  4 (*                              *)
  5 (* Autor: H.E. Erbs   1983 *)
  6
  7 USES
  8     applestuff;
  9
 10 CONST
 11     max_zahl      = 64;
 12     strich        = ' ----------------------------------------';
 13
 14 TYPE
 15     zahl_bereich = 0 .. max_zahl;
 16
 17 VAR
 18     noch_uebrig  : zahl_bereich;
 19
 20
 21 PROCEDURE initialisieren (VAR hoelzer : zahl_bereich);
 22 BEGIN
 23     randomize; hoelzer := random MOD max_zahl + 1;
 24     writeln; writeln ('***** NIM-Spiel *****'); writeln;
 25     writeln ('Vor uns liegt ein Haufen mit ', hoelzer,
 26             ' Streichhoelzern.');
 27     writeln ('Wir ziehen abwechselnd beliebig viele ',
 28             'Hoelzer, mindestens jedoch 1');
 29     writeln ('und hoechstens die Haelfte des Restes.');
 30     writeln ('Wer das letzte Holz nehmen muss, hat ',
 31             'verloren.');
 32     writeln; writeln
 33 END (* Initialisieren *);
 34
 35
 36 PROCEDURE computer_zug (VAR hoelzer : zahl_bereich);
 37 VAR
 38     zweier_potenz : 0 .. maxint;
 39     anzahl        : zahl_bereich;
 40
 41 BEGIN
 42     IF hoelzer > 1
 43       THEN
 44         BEGIN
 45           zweier_potenz := 1;
 46           WHILE zweier_potenz <= hoelzer DO
 47             zweier_potenz := zweier_potenz * 2;
 48           IF zweier_potenz = (hoelzer + 1)
 49             THEN (* Verlegenheits-Zug *)
 50               anzahl := random MOD (hoelzer DIV 2) + 1
 51             ELSE (* auf der sicheren Seite *)
 52               anzahl := hoelzer -
 53                         (zweier_potenz DIV 2 - 1);
 54           hoelzer := hoelzer - anzahl;
 55           writeln ('Ich nehme ', anzahl:2, strich,
```

```
56                          ' Rest: ', hoelzer);
57              writeln
58            END (* Then *)
59          ELSE
60            BEGIN
61              writeln; writeln;
62              writeln ('***** Gratuliere, Du hast gewonnen!');
63              hoelzer := 0
64            END (* Else *)
65 END (* Computer_Zug *);
66
67
68 PROCEDURE mensch_zug (VAR hoelzer : zahl_bereich);
69 VAR
70     zahl    : integer;
71     max_zug : zahl_bereich;
72
73 BEGIN
74     IF hoelzer > 1
75       THEN
76         BEGIN
77           max_zug := hoelzer DIV 2;
78           write ('Wieviele Hoelzer willst Du ziehen (1..',
79                   max_zug, '): ');
80           readln (zahl);
81           WHILE NOT (zahl IN [1 .. max_zug]) DO
82             BEGIN
83               write ('Bitte gib nur eine Zahl zwischen',
84                      ' 1 und ',max_zug, ' an: ');
85               readln (zahl)
86             END (* While *);
87           hoelzer := hoelzer - zahl;
88           writeln (' ':12, strich, ' Rest: ', hoelzer);
89           writeln
90         END (* Then *)
91       ELSE
92         BEGIN
93           writeln; writeln;
94           writeln ('***** und wieder einmal hat der ',
95                    'Computer den Menschen besiegt ...');
96           hoelzer := 0
97         END
98 END (* Mensch_Zug *);
99
100
101 BEGIN (* Nim *)
102     initialisieren (noch_uebrig);
103     IF odd (random)
104       THEN
105         BEGIN
106           writeln ('Ich fange an!');
107           computer_zug (noch_uebrig)
108         END (* THEN *)
109       ELSE
110         writeln ('Du faengst an!');
```

```
+----------------------------------------------------------------------+
:                                                                      :
: 111     WHILE noch_uebrig > 0 DO                                     :
: 112        BEGIN                                                     :
: 113          mensch_zug (noch_uebrig);                               :
: 114          IF noch_uebrig > 0                                      :
: 115             THEN                                                 :
: 116                computer_zug (noch_uebrig)                        :
: 117        END (* While *)                                           :
: 118 END (* Nim *).                                                   :
:                                                                      :
+------- Nim ----------------------------------------------- 3 ------+
```

Anregungen zum Weiterbasteln

1. Eine Frage in der Art "Du hast zwar keine Wahl, aber überlege
   vorher reiflich, bevor Du Dich entscheidest!" nennt man auch
   Computer-Ironie. In meinem NIM-Spielprogramm gibt es eine
   ähnliche Stelle; dann nämlich, wenn nur noch 2 bzw. 3 Hölzer
   übrig sind und der Mensch gefragt wird "Wieviel Hölzer willst
   Du ziehen (1..1):". Beseitigen Sie diesen Schönheitsfehler!

2. Es gibt noch andere Varianten des NIM-Spiels, so z. B.
   dürfen nur Hölzer zwischen 1 und 3 genommen werden (also
   mit statischer Obergrenze). Was muß geändert werden,
   insbesondere: wie sieht die Computerstrategie aus?

3. Erweitern Sie NIM um eine Dimension: Nicht nur von einem
   Haufen werden Streichhölzer genommen, sondern von vielen
   (z. B. drei)! Wie sieht hier eine Gewinnstrategie aus?

2.3 Karten- und Würfelspiele

MauMau

Mit MAUMAU beginne ich nun die Reihe der anspruchsvolleren Spiele
- anspruchsvoll sowohl hinsichtlich des Spiels an sich als auch
mit Blick auf die Algorithmen und Datenstrukturen, die zur Implementation auf der Rechenanlage nötig sind.

Grundgedanke dieses Programms ist, daß jeder Kartenstapel eine
Menge Spielkarten ist - das bedeutet:

1. Es gibt einen Datentyp (siehe Zeilen 17 - 25)
      KARTEN_TYP definiert als (Karo_Bube .. Kreuz_As).
   2. Der Talon, die abgelegten Karten und die Karten
      des Menschen sowie Computers sind Mengen dieses
      KARTEN_TYPs.
   3. Jede Operation (Ablegen/Nehmen einer Karte) ist
      eine Mengenoperation.

Damit läßt sich der Spielverlauf sehr einsichtig gestalten;
eine (bestimmte) Karte vom Talon nehmen sieht dann so aus:

```
    talon    := talon    - [karte]
```

Legt man diese Karte ab, so ergibt das folgende Zuweisung:

```
    abgelegt := abgelegt + [karte]
```

Diese Entscheidung zugunsten Aufzählungstyp und Mengen impliziert
nun allerdings an manchen Stellen einige Unbequemlichkeiten; so
muß man z. B. Funktionen definieren, die untersuchen, ob zwei
Karten dieselbe Farbe (Zeilen 189 - 192) bzw. denselben Wert
haben. Bei diesen beiden Funktionen wird die Anordnung der einzelnen Objekte eines Aufzählungstyps in der Interndarstellung
ausgenutzt. Vergegenwärtigen wir uns das "numerierte Äquivalent"
der Spielkarten:

0	1	2	3	4	5	6	7	8	9	10	11	12	13	14	15	16	17 ...
K	H	P	K	K	H	P	K	K	H	P	K	K	H	P	K	K	H
a	e	i	r	a	e	i	r	a	e	i	r	a	e	i	r	a	e
r	r	k	e	r	r	k	e	r	r	k	e	r	r	k	e	r	r ...
o	z		u	o	z		u	o	z		u	o	z		u	o	z
			z				z				z				z		
B	u	b	e	D	a	m	e	K	ö	n	i	g	S	i	e	b	e	n	A	c ...

Also kann man sagen:

Zwei Spielkarten haben dieselbe Farbe, wenn sie an derselben Stelle zweier Vierergruppen stehen, oder kurz:

$$f(s1) = f(s2) \text{ wenn } ord(s2) \text{ MOD } 4 = ord(s2) \text{ MOD } 4$$

Zwei Spielkarten haben denselben Wert, wenn sie innerhalb einer Vierergruppe stehen, oder kurz:

$$w(s1) = w(s2) \text{ wenn } ord(s1) \text{ DIV } 4 = ord(s2) \text{ Div } 4$$

(Dabei bedeuten $f(x)$: Farbe von x; $w(x)$: Wert von x; s1 und s2 sind zwei beliebige, aber verschiedene Spielkarten.)

Interessant ist weiterhin noch das Verfahren, nach dem man von einem numerischen Wert (z. B. 27) zu der entsprechenden Spielkarte kommt (Zeilen 43 - 54):

In einer Schleife wird so oft der Nachfolger einer Spielkarte ermittelt(Funktion 'succ'), wie der numerische Wert nicht auf 0 reduziert werden konnte (Funktion 'pred') - ein geradezu klassischer Fall einer Schleifenkontruktion unter Erhalt der Schleifeninvariante!

Den Ablauf eines Spiels will ich mir hier ersparen - spielen Sie selbst einmal!

```
   1 PROGRAM maumau (input,output);
   2
   3 (*           M a u M a u            *)
   4 (*                                  *)
   5 (* Autor: Heinz-Erich Erbs 1983 *)
   6
   7 USES
   8    applestuff;
   9
  10 CONST
  11    anzahl_karten    = 32;
  12    anzahl_1_karten  = 31;
  13    kontroll_eingabe = 99;
  14
  15 TYPE
  16    spieler_typ = (computer, mensch);
  17    karten_typ  =
  18      (karo_bube, herz_bube, pik_bube, kreuz_bube,
  19       karo_dame, herz_dame, pik_dame, kreuz_dame,
  20       karo_koenig, herz_koenig, pik_koenig, kreuz_koenig,
  21       karo_sieben, herz_sieben, pik_sieben, kreuz_sieben,
  22       karo_acht, herz_acht, pik_acht, kreuz_acht,
  23       karo_neun, herz_neun, pik_neun, kreuz_neun,
  24       karo_zehn, herz_zehn, pik_zehn, kreuz_zehn,
  25       karo_as,   herz_as,   pik_as,   kreuz_as);
  26    num_typ     = 0 .. anzahl_1_karten;
  27    karten_set  = SET OF karten_typ;
  28
  29 VAR
  30    talon, abgelegt : karten_set;
  31    karten          : ARRAY [spieler_typ] OF karten_set;
  32    oberste_karte   : karten_typ;
  33    am_zug          : spieler_typ;
  34    keine_lust_mehr : boolean;
  35    karten_text     : ARRAY [karten_typ] OF string [12];
  36    wirkt_noch      : boolean;
  37
  38 FUNCTION zufall : num_typ;
  39 BEGIN
  40    zufall := random MOD anzahl_karten
  41 END (* Zufall *);
  42
  43 FUNCTION spiel_karte (numerisch : num_typ) : karten_typ;
  44 VAR
  45    karte : karten_typ;
  46 BEGIN
  47    karte := karo_bube;
  48    WHILE numerisch > 0 DO
  49       BEGIN
  50          karte := succ (karte);
  51          numerisch := pred (numerisch)
  52       END (* While *);
  53    spiel_karte := karte
  54 END (* Spiel_karte *);
  55
```

```
 56 FUNCTION karte_vom_talon : karten_typ;
 57 VAR
 58    karte : karten_typ;
 59 BEGIN
 60    IF talon = []
 61       THEN
 62          BEGIN
 63             talon      := abgelegt - [oberste_karte];
 64             abgelegt  :=            [oberste_karte]
 65          END (* Then *);
 66
 67    REPEAT
 68       karte  := spiel_karte (zufall)
 69    UNTIL karte IN talon;
 70    karte_vom_talon := karte;
 71    talon           := talon - [karte];
 72
 73    IF abgelegt = []
 74       THEN (* erste Karte vom Talon umgedreht *)
 75       ELSE
 76          IF am_zug = mensch
 77             THEN
 78                writeln ('Du nimmst vom Talon:  ',
 79                         karten_text [karte])
 80             ELSE
 81                writeln ('Ich muss eine Karte nehmen.')
 82 END (* Karte_vom_Talon *);
 83
 84 PROCEDURE zeige_karten (karten : karten_set);
 85 VAR
 86    karte : karten_typ;
 87 BEGIN
 88    FOR karte := karo_bube TO kreuz_as DO
 89       IF karte IN karten
 90          THEN
 91             writeln (ord (karte)+1 :4,' ':4,
 92                      karten_text [karte])
 93 END (* Zeige_karten *);
 94
 95 PROCEDURE initialisieren;
 96 BEGIN
 97    karten_text [karo_bube   ] := 'Karo Bube   ';
 98    karten_text [herz_bube   ] := 'Herz Bube   ';
 99    karten_text [pik_bube    ] := 'Pik  Bube   ';
100    karten_text [kreuz_bube  ] := 'Kreuz Bube  ';
101
102    karten_text [karo_dame   ] := 'Karo Dame   ';
103    karten_text [herz_dame   ] := 'Herz Dame   ';
104    karten_text [pik_dame    ] := 'Pik Dame    ';
105    karten_text [kreuz_dame  ] := 'Kreuz Dame  ';
106
107    karten_text [karo_koenig ] := 'Karo Koenig ';
108    karten_text [herz_koenig ] := 'Herz Koenig ';
109    karten_text [pik_koenig  ] := 'Pik Koenig  ';
110    karten_text [kreuz_koenig ] := 'Kreuz Koenig';
```

```
111
112    karten_text [karo_sieben  ] := 'Karo Sieben ';
113    karten_text [herz_sieben  ] := 'Herz Sieben ';
114    karten_text [pik_sieben   ] := 'Pik Sieben  ';
115    karten_text [kreuz_sieben ] := 'Kreuz Sieben';
116
117    karten_text [karo_acht    ] := 'Karo Acht   ';
118    karten_text [herz_acht    ] := 'Herz Acht   ';
119    karten_text [pik_acht     ] := 'Pik Acht    ';
120    karten_text [kreuz_acht   ] := 'Kreuz Acht  ';
121
122    karten_text [karo_neun    ] := 'Karo Neun   ';
123    karten_text  [herz_neun   ] := 'Herz Neun   ';
124    karten_text [pik_neun     ] := 'Pik Neun    ';
125    karten_text [kreuz_neun   ] := 'Kreuz Neun  ';
126
127    karten_text [karo_zehn    ] := 'Karo Zehn   ';
128    karten_text [herz_zehn    ] := 'Herz Zehn   ';
129    karten_text [pik_zehn     ] := 'Pik Zehn    ';
130    karten_text [kreuz_zehn   ] := 'Kreuz Zehn  ';
131
132    karten_text [karo_as      ] := 'Karo As     ';
133    karten_text [herz_as      ] := 'Herz As     ';
134    karten_text [pik_as       ] := 'Pik As      ';
135    karten_text [kreuz_as     ] := 'Kreuz As    ';
136
137    randomize;
138    IF odd (zufall)
139       THEN
140          BEGIN
141             am_zug := computer;
142             writeln ('Ich fange an!')
143          END (* Then *)
144       ELSE
145          BEGIN
146             am_zug := mensch;
147             writeln ('Du faengst an!')
148          END (* Else *);
149    keine_lust_mehr := false
150 END (* initialisieren *);
151
152 PROCEDURE karten_austeilen;
153 VAR
154    karte : karten_typ;
155    i     : 1 .. 5;
156
157 PROCEDURE eine_karte_austeilen (VAR von, nach
158                                      : karten_set);
159 VAR
160    karte : karten_typ;
161 BEGIN
162    REPEAT
163       karte := spiel_karte (zufall)
164    UNTIL karte IN von;
165    nach := nach + [karte];
```

```
166     von  := von  - [karte]
167 END (* Eine_Karte_austeilen *);
168
169 BEGIN (* Karten_austeilen *)
170    FOR karte := karo_bube TO kreuz_as DO
171       talon := talon + [karte];
172    karten [computer] := [];
173    karten [mensch  ] := [];
174    FOR i := 1 TO 5 DO
175       BEGIN
176          eine_karte_austeilen (talon, karten [computer]);
177          eine_karte_austeilen (talon, karten [mensch  ])
178       END (* For *);
179    oberste_karte := karte_vom_talon;
180    abgelegt       := [oberste_karte];
181    wirkt_noch     := true
182 END (* Karten_austeilen *);
183
184 PROCEDURE ein_zug (VAR am_zug : spieler_typ;
185                    VAR oberste_karte : karten_typ);
186 VAR
187    i : 1 .. 5;
188
189 FUNCTION farbe_identisch (a,b : karten_typ) : boolean;
190 BEGIN
191    farbe_identisch := (ord (a) MOD 4) = (ord (b) MOD 4)
192 END (* Farbe_identisch *);
193
194 FUNCTION wert_identisch (a,b : karten_typ) : boolean;
195 BEGIN
196    wert_identisch := (ord (a) DIV 4) = (ord (b) DIV 4)
197 END (* Wert_identisch *);
198
199 PROCEDURE mensch_zieht;
200 VAR
201    eingabe : integer;
202
203 FUNCTION card (menge : karten_set) : num_typ;
204 VAR
205    zaehl : num_typ;
206    karte : karten_typ;
207 BEGIN
208    zaehl := 0;
209    FOR karte := karo_bube TO kreuz_as DO
210       IF karte IN menge
211          THEN zaehl := zaehl + 1;
212    card := zaehl
213 END (* card *);
214
215 PROCEDURE karte_untersuchen (karte : karten_typ);
216
217 PROCEDURE farbe_waehlen;
218 VAR
219    farbe : char;
220 BEGIN
```

```
221     karten [mensch] := karten [mensch] - [karte];
222     abgelegt         := abgelegt         + [karte];
223
224     IF karten [mensch] = []
225        THEN
226           writeln ('***** M a u M a u *****')
227        ELSE
228           BEGIN
229              REPEAT
230                 write ('Welche Farbe ',
231                        '(Karo=k/Herz=h/Pik=p/Kreuz=+): ');
232                 readln (farbe)
233              UNTIL farbe IN ['k','K','h','H','p','P','+'];
234
235              CASE farbe OF
236               'k', 'K' : oberste_karte := karo_bube;
237               'h', 'H' : oberste_karte := herz_bube;
238               'p', 'P' : oberste_karte := pik_bube;
239               '+'      : oberste_karte := kreuz_bube;
240              END (* Case *)
241           END (* Else *)
242 END (* Farbe_waehlen *);
243
244 BEGIN (* Karte_untersuchen *)
245    IF karte IN karten [mensch]
246      THEN
247        IF karte IN [karo_bube .. kreuz_bube]
248          THEN (* Bube gespielt *)
249            farbe_waehlen
250          ELSE
251            IF farbe_identisch (karte, oberste_karte)
252                 OR
253               wert_identisch (karte, oberste_karte)
254             THEN (* "bedient" *)
255               BEGIN
256                 karten [mensch] := karten [mensch]
257                                            - [karte];
258                 abgelegt        := abgelegt + [karte];
259                 oberste_karte   :=            karte;
260                 wirkt_noch      := true
261               END (* Then *)
262             ELSE (* weder bedient noch Bube gespielt *)
263                 writeln ('Halt - bedienen oder passen ',
264                          '- und jetzt einmal aussetzen!')
265      ELSE
266        writeln ('Nana, die Karte hast Du aber nicht ',
267                 '- zur Strafe einmal aussetzen!');
268 END (* Karte_untersuchen *);
269
270 BEGIN (* Mensch_zieht *)
271    writeln;
272    writeln ('Ich habe noch ', card (karten[computer]):2,
273             ' Karte(n).');
274    writeln; writeln ('Deine Karten:'); writeln;
275    zeige_karten (karten [mensch]);
```

```
276      write ('Gib KartenNr. (Passen=0/Ende=-1):');
277      readln (eingabe);
278      WHILE eingabe > anzahl_karten DO
279         BEGIN
280            IF eingabe = kontroll_eingabe
281               THEN
282                  BEGIN
283                     writeln; writeln ('Computer_karten:');
284                     writeln;
285                     zeige_karten (karten [computer]);
286                  END; (* Then *)
287
288            write ('+++ Eingabe groesser ',anzahl_karten:2,
289                  '; gib KartenNr.:');
290            readln (eingabe);
291         END; (* While *)
292
293      IF eingabe < O
294         THEN
295            keine_lust_mehr := true
296         ELSE
297            IF eingabe = O
298               THEN
299                  karten [mensch] := karten [mensch] +
300                                      [karte_vom_talon]
301               ELSE
302                  karte_untersuchen (spiel_karte (eingabe-1))
303 END (* Mensch_zieht *);
304
305 PROCEDURE rechner_zieht;
306 VAR
307    karte : karten_typ;
308
309 FUNCTION kann_bedienen : boolean;
310 BEGIN
311    kann_bedienen := (karte IN karten [computer]) AND
312               (farbe_identisch (karte,oberste_karte) OR
313                wert_identisch (karte,oberste_karte)    );
314 END (* kann_bedienen *);
315
316 PROCEDURE farbe_waehlen;
317 BEGIN
318    karte := karo_bube;
319    WHILE NOT (karte IN karten [computer]) DO
320       karte := succ (karte);
321    karten [computer] := karten [computer] - [karte];
322    abgelegt           := abgelegt          + [karte];
323    writeln (karten_text [karte],' ausgespielt.');
324
325    IF karten [computer] = []
326       THEN
327          writeln ('***** M a u M a u *****')
328       ELSE
329          BEGIN
330             write ('ich waehle als Farbe: ');
```

```
331               REPEAT
332                  karte := spiel_karte (zufall)
333               UNTIL karte IN (karten [computer]
334                     - [karo_bube .. kreuz_bube]);
335               CASE ord (karte) MOD 4 OF
336                  0 : BEGIN
337                        writeln ('Karo');
338                        oberste_karte := karo_bube
339                      END;
340                  1 : BEGIN
341                        writeln ('Herz');
342                        oberste_karte := herz_bube
343                      END;
344                  2 : BEGIN
345                        writeln ('Pik');
346                        oberste_karte := pik_bube
347                      END;
348                  3 : BEGIN
349                        writeln ('Kreuz');
350                        oberste_karte := kreuz_bube
351                      END
352               END (* Case *)
353            END (* Else *)
354 END (* Farbe_waehlen *);
355
356 BEGIN (* Rechner_zieht *)
357    karte := kreuz_as;
358    WHILE (karte <> kreuz_bube) AND
359          NOT kann_bedienen         DO
360      karte := pred (karte);
361
362    IF karte = kreuz_bube
363      THEN (* kann nicht bedienen *)
364        IF [karo_bube .. kreuz_bube]
365           * karten [computer]      = []
366        THEN (* auch kein Bube vorhanden *)
367          karten [computer] := karten [computer]
368                               + [karte_vom_talon]
369        ELSE (* Bube ausspielen *)
370           farbe_waehlen
371      ELSE (* bedienen *)
372        BEGIN
373          writeln ('Ich lege ab: ', karten_text [karte]);
374          karten [computer] := karten [computer] - [karte];
375          abgelegt          := abgelegt          + [karte];
376          oberste_karte     :=                      karte;
377          wirkt_noch        := true
378        END (* Else *)
379 END (* Rechner_zieht *);
380
381 BEGIN (* Ein_Zug *)
382    write ('-----------------------',
383           '-----------------------');
384    IF oberste_karte IN [karo_bube .. kreuz_bube]
385       THEN
```

```
386            BEGIN
387              write ('gewaehlt wurde: ');
388              FOR i := 1 TO 5 DO
389                write (karten_text [oberste_karten, i]);
390              writeln
391            END (* Then *)
392          ELSE
393            writeln ('oben liegt: ',
394                     karten_text [oberste_karte]);
395
396      IF (oberste_karte IN [karo_acht .. kreuz_acht])
397          AND wirkt_noch
398        THEN (* aussetzen *)
399          BEGIN
400            IF am_zug = computer
401              THEN writeln ('Ich muss aussetzen!')
402              ELSE writeln ('Du musst aussetzen!');
403            wirkt_noch := false
404          END (* Then *)
405        ELSE
406          IF (oberste_karte IN [karo_sieben .. kreuz_sieben])
407              AND wirkt_noch
408            THEN (* 2 Karten vom Talon nehmen *)
409              BEGIN
410                karten [am_zug] := karten [am_zug] +
411                        [karte_vom_talon, karte_vom_talon];
412                wirkt_noch := false
413              END (* Then *)
414            ELSE
415              CASE am_zug OF
416                mensch   : mensch_zieht;
417                computer : rechner_zieht
418              END (* Case *);
419
420
421          CASE am_zug OF
422            mensch   : am_zug := computer;
423            computer : am_zug := mensch
424          END (* Case *)
425 END (* Ein_zug *);
426
427 PROCEDURE ende_wertung;
428 BEGIN
429    writeln;
430    IF keine_lust_mehr
431      THEN
432        BEGIN
433          writeln ('Na dann eben nicht!');
434          writeln ('Meine Karten sind:');
435          writeln;
436          zeige_karten (karten [computer])
437        END (* Then *)
438      ELSE
439        IF karten [computer] = []
440          THEN
```

```
+----------------------------------------------------------------+
|                                                                |
| 441                    writeln ('Ich habe gewonnen!')          |
| 442                  ELSE                                       |
| 443                    BEGIN                                    |
| 444                      writeln ('Du hast gewonnen!');        |
| 445                      writeln ('Meine Karten sind:');       |
| 446                      writeln;                               |
| 447                      zeige_karten (karten [computer])      |
| 448                    END (* Else *)                           |
| 449 END (* Ende_wertung *);                                    |
| 450                                                             |
| 451 BEGIN (* MauMau *)                                          |
| 452    initialisieren;                                          |
| 453    karten_austeilen;                                        |
| 454                                                             |
| 455    REPEAT                                                   |
| 456       ein_zug (am_zug, oberste_karte)                       |
| 457    UNTIL keine_lust_mehr                                    |
| 458          OR (karten [computer] = [])                        |
| 459          OR (karten [mensch  ] = []);                       |
| 460    ende_wertung                                             |
| 461 END (* MauMau *).                                           |
|                                                                |
+------- MauMau ---------------------------------------  9 ------+
```

For BASICians only

In diesem Programm ist sehr ausgeprägt von dem Mengentyp und
seinen Operationen Gebrauch gemacht worden. Bei einer Übersetzung
des Programms nach BASIC ist daher im wesentlichen diese Klippe
zu umschiffen. Hier empfehle ich, eine Reihung anzulegen (als
ARRAY..OF boolean), mit der der Mengentyp nachgebildet wird. Das
Einfügen einer Karte (hier: Nr. 27) in eine Menge sieht dann etwa
so aus:

```
10 DIM T1(32)
20 LET T1(27) = 1
```

Wenn Ihre BASIC-Version keine langen Variablennamen zuläßt, würde
ich es gar nicht erst versuchen, den Aufzählungstyp namentlich
nachzubilden. Konstanten (wie in dem Beispiel oben) tun es dann
genauso gut (oder schlecht...).

Anregungen zum Weiterbasteln

1. In dem Programm wird nicht überprüft, ob der menschliche Spieler gemogelt hat, d. h. ob er überhaupt "bedient" hat - wenn er konnte. Fügen Sie eine derartige Überprüfung ein.

2. Die Funktionen DIESELBE_FARBE und DERSELBE_WERT sind sehr maschinennah geraten, d. h. sie gehen auf die interne Repräsentation des Aufzählungstyps KARTEN_TYP zurück und berechnen den Funktionswert mit Hilfe der (numerischen) Operationen MOD und DIV. Schaffen Sie zwei Funktionen mit gleicher Leistung (nach außen hin), aber mit Hilfe geeigneter Mengenuntersuchungen (also dabei Finger weg von ord, MOD und DIV)!

3. Das vorliegende Programm stellt nur eine einfache Implementation des Maumau-Kartenspiels dar. Eine bessere Realisation sollte etwa umfassen:
   - o Spielverlauf gemäß "vollständiger" Regeln
   - o Wird als erste Karte ein Bube aufgedeckt, kann der anfangende Spieler die Farbe wünschen und
   - o eine 7 bzw. 8 vom Gegner kann durch eine eigene 7 bzw. 8 neutralisiert (andere Deutung: in der Wirkung verdoppelt) werden.

4. Von einer Rechner-Strategie kann man kaum sprechen; so wird nicht einmal das Farbenwählen gezielt eingesetzt. Realisieren Sie eine Strategie!

17 + 4

Im Vergleich mit MAUMAU stellt 17 + 4 das wesentlich leichter zu
realisierende Kartenspiel von beiden dar: einen Spielverlauf (das
Bedienen, Stechen, ...) kennt 17 + 4 nicht, und so gerät das
Programm auch recht kurz. Nichtsdestotrotz weist es eine völlig
andere Implementation des Kartentyps auf:

```
RECORD
    farbe: farben_typ;
    wert : wert_typ
END
```

Bei dieser Darstellung ist jeder Karte unmittelbar die Farbe und
der Wert anzusehen. Dafür ist nun aber ein Kartenstapel aufwen-
diger zu realisieren: Ich habe mich hier für die dynamische
Datenstruktur "Ring" entschieden. Das Prinzip dieser Datenstruktur will ich hier nur andeuten, näheres über die Operationen
wie Einfügen oder Löschen mag der geneigte Leser einem einschlä-
gigen Lehrbuch (z. B. Erbs/Stolz "Einführung in die Programmierung
mit Pascal) entnehmen.

So sieht also in 17 + 4 ein Kartenstapel aus:

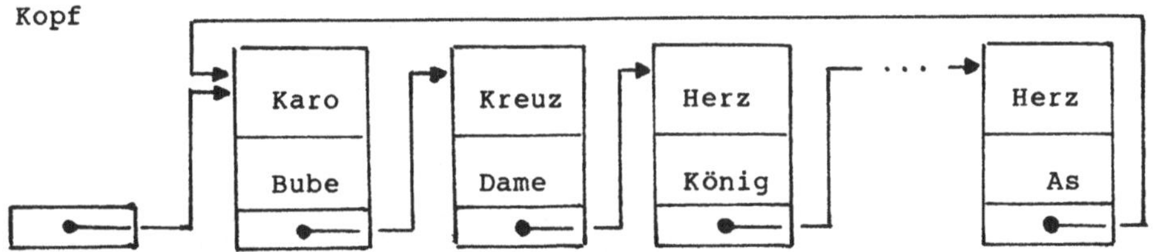

Bei der Zufallsauswahl einer Karte aus dem Ring hat man nun leich-
tes Spiel: der Ring wird wie ein Glücksrad gedreht, zu beliebiger
Zeit angehalten und damit ist die Zufallskarte gefunden (das
"Drehen" liegt natürlich hier in einem Wandern von einer Karte zur
nächsten) - eine Konvertierung des numerischen Äquivalents in die
entsprechende Spielkarte (wie in MauMau) entfällt!

Ein Ablaufbeispiel:

    *** 17 und 4 ***
    Bewertung der Spielkarten:
    As   :   11
    Zehn :   10
    Neun :   9
    Acht :   8
    Sieben: 7
    Koenig: 4
    Dame :   3
    Bube :   2

    Zunaechst bekommen Sie zwei Karten:

    Karo Bube   Wert : 2   Gesamtwert bisher: 2
    Karo As   Wert : 11   Gesamtwert bisher: 13

    Noch eine Karte (J/N):   j - RETURN -
    Kreuz Sieben   Wert : 7   Gesamtwert bisher: 20

    Noch eine Karte (J/N):   n - RETURN -

    Die Bank ist dran:

    Pik Neun   Wert: 9   Gesamtwert bisher: 9
    Pik Acht   Wert: 8   Gesamtwert bisher: 17
    Pik Bube   Wert: 2   Gesamtwert bisher: 19
    Herz Dame   Wert: 3   Gesamtwert bisher: 22

    Sie haben gewonnen - die Bank hat sich übernommen ...

```
   1 PROGRAM spiel_17_und_4 (input,output);
   2
   3 (*          1 7  u n d  4        *)
   4 (*                              *)
   5 (* Autor: H.E. Erbs  1983 *)
   6
   7 USES
   8     applestuff;
   9
  10 CONST
  11     bube   = 2;
  12     dame   = 3;
  13     koenig = 4;
  14     sieben = 7;
  15     acht   = 8;
  16     neun   = 9;
  17     zehn   = 10;
  18     as     = 11;
  19
  20 TYPE
  21     farben_typ = (karo, herz, pik, kreuz);
  22     wert_typ   = bube .. as;
  23
  24     karten_typ = RECORD
  25                     farbe : farben_typ;
  26                     wert  : wert_typ
  27                  END;
  28
  29     karten_ptr = ^element;
  30     element    = RECORD
  31                     data  : karten_typ;
  32                     next  : karten_ptr
  33                  END;
  34
  35     partner    = (spieler, bank);
  36     punkte_typ = 0 .. 216;
  37
  38 VAR
  39     kopf        : karten_ptr;
  40     punkte      : ARRAY [partner] OF punkte_typ;
  41     wert_text   : ARRAY [bube..as]
  42                     OF PACKED ARRAY [1..6] OF char;
  43     farben_text: ARRAY [karo..kreuz]
  44                     OF PACKED ARRAY [1..5] OF char;
  45
  46
  47 PROCEDURE initialisieren;
  48 VAR
  49     farbe : farben_typ;
  50
  51 PROCEDURE einfuegen (f : farben_typ; w : wert_typ);
  52 VAR
  53     aktuell : karten_ptr;
  54 BEGIN
  55     new (aktuell);
```

```
 56     aktuell^.data.farbe := f;
 57     aktuell^.data.wert  := w;
 58
 59     IF kopf = NIL
 60       THEN
 61         BEGIN
 62           kopf          := aktuell;
 63           aktuell^.next := aktuell
 64         END (* Then *)
 65       ELSE
 66         BEGIN
 67           aktuell^.next := kopf^.next;
 68           kopf^    .next := aktuell
 69         END (* Else *)
 70 END (* Ein_fuegen *);
 71
 72 BEGIN
 73    kopf := NIL;
 74    FOR farbe := karo TO kreuz DO
 75      BEGIN
 76        ein_fuegen (farbe, bube);
 77        ein_fuegen (farbe, dame);
 78        ein_fuegen (farbe, koenig);
 79        ein_fuegen (farbe, sieben);
 80        ein_fuegen (farbe, acht);
 81        ein_fuegen (farbe, neun);
 82        ein_fuegen (farbe, zehn);
 83        ein_fuegen (farbe, as)
 84      END (* For *);
 85
 86    farben_text [karo ] := 'Karo ';
 87    farben_text [herz ] := 'Herz ';
 88    farben_text [pik  ] := 'Pik  ';
 89    farben_text [kreuz] := 'Kreuz';
 90
 91    wert_text [bube  ] := 'Bube  ';
 92    wert_text [dame  ] := 'Dame  ';
 93    wert_text [koenig] := 'Koenig';
 94    wert_text [sieben] := 'Sieben';
 95    wert_text [acht  ] := 'Acht  ';
 96    wert_text [neun  ] := 'Neun  ';
 97    wert_text [zehn  ] := 'Zehn  ';
 98    wert_text [as    ] := 'As    ';
 99
100    randomize
101 END (* Initialisieren *);
102
103
104 PROCEDURE spiel_regeln;
105 VAR
106    aktuell : karten_ptr;
107 BEGIN
108    writeln; writeln ('*** 1 7  u n d  4 ***'); writeln;
109    writeln ('Bewertung der Spielkarten:'); writeln;
110    aktuell := kopf;
```

```
111      WHILE aktuell^.next <> kopf DO
112        BEGIN
113          WITH aktuell^.data DO
114            IF farbe = kreuz
115              THEN
116                writeln (wert_text [wert],' :',wert:3);
117          aktuell := aktuell^ .next
118        END (* While *);
119      writeln; writeln
120 END (* Spiel_Regeln *);
121
122
123 PROCEDURE karte_nehmen (VAR konto : punkte_typ);
124 VAR
125    i       : 0 .. maxint;
126    aktuell : karten_ptr;
127    karte   : karten_typ;
128 BEGIN
129    aktuell := kopf;
130    FOR i := 1 TO random MOD 100 DO
131       aktuell := aktuell^.next;
132    karte := aktuell^.next^.data;
133    (* ausketten: *) aktuell^.next := aktuell^.next^.next;
134
135    konto := konto + karte.wert;
136    writeln (farben_text [karte.farbe], ' ',
137             wert_text   [karte.wert],' ':5,
138             'Wert:', karte.wert:3, ' ':5,
139             'Gesamtwert bisher:',konto:3)
140 END (* Karte_nehmen *);
141
142
143 PROCEDURE spieler_zieht (VAR konto : punkte_typ);
144 VAR
145    antwort : char;
146 BEGIN
147    konto := 0;
148    writeln ('Zunaechst bekommen Sie zwei Karten:');
149    writeln;
150    karte_nehmen (konto);
151    karte_nehmen (konto);
152
153    antwort := 'J';
154    WHILE (antwort IN ['J','j',' ']) AND (konto < 21) DO
155      BEGIN
156        writeln; write ('Noch eine Karte (J/N): ');
157        readln (antwort);
158        IF antwort IN ['J','j',' ']
159          THEN
160            karte_nehmen (konto)
161      END (* While *)
162 END (* Spieler_zieht *);
163
164
165 PROCEDURE bank_zieht (VAR konto : punkte_typ);
```

```
166 BEGIN
167    writeln; writeln;
168    writeln ('Die Bank ist dran:'); writeln;
169    konto := 0;
170    WHILE (konto < punkte [spieler]) AND (konto <= 21) DO
171       karte_nehmen (konto)
172 END (* Bank_zieht *);
173
174
175 PROCEDURE end_abrechnung;
176 BEGIN
177    writeln;
178    IF punkte [spieler] = 21
179      THEN writeln ('So ein Glueck: 17 + 4!')
180        ELSE
181    IF punkte [spieler] > 21
182      THEN writeln ('Zu hoch gespielt und verloren ...')
183        ELSE
184    IF punkte [bank]    > 21
185      THEN writeln ('Sie haben gewonnen - die Bank hat ',
186                    'sich uebernommen ...')
187        ELSE
188    IF punkte [spieler] > punkte [bank]
189      THEN writeln ('Sie sind besser!')
190        ELSE
191    IF punkte [spieler] < punkte [bank]
192      THEN writeln ('Ich bin besser!')
193      ELSE writeln ('Beide gleich und damit',
194                    ' habe ich gewonnen!')
195 END (* End_Abrechnung *);
196
197
198 BEGIN (* 17_und_4 *)
199    initialisieren;
200    spiel_regeln;
201    spieler_zieht (punkte [spieler]);
202    IF punkte [spieler] < (17 + 4)
203      THEN
204         bank_zieht (punkte [bank]);
205    end_abrechnung
206 END (* 17_und_4 *).
```

Anregungen zum Weiterbasteln

1. Will man mehrere Runden 17 + 4 spielen, so muß man das Programm entsprechend oft starten. Die Berechnung des Gesamtsiegers muß dann auch außerhalb erfolgen. Erweitern Sie das Programm entsprechend, daß es diese Leistung selber erbringt. Obacht: Jetzt ist es nicht mehr damit getan, die gezogenen Karten nur aus dem Ring auszuketten; in einer Version mit "großer Schleife" muß (analog zu Maumau) ein Ring der abgelegten Karten gebildet werden und später dem Talon wieder zugeschlagen werden.

2. Es ist eigentlich nicht einzusehen, daß das Prinzip des Kartennehmens als zufällige Wahl eines Mengenelements (der Zugriff auf ein Ring-Element ist im Prinzip nichts anderes) bei dieser Datenstruktur für das Kartenspiel angewandt wird. Bilden Sie vielmehr den Kartenstapel (genauer: den Talon) als zufällig sortierte (= gemischte) lineare Liste nach, aus der stets das oberste Element entfernt wird.

3. Wer aufmerksam den WERT_TYP geprüft hat, ist sicherlich auf eine Ungereimtheit in dem Programm gestoßen: der Bereich bube .. as enthält Lücken (die Werte 5 und 6 sind im Kartenblatt nicht enthalten). Eine saubere Lösung müßte einen Aufzählungstyp (bube, dame, ..., as) mit Wertetabelle verwenden!

4. In den USA ist 17 + 4 mit etwas abgeänderten Regeln unter dem Namen BLACK JACK bekannt. Eine wesentliche Erweiterung kennt BLACK JACK in der Bewertung der einzelnen Runden, d. h. der Sieger einer Runde bekommt nicht lediglich einen Punkt für den Einzelsieg, sondern eine vorher bestimmte, aber von Runde zu Runde differierende (Geld-)Summe vom Verlierer.

For BASICians only

Das Übersetzen dieses Programms nach BASIC stellt sicherlich eine
harte Nuß dar: die dynamische Datenstruktur 'Ring' läßt sich über
den Umweg einer Reihung übertragen - eine adäquate und vor allem
effiziente Implementation ist das aber nicht. Meine Empfehlung
geht daher in eine andere Richtung: realisieren Sie die
BASIC-Version von 17 + 4 nach dem Vorbild MAUMAU; also mit dem
Mengentyp (in BASIC: ARRAY .. OF boolean)!

Chicago

Das erste und einzige Würfelspiel dieser Spielesammlung ist auch
in meinen Augen das interessanteste, das ich überhaupt kenne.
Lassen wir ein Ablaufbeispiel dieses Spiel auch gleich erklären:

```
***** Chicago *****

Kennst Du die Spielregeln?
---  j(a)/n(ein)       n  - RETURN -
Sinn des Spiels ist es, mit drei Wuerfeln eine moeglichst
hohe Punktzahl zu erreichen. Dabei darf jeder Spieler
maximal dreimal wuerfeln. Vor dem 2. und 3. Wurf be-
stimmst Du, wieviele Wuerfel (vom letzten an gerechnet)
Du nochmal wuerfeln moechtest.

    Eine '1' zaehlt 100 Punkte
    Eine '6' zaehlt  60 Punkte
    Jede andere Seite zaehlt ihre Augenzahl.


Zusaetzlich hast Du die Moeglichkeit, vor dem 2. und 3.
Wurf zwei Sechsen in eine Eins umzuwandeln.
  .
Dein 1. Wurf:   1   4   3       107

---  1/2/3/ (genug) :     2  - RETURN -

Dein 2. Wurf:   1   2   2       104

---  1/2/3 (genug) :     2  - RETURN -

Dein 3. Wurf:   1   5   4       109


Mein 1. Wurf:   6   4   3        67  (3 neue Wuerfel)
Mein 2. Wurf:   6   6   2       122  (2 neue Wuerfel)
```

```
Dein Stand                 Mein Stand
   109                        122

Deine Punkte               Meine Punkte
    0                          1


**** Neues Spiel?

.
```

Schaut man sich nun das Programm näher an (und spielt nicht nur
damit), so kann man einige interessante Details entdecken:

1. Innerhalb der Prozedur SORTIEREN (Zeilen 140 - 160) wird ein
   Sortieralgorithmus verwendet (Zeilen 150 - 153), der üblicherweise "Bubblesort" genannt wird. Dabei werden die zu sortie-
   renden Elemente einzeln so weit "nach oben" im Tausch mit den
   oberen Nachbarelement verschoben, bis sie die richtige
   Position erreicht haben. Bei diesem Algorithmus wirkt außerdem
   noch tatkräftig die Prozedur TAUSCH (Zeilen 132 - 138) mit; in
   ihr kann man geradezu Lehrbuch-mäßig den Gebrauch einer lokalen
   Variable für eben nur lokale Aufgaben beobachten. Doch Vorsicht
   - der verwendete Algorithmus "Bubblesort" eignet sich nur für
   Anwendungen dieser Größenordnung, bei langen Reihen sind effi-
   zientere Sortierverfahren wie z. B. "Quicksort" vorzuziehen!

2. Wenn der Rechner als erster würfelt, muß er entscheiden, "wann
   es genug ist". Die Zeilen 250 bis 284 lassen die Rechner-
   strategie erkennen: Wenn MINIMUM (das ist in diesem Fall immer
   166) erreicht ist, "ist's genug". Wenn der Rechner in der
   Defensive ist (d. h. wenn er als zweiter würfelt), geht es für
   ihn lediglich darum, die Augenwerte des Gegners zu erreichen -
   das ist dann das MINIMUM.

```pascal
   1 PROGRAM chicago (input,output);
   2
   3 (*          C h i c a g o          *)
   4 (*                                 *)
   5 (* Autor: Ralf Dierenbach  1983 *)
   6
   7 USES
   8    applestuff;
   9
  10 TYPE feldtyp              = ARRAY [1..3] OF 0..6;
  11      ergebnistyp          = 0..300;
  12      wurftyp              = 0..3;
  13      spielertyp           = (player,calculator);
  14      number               = 0..maxint;
  15      anzahltyp            = 1..5;
  16
  17 VAR  wuerfel              :feldtyp;
  18      spielerstand,rechnerstand:number;
  19      chikago              :boolean;
  20
  21
  22 PROCEDURE leerzeilen (anzahl : number);
  23 BEGIN
  24    IF anzahl <= 0
  25      THEN (* Ende der Rekursion *)
  26      ELSE
  27        BEGIN
  28          writeln;
  29          leerzeilen (anzahl - 1)
  30        END (* Else *)
  31 END (* Leerzeilen *);
  32
  33 FUNCTION antwort_ist_ja:boolean;
  34 VAR
  35    antwort : char;
  36 BEGIN
  37    REPEAT
  38      write ('--- [j(a)/n(ein)] ');
  39      readln (antwort)
  40    UNTIL antwort IN ['N','n','J','j'];
  41    antwort_ist_ja := antwort IN ['j','J']
  42 END (* Antwort_ist_JA *);
  43
  44 PROCEDURE wuerfeln(VAR wuerfel        :feldtyp;
  45                        anzahl_wuerfel:wurftyp);
  46 VAR i:1..3;
  47 BEGIN
  48    FOR i:=3 DOWNTO 4-anzahl_wuerfel DO
  49      wuerfel[i]:=random MOD 6 + 1
  50 END (* Wuerfeln *);
  51
  52 FUNCTION summe(wuerfel:feldtyp):ergebnistyp;
  53 VAR i:1..3; hilf:ergebnistyp;
  54 BEGIN
  55    hilf:=0;
```

```
 56      FOR i:=1 TO 3 DO
 57        CASE wuerfel[i] OF
 58            1        : hilf := hilf+100;
 59            6        : hilf :=hilf+ 60;
 60          2,3,4,5 : hilf:=hilf+wuerfel[i]
 61        END (* CASE *);
 62      summe:=hilf
 63 END (* Summe *);
 64
 65
 66 PROCEDURE wurfausgabe(wuerfel:feldtyp;
 67                       wurf    :wurftyp;
 68                       spieler:spielertyp;
 69                       amount :wurftyp);
 70 VAR
 71    i : 1..3;
 72 BEGIN
 73    IF amount <>0
 74      THEN
 75        BEGIN
 76          IF spieler = player
 77            THEN write ('Dein  ')
 78            ELSE write ('Mein  ');
 79          write(wurf:1,'. Wurf:')
 80        END (* Then *)
 81      ELSE
 82        write(' ':14);
 83    FOR i:=1 TO 3 DO
 84      IF wuerfel[i] IN [1..6]
 85        THEN write(wuerfel[i]:5)
 86        ELSE write('X':5);
 87    write(' |',summe(wuerfel):5);
 88    IF spieler = calculator
 89      THEN
 90        IF amount <> 0
 91          THEN
 92            BEGIN
 93              write('  (',amount:1,' neue');
 94              IF amount=1
 95                THEN write('r')
 96                ELSE write(' ');
 97              writeln (' Wuerfel)');
 98            END (* THEN *)
 99          ELSE
100            writeln('  ( umwandeln )   ')
101      ELSE
102        leerzeilen (2)
103 END (* Wurfausgabe *);
104
105 FUNCTION anzahl(umwand:boolean):anzahltyp;
106 VAR zahl:char;
107 BEGIN
108    IF umwand
109      THEN write ('--- [1/2/3/u(mwandeln)/g(enug)]: ')
110      ELSE write ('--- [1/2/3/(genug)]: ');
```

```
111     IF NOT eoln
112       THEN
113         BEGIN
114           readln (zahl);
115            IF zahl IN ['1'..'3','u']
116              THEN
117                CASE zahl OF
118                  '1':anzahl:=1;
119                  '2':anzahl:=2;
120                  '3':anzahl:=3;
121                  'u':IF umwand
122                        THEN anzahl:=5
123                        ELSE anzahl:=4
124                END (* CASE *)
125              ELSE
126                anzahl := 4
127         END (* not eoln *)
128       ELSE
129         anzahl:=4
130 END (* Anzahl *);
131
132 PROCEDURE tausch (VAR a,b:number);
133 VAR hilf:number;
134 BEGIN
135    hilf:=a;
136    a    :=b;
137    b    :=hilf
138 END (* tausch *);
139
140 PROCEDURE sortieren(VAR wuerfel:feldtyp);
141 VAR i,k:1..3;
142    zahl:ARRAY[1..3]OF number;
143 BEGIN
144    FOR i:=1 TO 3 DO
145    CASE wuerfel[i] OF
146       1         : zahl[i]:=100;
147       6         : zahl[i]:= 60;
148       0,2,3,4,5 : zahl[i]:=wuerfel[i]
149    END (* CASE *);
150    FOR i:=1 TO 2 DO
151      FOR k:=1 TO 2 DO
152         IF zahl[k] < zahl[k+1]
153           THEN tausch(zahl[k],zahl[k+1]);
154    FOR i:=1 TO 3 DO
155    CASE zahl[i] OF
156       100       : wuerfel[i]:=1;
157       60        : wuerfel[i]:=6;
158       0,2,3,4,5 : wuerfel[i]:=zahl[i]
159    END (* CASE *)
160 END (* Sortieren *);
161
162 PROCEDURE umwandeln(VAR wuerfel:feldtyp);
163 BEGIN
164    IF wuerfel[1] = 6
165      THEN BEGIN wuerfel[1]:=1;wuerfel[2]:=0 END
```

```
166        ELSE BEGIN wuerfel[2]:=1;wuerfel[3]:=0 END;
167     sortieren(wuerfel)
168 END (* umwandeln *);
169
170 PROCEDURE anmeldung;
171
172 PROCEDURE teil1;
173 BEGIN
174     writeln;
175     writeln('Sinn des Spiels ist es, mit drei Wuerfeln ',
176             'eine moeglichst');
177     writeln('hohe Punktzahl zu erreichen. Dabei darf ',
178             'jeder Spieler');
179     writeln('maximal dreimal wuerfeln. Vor dem 2. und 3.',
180             'Wurf bestimmst Du,');
181     writeln('wieviele Wuerfel (vom letzten an gerechnet)',
182             ' Du nochmal');
183     writeln('wuerfeln moechtest.');
184     writeln;
185     writeln('     Eine ''1'' zaehlt 100 Punkte ');
186     writeln('     Eine ''6'' zaehlt  60 Punkte ');
187     writeln('Jeder andere Seite zaehlt ihre',
188             ' Augenzahl.');
189     writeln; readln;
190     writeln('Zusaetzlich hast Du die Moeglichkeit,',
191             ' vor dem 2. und 3.');
192     writeln('Wurf zwei Sechsen in eine Eins umzuwandeln.');
193     writeln;
194     writeln('Wer in einer Runde die hoehere Punktzahl ',
195             'erreicht hat, er-');
196     writeln('haelt auf seinem Spielstand einen Punkt gut',
197             'geschrieben.');
198     writeln
199 END (* Teil1 *);
200
201 PROCEDURE teil2;
202 BEGIN
203     writeln('Gelingt es einem Spieler, mit   e i n e m ',
204             ' Wurf drei Ein-');
205     writeln('sen zu wuerfeln, dann hat er diese Runde so',
206             'fort gewonnen');
207     writeln('und erhaelt zwei Punkte.');
208     writeln; readln;
209     writeln('Der Rechner bietet Dir folgendes Menu an: ');
210     writeln('****[1/2/3/u(mwandeln)/(genug)]');
211     writeln;
212     writeln('Moechtest Du beispielsweise die beiden ',
213             'letzten Wuerfel');
214     writeln('nochmal wuerfeln, dann musst Du nur die Zahl',
215             ' 2 eingeben.');
216     writeln
217 END (* Teil2 *);
218
219
220 BEGIN (* Anmeldung *)
```

```
221     leerzeilen (3);
222     writeln('******** Chikago ********');
223     leerzeilen (3);
224     writeln('Kennst Du die Spielregeln ?');
225     IF NOT antwort_ist_ja
226       THEN BEGIN teil1; teil2 END;
227     randomize;
228 END (* anmeldung *);
229
230 FUNCTION rechner(minimum:number):number;
231 VAR
232     i,wurfzaehler,neuer_wurf : 0..3;
233     wuerfel                  : feldtyp;
234 BEGIN
235     leerzeilen (2);
236     chikago     :=false;
237     neuer_wurf :=3;
238     wurfzaehler:=0;
239     FOR i:=1 TO 3 DO
240        wuerfel[i] := 0;
241
242     WHILE NOT chikago AND (wurfzaehler < 3)
243           AND (summe(wuerfel) < minimum)    DO
244       BEGIN
245         wurfzaehler:=wurfzaehler+1;
246         wuerfeln (wuerfel,neuer_wurf);
247         sortieren(wuerfel);
248         wurfausgabe(wuerfel,wurfzaehler,calculator,
249         neuer_wurf);
250         IF(summe(wuerfel)=300)AND(neuer_wurf=3)
251           THEN
252             BEGIN
253              writeln('**** Chikago! Diese Runde geht ',
254                      'an mich');
255              chikago:=true
256             END
257           ELSE
258             IF (summe(wuerfel) < minimum)
259                AND (wurfzaehler < 3)
260               THEN
261                 BEGIN
262                  IF (wuerfel[1]+wuerfel[2]=12)
263                     OR ((wuerfel[2]+wuerfel[3]=12)
264                     AND(wuerfel[1]<>6))
265                   THEN
266                     BEGIN
267                        umwandeln(wuerfel);
268                        wurfausgabe(wuerfel,wurfzaehler,
269                                   calculator,0)
270                     END (* umwandeln *);
271
272                  FOR i:=3 DOWNTO 1 DO
273                    IF NOT(wuerfel[i] IN [1,6])
274                       THEN neuer_wurf:=4-i;
275                    IF(((minimum >220)
```

```
  276                              AND(summe(wuerfel) < 162))
  277                              AND (wurfzaehler=2))
  278                             OR (minimum=300)
  279                      THEN
  280                       FOR i:=3 DOWNTO 1 DO
  281                         IF wuerfel[i]<>1
  282                           THEN neuer_wurf:=4-i
  283                 END (* summe zu klein *)
  284      END (* WHILE *);
  285
  286     rechner := summe (wuerfel)
  287 END (* rechner *);
  288
  289 FUNCTION spieler:number;
  290 VAR
  291     i,hilf,wurfzaehler,neuer_wurf:0..5;
  292     wuerfel                      :feldtyp;
  293     nicht_ende                   :boolean;
  294 BEGIN
  295     neuer_wurf  := 3;
  296     wurfzaehler := 0;
  297     chikago     := false;
  298     nicht_ende  := true;
  299     writeln;
  300     WHILE NOT chikago
  301           AND (wurfzaehler < 3)
  302           AND nicht_ende        DO
  303       BEGIN
  304         writeln;
  305         wurfzaehler := wurfzaehler + 1;
  306         wuerfeln(wuerfel,neuer_wurf);
  307         sortieren(wuerfel);
  308         wurfausgabe(wuerfel,wurfzaehler,player,
  309                     neuer_wurf);
  310       IF (summe(wuerfel)=300) AND (neuer_wurf=3)
  311         THEN
  312           BEGIN
  313             write('*** Chikago!',
  314                   ' Die Runde geht an Dich!');
  315             chikago:=true
  316           END
  317         ELSE
  318           IF wurfzaehler < 3
  319             THEN
  320               BEGIN
  321                 IF   (wuerfel[1] + wuerfel[2] = 12)
  322                   OR  ((wuerfel[2] + wuerfel[3] = 12)
  323                       AND (wuerfel[1] <> 6))
  324                 THEN
  325                   BEGIN
  326                     hilf := anzahl(true);
  327                   IF hilf = 4
  328                     THEN nicht_ende := false
  329                     ELSE
  330                       IF hilf = 5
```

```
 331                                  THEN
 332                                    BEGIN
 333                                      umwandeln(wuerfel);
 334                                      sortieren(wuerfel);
 335                                      wurfausgabe(wuerfel,
 336                                                  wurfzaehler,
 337                                                  player,0);
 338                                      neuer_wurf:=
 339                                              anzahl (false)
 340                                    END (* Then *)
 341                                  ELSE
 342                                    neuer_wurf:=hilf
 343                          END (* THEN *)
 344                       ELSE
 345                         neuer_wurf:=anzahl(false);
 346                  IF neuer_wurf=4
 347                     THEN nicht_ende:=false
 348         END (* noch nicht 3. Wurf *)
 349       END (* WHILE *);
 350
 351     spieler := summe (wuerfel)
 352 END (* Spieler *);
 353
 354 PROCEDURE spielverlauf;
 355 VAR not_quit                          : boolean;
 356     a,spielerpunkte,rechnerpunkte : number;
 357 BEGIN
 358     rechnerstand := 0;
 359     spielerstand := 0;
 360     not_quit     := true;
 361     a            := random MOD 2;
 362
 363     WHILE not_quit DO
 364       BEGIN
 365         rechnerpunkte := 0;
 366         spielerpunkte := 0;
 367         a             := a + 1;
 368         IF odd (a)
 369           THEN
 370             BEGIN
 371               rechnerpunkte := rechner (166);
 372               IF chikago
 373                 THEN rechnerstand:=rechnerstand+2
 374                 ELSE
 375                   BEGIN
 376                     spielerpunkte := spieler;
 377                     IF chikago
 378                       THEN
 379                         spielerstand:=spielerstand+2
 380                   END (* Else *)
 381             END (* Then *)
 382           ELSE
 383             BEGIN
 384               spielerpunkte:=spieler;
 385               IF chikago
```

```
 386                    THEN spielerstand:=spielerstand+2
 387                    ELSE
 388                      BEGIN
 389                        rechnerpunkte:=
 390                                 rechner (spielerpunkte);
 391                        IF chikago
 392                          THEN
 393                            rechnerstand:=rechnerstand+2
 394                      END (* Else *)
 395               END (* Else *);
 396
 397         IF NOT chikago
 398           THEN
 399             IF rechnerpunkte > spielerpunkte
 400               THEN rechnerstand := rechnerstand + 1
 401               ELSE
 402                 IF rechnerpunkte < spielerpunkte
 403                   THEN spielerstand := spielerstand + 1
 404                   ELSE (* unentschieden *);
 405
 406         writeln;
 407         writeln ('  Dein Stand      Mein Stand   ');
 408         writeln (spielerpunkte:7, rechnerpunkte:17);
 409         writeln;
 410         writeln ('Deine Punkte      Meine Punkte ');
 411         writeln (spielerstand:6, rechnerstand:17);
 412         writeln; writeln ('**** Neues Spiel?'); writeln;
 413         not_quit := antwort_ist_ja
 414      END (* While *)
 415 END (* spielverlauf *);
 416
 417
 418 PROCEDURE gewinner_ermitteln;
 419 BEGIN
 420     leerzeilen (2);
 421     IF spielerstand>rechnerstand
 422       THEN writeln('**** Du hat gewonnen!')
 423       ELSE
 424         IF spielerstand<rechnerstand
 425           THEN writeln('**** Ich habe gewonnen!')
 426           ELSE writeln('**** Unentschieden!')
 427 END (* gewinner_ermitteln *);
 428
 429
 430 BEGIN (* Chicago *)
 431    anmeldung;
 432    spielverlauf;
 433    gewinner_ermitteln
 434 END    (* Chicago *).
```

Anregungen zum Weiterbasteln

Spielesammlungen, wie z. B. 'Das große Taschenbuch der
Freizeitspiele' enthalten eine große Zahl von Würfelspielen.
Blättern Sie einmal in solchen Anleitungen und realisieren
Sie das eine oder andere Spiel auf Ihrem Rechner. Hierzu von
mir zwei - wie ich glaube - reizvolle Kandidaten:

1. In Frankreich spielt man eine Würfel-Variante von 17 + 4
   'Quinze'. Wie der Name nahelegt, ist die Augenzahl, die es
   zu erreichen gilt, 15. Jeder Spieler kann dabei mit einem
   Würfel solange würfeln, bis er - wie er meint - nahe genug
   an die 15 gekommen ist.

2. Beim Positionen-Würfeln geht es darum, eine möglichst
   große 6-stellige Zahl zu erreichen. Nach jedem Wurf muß'
   man sich entscheiden, auf welche Position der Zahl das
   Wurfergebnis gesetzt werden soll.

For BASICians only

Lassen Sie sich nicht Bange machen von der Zeile 25! Dort
steht das Schreckenswort "Rekursion" (für BASIC-Programmierer
ist es nun 'mal kein Vergnügen, rekursive Strukturen zu
implementieren); aber - das was innerhalb der Prozedur nun
tatsächlich geschieht, ist leicht so zu realisieren:

```
10 FOR I = 1 TO ANZAHL
20    PRINT " "
30 NEXT I
```

Das erfüllt denselben Zweck. Nebenbei gesagt: In einem
Pascalprogramm ist eine Rekursion zu diesem Zweck eher ein
Gag als eine sinnvolle Anwendung ...

2.4 Im Koordinatensystem

Kobold

KOBOLD ist ein Spiel, das beim Spieler Orientierungsvermögen im
zweidimensionalen Koordinatensystem voraussetzt und/oder schult.
Dabei geht es darum, einen Kobold zu entdecken, der zwar sein Versteck nicht verläßt, aber stets nur sagt, wie weit er von der
vermuteten Position tatsächlich (in der "Luftlinie") entfernt ist.
Eine gute Methode, bei der Suche strategisch vorzugehen, liegt
darin, auf einem Blatt Papier das Koordinatensystem aufzuzeichnen
und um die vermuteten Positionen Kreise mit dem Radius der angege-
benen Entfernung <vermutete - tatsächliche Position> zu schlagen.

Ein Beispieldialog:

```
***** K o b o l d *****

In einer 10 x 10 Matrix haelt sich ein Kobold versteckt.
Finde ihn:
Gib Zeile und Spalte:   2 5    - RETURN -

      1  2  3  4  5  6  7  8  9 10
 10   .  .  .  .  .  .  .  .  .  .
  9   .  .  .  .  .  .  .  .  .  .
  8   .  .  .  .  .  .  .  .  .  .
  7   .  .  .  .  .  .  .  .  .  .
  6   .  .  .  .  .  .  .  .  .  .
  5   .  .  .  .  .  .  .  .  .  .
  4   .  .  .  .  .  .  .  .  .  .
  3   .  .  .  .  .  .  .  .  .  .
  2   .  .  .  .  ?  .  .  .  .  .
  1   .  .  .  .  .  .  .  .  .  .

Der Kobold ist 5.39 Einheiten entfernt.

Gib erneut Zeile und Spalte (Ende =  0 0):  9 5   - RETURN -
.
Der Kobold ist 2.83 Entheiten entfernt.
Gib erneut Zeile und Spalte (Ende =  0 0):

.
```

Trägt man diese Daten auf ein Blatt Papier auf, so sieht man das
Versteck des Kobolds bereits eingekreist:

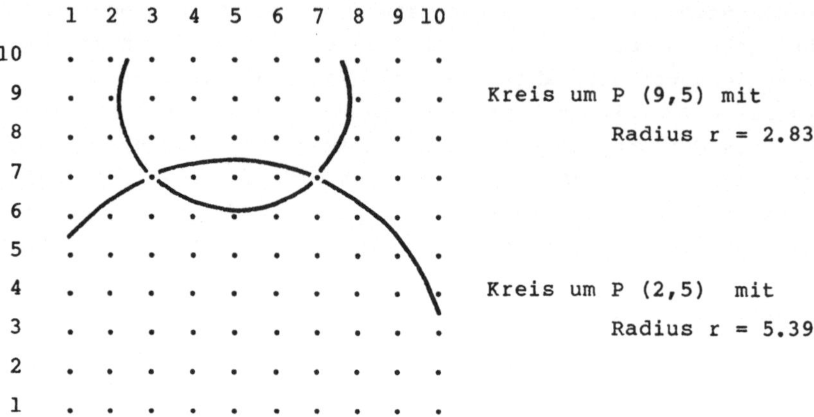

Da das Versteck des Kobolds auf beiden Kreisbogen liegen muß und
sich beide Kreise in zwei Punkten schneiden, gibt es zwei Aspi-
ranten für den nächsten Rateversuch: P(7,3) und P(7,7). Ist es
der eine nicht, so ist's der andere - das ist jetzt nur noch
Zufallssache, auf Anhieb den richtigen zu bestimmen!

Nun zum Programm:

In den Zeilen 13 - 15 wird ein Datentyp KOORDINATE als Verbund-
struktur definiert. Damit lassen sich Zeilen- und Spaltenangabe
einer Position in der Matrix als Ganzes behandeln, und so ist es
z. B. auch möglich, den Vergleich zwischen der vermuteten und
tatsächlichen Position kurz und verständlich zu formulieren
(Zeile 105):

    rateversuch <> hier_ist_der_kobold

Wem die Berechnung der Entfernung (Zeilen 71 - 81) spanisch oder
auch nur unbekannt vorkommt, der werfe doch einmal eine Blick auf
die Anregung 2 (und wenn das auch nichts nutzt, versuche er sich
an den Mathematikunterricht der Klasse 7 zu erinnern ...).

Die Zeile 8 legt eine Frage nahe: Weshalb die APPLESTUFF-
Bibliothek benötigt wird, ist klar - aber wozu werden TRANSCEND-
Funktionen benötigt? Antwort: Die Quadratwurzel-Funktion SQRT (in
Zeile 79) gehört nicht zum "Funktionen-Bodensatz", sie wird aus
der Bibliothek TRANSCEND geladen!

Ein Nachsatz für die werten Mathematiklehrer unter den Lesern:

Dieses Spiel kann im Unterricht "Analytische Geometrie" einen
Einstieg zur Behandlung der Themen
    o Schnittpunkte zweier Kreise ("gemeinsame Sehne")
    o Schnittpunkte von Kreis und Gerade
darstellen. Außerdem wird bei der Behandlung dieses Themas noch
einmal intensiv Termumformung und Auflösung quadratischer Glei-
chungen geübt. (Man glaubt beim ersten Anschauen gar nicht, was in
manchen Spielen alles steckt ...).

```
   1 PROGRAM  kobold (input,output);
   2
   3 (*         K o b o l d         *)
   4 (*                             *)
   5 (* Autor: Heinz-Erich Erbs 1983 *)
   6
   7 USES
   8     applestuff, transcend;
   9
  10 CONST
  11     max_groesse = 10;
  12 TYPE
```

+------- Kobold -- 1 ------+

```
 13        koordinate = RECORD
 14                     zeile,spalte   :   0..max_groesse
 15                     END;
 16 VAR
 17    i :   0..maxint;
 18    rateversuch, hier_ist_der_kobold : koordinate;
 19    matrix :   ARRAY [1..max_groesse,1..max_groesse]
 20                     OF char;
 21
 22 PROCEDURE spiel_erklaerung;
 23
 24 BEGIN
 25    writeln;
 26    writeln ('***** K o b o l d *****');
 27    writeln;
 28    writeln ('In einer ',max_groesse,'x',max_groesse,
 29             ' Matrix haelt sich ein Kobold versteckt.');
 30    writeln ('Finde ihn:');
 31    writeln
 32 END;
 33
 34 PROCEDURE kobold_verstecken;
 35 VAR
 36    zeile , spalte : 1..max_groesse;
 37
 38 BEGIN
 39    FOR zeile := 1 TO max_groesse DO
 40       FOR spalte := 1 TO max_groesse  DO
 41          matrix [zeile,spalte] := '.';
 42
 43    WITH  hier_ist_der_kobold DO
 44       BEGIN
 45          randomize;
 46          spalte  :=  random MOD max_groesse  + 1;
 47          zeile   :=  random MOD max_groesse  + 1
 48       END;
 49 END;
 50
 51 PROCEDURE matrix_ausgaben;
 52 VAR
 53    zeile,spalte : 1..max_groesse;
 54 BEGIN
 55    writeln;
 56    write (' ':5);
 57    FOR  spalte := 1  TO  max_groesse  DO
 58       write (spalte:3);
 59    writeln;
 60    writeln;
 61    FOR zeile := max_groesse  DOWNTO 1 DO
 62       BEGIN
 63          write (zeile:3,'   ');
 64          FOR spalte := 1 TO max_groesse DO
 65             write (matrix[zeile,spalte]:3);
 66          writeln;
 67       END;
```

```
 68       writeln (' ')
 69 END;
 70
 71 FUNCTION entfernung (p1,p2:koordinate)  : real;
 72 VAR
 73    differenz : koordinate;
 74
 75 BEGIN
 76    differenz.zeile  := abs (p1.zeile  - p2.zeile);
 77    differenz.spalte := abs (p1.spalte - p2.spalte);
 78    WITH differenz DO
 79       entfernung     := sqrt (zeile  * zeile  +
 80                                spalte * spalte   )
 81 END;
 82
 83 PROCEDURE  schlussbemerkung;
 84 BEGIN
 85    IF rateversuch = hier_ist_der_kobold
 86       THEN
 87          BEGIN
 88             writeln;
 89             writeln ('***  G e f u n d e n  ***');
 90             writeln
 91          END
 92       ELSE
 93          WITH hier_ist_der_kobold DO
 94             writeln ('Also gut; der Kobold ist auf: ',
 95                     zeile,',',spalte)
 96 END;
 97
 98 BEGIN (* Kobold *)
 99    spielerklaerung;
100    kobold_verstecken;
101    matrix_ausgeben;
102
103    write ('Gib Zeile und Spalte: ');
104    read (rateversuch.zeile,rateversuch.spalte);
105    WHILE (rateversuch <> hier_ist_der_kobold) AND
106          (rateversuch.zeile <> 0)                DO
107       BEGIN
108          matrix [rateversuch.zeile,
109                  rateversuch.spalte] := '?';
110          matrix_ausgeben;
111          writeln ('Der Kobold ist ',
112                   entfernung (rateversuch,
113                               hier_ist_der_kobold):5:2,
114                   ' Einheiten entfernt.');
115          writeln;
116          write  ('Gib erneut Zeile und Spalte ',
117                  '(Ende = 0 0):');
118          read (rateversuch.zeile, rateversuch.spalte)
119       END;
120
121    schluss_bemerkung
122 END (* Kobold  *).
```

Anregungen zum Weiterbasteln

1. Ein wahrer Kobold ist nicht so behäbig wie dieser Kobold.
   Schreiben Sie ein dynamisches Koboldprogramm! In dieser
   Variante verändert der Kobold seinen Platz nach 2 vergeblichen
   Rateversuchen (oder auch unregelmäßig)
      a) (rein) stochastisch (Funktion random)
      b) nach einem Algorithmus mit stochastischen
         Elementen (also mit gemischter Strategie).
   Siehe hierzu auch das Vorgehen in KNOPF!

2. Kobolde verstecken sich üblicherweise im (mindestens) drei-
   dimensionalen Raum. Realisieren Sie die Kobold-Suche in drei
   Dimensionen. Achtung: Die Anzeige ist dabei ein besonderes
   Problem. Beschränken Sie sich (zunächst) daher auf die Angabe
   der Entfernung.

   Zur Erinnerung: Die übliche "euklidische Entfernungsdefinition"
   zweier Punkte im n-dimensionalen Raum ist:

$$\text{dist}(P,P') = \sqrt{\sum_{i=1}^{n} (x_i - x'_i)^2}$$

   für $P(x_1, x_2, \ldots, x_n)$ und $P'(x'_1, x'_2, \ldots, x'_n)$.

   Oder für die verlangten drei Dimensionen:

$$\text{dist}(P,P') = \sqrt{(x_1 - x'_1)^2 + (x_2 - x'_2)^2 + (x_3 - x'_3)^2}$$

Schiffe versenken

Dieses Programm stellt das längste meiner Sammlung dar; mit seinen
763 Zeilen paßt es auch gerade noch in den Arbeitsspeicher des
apple-Editors hinein. Wenn Sie sich das Listing ansehen, so er-
schrecken Sie nicht: das Layout dieses Programms gehorcht einer
anderen Regel. Ich habe die Methode, das Semikolon als vordere
Markierung einzusetzen, einmal "Zaunpfähle vorne" genannt -
vielleicht finden Sie Gefallen an dieser Form und wenden Sie in
der eigenen Programmierung an.

Ein Ablaufbeispiel:

    ***** Hier ist Schiffe_versenken *****

    In einem Seegebiet befinden sich
    1 Flugzeugtraeger (5 Felder)
    1 Zerstoerer   (4 Felder)
    2 Minensuchboote (3 Felder)
    2 Schnellboote   (2 Felder)
    3 U-Boote   (1 Feld)

    Die Schiffe duerfen sich nicht beruehren.
    .
    *** Gib Deinen Versuch ein: F8 ... >>>>> Treffer

```
   | 0 1 2 3 4 5 6 7 8 9 |   | 0 1 2 3 4 5 6 7 8 9 |
-- |---------------------| - |---------------------| --
A  | . . . . . . . . . . | A | . . . . . . . . . . | A
B  | . . . . . . . . . . | B | . .                 | B
C  | .             W .   | C |       V V V V V W . | C
D  |     V   V V   . . . | D |   W   . . . . . . . | D
E  | W . . . . W . . . . | E |   V   . . . . . . . | E
F  | W . . . . . . . T . | F | W V   . . . . . . . | F
G  | . . . . . . . . . . | G |   V   . . W . . . . | G
H  | . . . . . . . . . . | H |       . . . . . . . | H
I  | . . . . . . . . . . | I | . . . . . . . . . . | I
K  | . . . . . . . . . . | K | . . . . . . . . . . | K
-- |---------------------| - |---------------------| --
   | 0 1 2 3 4 5 6 7 8 9 |   | 0 1 2 3 4 5 6 7 8 9 |
```

Gib Deinen Versuch ein:

.

.

Die Taktik des Rechners verdient einige Beachtung (sie weicht in
meinen Augen kaum von der menschlichen Taktik ab; Zeile 728-730):

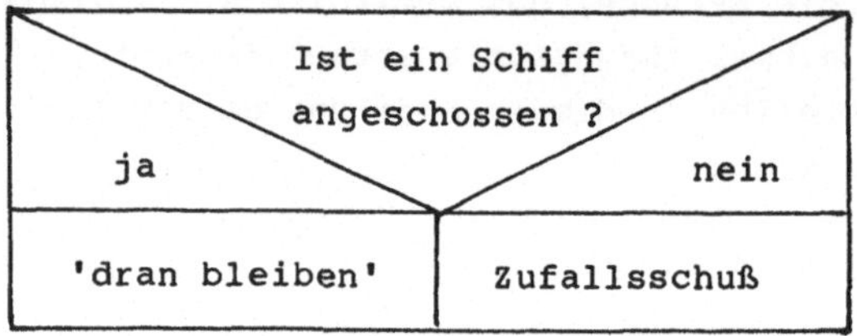

Dabei muß in jedem Fall untersucht werden, ob der "Zufallsschuß"
ein "möglicher" Schuß ist, d. h.
   o er muß der erste Versuch bei diesem Feld sein und
   o das Feld darf nicht direkt an ein versenktes Schiff grenzen.

Wenn man im Inneren des Programms ein wenig nach interessanten
Datenstrukturen Ausschau hält, entdeckt man (schon wieder) einen
Ring (wie schon in 17 + 4). Hier wird diese Datenstruktur dazu
verwendet, die freien Positionen auf dem Spielfeld des Menschen
leicht zugreifbar zu haben. Die Zeitersparnis gegenüber einem
Suchen auf dem Originalspielfeld wird schnell deutlich: eine
Untersuchung, ob diese Position überhaupt ein Kandidat ist,
entfällt - Voraussetzung hierfür ist natürlich, daß die Information auf dem Ring stets aktuell gehalten wird. So müssen z. B.
nach dem Untergang eines gegnerischen Schiffes zusätzlich alle
"unmöglichen" Felder aus dem Ring entfernt werden (Zeilen
615 - 631).

Und nun noch ein Wort zur Länge des Programms: Versuchen Sie doch
einmal selbst, SCHIFFE_VERSENKEN mit derartig vielen Plausibilitätskontrollen mit weniger Zeilen (und trotzdem noch halbwegs
verständlich) zu programmieren ...

```
   1 (*$S+*)
   2 PROGRAM schiffe_versenken (input, output)
   3
   4 (*         Schiffe   versenken          *)
   5 (*                                      *)
   6 (* Autor :  Ralf Dierenbach 1983 *)
   7
   8 ; USES applestuff
   9
  10 ; CONST
  11     max_schiff = 5
  12   ; min_x = - 1
  13   ; max_x = 21
  14   ; min_y = - 1
  15   ; max_y = 10
  16   ; max_rechner = 9
  17   ; max_anzahl = 3
  18
  19 ; TYPE
  20     menu_typ = ( daneben, getroffen, weg, genug)
  21   ; dr_typ = ( unmoeglich, rand, leer, versuch
  22                    , wasser, treffer, versenkt)
  23   ; richt_typ = ( links, rechts, oben, unten)
  24   ; wahl_typ = (rechner, mensch)
  25   ; rechner_typ = ( nichts, fl
  26                   , ze , schn_1, schn_2
  27                   , min_1, min_2
  28                   , u_1, u_2, u_3)
  29   ; mensch_typ  = (flugz, zerst, schnell, minen, u_boot)
  30   ; anzahl_in = 0 .. max_anzahl
  31   ; x_in = min_x..max_x
  32   ; y_in = min_y..max_y
  33   ; schiff_in = 0..max_schiff
  34   ; rechner_in = 0..max_rechner
  35   ; rechner_record = RECORD
  36                         art        : rechner_typ
  37                       ; gilt_noch : boolean
  38                       END
  39   ; uebrig_typ = ARRAY [mensch_typ] OF anzahl_in
  40   ; dr_feld_typ = ARRAY [y_in, x_in]
  41                                   OF dr_typ
  42   ; rec_feld_typ  = ARRAY [rechner_in, rechner_in]
  43                                   OF rechner_record
  44   ; step_record = RECORD
  45                       x : -1 .. 1
  46                     ; y : -1 .. 1
  47                     END
  48   ; schuss_record = RECORD
  49                       x :  0 .. 9
  50                     ; y :  0 .. 9
  51                     END
  52   ; comp_schuss   = RECORD
  53                       x : 11..20
  54                     ; y : 0..9
  55                     END
```

```
 56   ; step_array = ARRAY [richt_typ] OF step_record
 57   ; men_menge = SET OF mensch_typ
 58   ; rec_menge = SET OF rechner_typ
 59   ; menu_menge = SET OF menu_typ
 60   ; richt_menge = SET OF richt_typ
 61
 62 ; VAR
 63      keine_lust_mehr
 64    , gemogelt : boolean
 65    ; men_schiffe : men_menge
 66    ; rec_schiffe : rec_menge
 67
 68
 69 ; PROCEDURE anmeldung
 70    ; BEGIN
 71        randomize
 72      ; men_schiffe := [flugz..u_boot]
 73      ; rec_schiffe := [fl..u_3]
 74      ; keine_lust := false
 75      ; gemogelt:= false
 76      ; writeln ('***** Hier ist Schiffeversenken *****')
 77      ; writeln
 78      ; writeln ('In einem Seegebiet befinden sich')
 79      ; writeln ('1 Flugzeugtraeger (5 Felder)')
 80      ; writeln ('1 Zerstoerer       (4 Felder)')
 81      ; writeln ('2 Minensuchboote  (3 Felder)')
 82      ; writeln ('2 Schnellboote    (2 Felder)')
 83      ; writeln ('3 U-Boote         (1 Feld)  ')
 84      ; writeln
 85      ; writeln ('Die Schiffe duerfen sich nicht ',
 86                  'beruehren.')
 87      ; writeln
 88      ; writeln ('Zeichne nun Deine Flotte auf einem',
 89                  ' Blatt Papier auf!')
 90      ; write ('Wenn Du fertig bist, druecke RETURN: ')
 91      ; readln
 92      ; writeln
 93      END
 94
 95
 96 ; PROCEDURE spiel_verlauf
 97    ; TYPE
 98        menu_set = SET OF menu_typ
 99      ; anzahl_typ = ARRAY [richt_typ] OF schiff_in
100      ; set_richt = SET OF richt_typ
101      ; pointer = ^zeigertyp
102      ; zeigertyp = RECORD
103                       y : rechner_in
104                     ; x : 11..20
105                     ; next : pointer
106                     END
107
108    ; VAR
109        an_der_reihe : wahl_typ
110      ; menu : menu_set
```

```
111       ; akt_richtung : richt_typ
112       ; richtungen : richt_menge
113       ; angeschossen : boolean
114       ; treffer_zahl : schiff_in
115       ; anzahl : anzahl_typ
116       ; dr_m: dr_feld_typ
117       ; aufst : rec_feld_typ
118       ; kopf, fuss, act : pointer
119       ; rec_vers
120       , bez_punkt : comp_schuss
121       ; uebrig : uebrig_typ
122       ; step : step_array
123       ; min, max : schiff_in
124       ; boot : ARRAY [rechner_typ] OF string [15]
125       ; dr_zei : ARRAY [dr_typ] OF char
126
127
128  ; PROCEDURE initialize
129     ; VAR i : y_in
130        ;    k : x_in
131        ;    rich : richt_typ
132
133
134  ; PROCEDURE ring_aufbauen
135     ; VAR
136         lauf1, lauf2 : rechner_in
137
138     ; BEGIN
139         kopf := nil
140       ; fuss := nil
141       ; FOR lauf1 := 0 TO max_rechner DO
142          FOR lauf2 := 0 TO max_rechner DO
143          BEGIN
144            new (act)
145          ; act^.y := lauf1
146          ; act^.x := lauf2+11
147          ; IF fuss = nil
148            THEN BEGIN  kopf := act ; fuss := act   END
149            ELSE BEGIN  kopf^.next := act ; kopf := act END
150          END
151       ; kopf^.next := fuss
152       ; act          := fuss
153       END
154
155     ; BEGIN
156          ring_aufbauen
157        ; FOR i := min_y TO max_y DO
158           FOR k := min_x TO min_y DO
159             dr_m [i, k] := rand
160        ; FOR i := min_y+1  TO max_y-1   DO
161           FOR k := min_x+1  TO max_x-1 DO
162             dr_m [i, k] := leer
163        ; FOR i := min_y TO max_y DO
164           dr_m [i, 10] := rand
165        ; uebrig [flugz] := 1
```

```
! 166        ; uebrig [zerst] := 1
! 167        ; uebrig [schnell] := 2
! 168        ; uebrig [minen] := 2
! 169        ; uebrig [u_boot] := 3
! 170        ; step [links].x := -1
! 171        ; step [links].y := 0
! 172        ; step [oben].x := 0
! 173        ; step [oben].y := 1
! 174        ; step [rechts].x := 1
! 175        ; step [rechts].y := 0
! 176        ; step [unten].x := 0
! 177        ; step [unten].y := -1
! 178        ; min := 1
! 179        ; max := 5
! 180        ; trefferzaehler := 0
! 181        ; angeschossen := false
! 182        ; boot [fl] := 'Flugzeugtraeger'
! 183        ; boot [ze] := 'Zerstoerer'
! 184        ; boot [schn_1] := 'Schnellboot'
! 185        ; boot [schn_2] := 'Schnellboot'
! 186        ; boot [min_1] := 'Minensucher'
! 187        ; boot [min_2] := 'Minensucher'
! 188        ; boot [u_1] := 'U-Boot'
! 189        ; boot [u_2] := 'U-Boot'
! 190        ; boot [u_3] := 'U-Boot'
! 191        ; dr_zei [versenkt] := 'V'
! 192        ; dr_zei [treffer] := 'T'
! 193        ; dr_zei [wasser] := '*'
! 194        ; dr_zei [unmoeglich] := ' '
! 195        ; dr_zei [leer] := '.'
! 196        ; dr_zei [versuch] := '?'
! 197        ; FOR rich := links TO unten DO
! 198            anzahl [rich] := 0
! 199        END
! 200
! 201 ; FUNCTION zch (zahl : rechner_in) : char
! 202    ; BEGIN
! 203        IF zahl IN [0 .. 8]
! 204          THEN zch := chr (ord('A') + zahl)
! 205          ELSE zch := 'K'
! 206        END
! 207
! 208 ; PROCEDURE graphik ( VAR dr_m : dr_feld_typ
! 209                      ;       an_der_reihe : wahl_typ)
! 210    ; VAR
! 211       i,k : 0..21
! 212     ; o   : schiff_in
! 213     ; q,r : -1..1
! 214     ; hz  : 0..11
! 215
! 216    ; BEGIN
! 217        hz := 11 * ord (an_der_reihe)
! 218      ; FOR o := 0 TO 5 DO
! 219          FOR i := 0 TO max_rechner DO
! 220            FOR k := hz TO max_rechner_feld + hz DO
```

```
 221                    IF dr_m [i,k] = versenkt
 222                    THEN
 223                    FOR q := -1 TO 1 DO
 224                      FOR r := -1 TO 1 DO
 225                        IF dr_m [i+q,k+r] IN [treffer,versenkt]
 226                        THEN dr_m [i+q,k+r] := versenkt
 227                        ELSE IF dr_m [i+q,k+r] = leer
 228                             THEN
 229                                dr_m [i+q,k+r] := unmoeglich
 230                        ELSE
 231      END
 232
 233
 234 ; PROCEDURE position_beziehen
 235   ; VAR
 236      i, k : rechner_in
 237    ; lauf, zufall : 1..20
 238    ; b : 1..4
 239    ; hilf : rec_feld_typ
 240
 241   ; BEGIN
 242      b := random MOD 4 + 1
 243    ; FOR i := 0 TO max_rechner DO
 244      FOR k := 0 TO max_rechner DO
 245      BEGIN
 246        aufst [i,k].art        := nichts
 247      ; aufst [i,k].gilt_noch := true
 248      END
 249    ; FOR i := 0 TO  4 DO
 250      aufst [b-1,b+i-1].art:=fl
 251    ; FOR i := 1 TO  4 DO
 252      aufst [b+i, b+4].art := ze
 253    ; FOR i := 1 TO  3 DO
 254      aufst [b+i,b-1].art := min_1
 255    ; FOR i := 7 TO  9 DO
 256      aufst [0,i].art := min_2
 257    ; FOR i := 3 TO  4 DO
 258      aufst [b+i,b+2].art := schn_1
 259    ; FOR i := 0 TO  1 DO
 260      aufst [ 9 ,i].art := schn_2
 261  ; aufst[2, 9].art := u_1
 262  ; aufst [b+1,b+2].art := u_2
 263  ; aufst [ 9,7-b].art := u_3
 264  ; FOR lauf := 1 TO random MOD 20 + 1 DO
 265      BEGIN
 266        zufall := random MOD 5 + 1
 267      ; FOR i := 0 TO max_rechner DO
 268          FOR k := 0 TO max_rechner DO
 269            CASE zufall OF
 270              1 : hilf [i,k] := aufst [k   ,i   ]
 271            ; 2 : hilf [i,k] := aufst [i   , 9-k]
 272            ; 3 : hilf [i,k] := aufst [ 9-k,i   ]
 273            ; 4 : hilf [i,k] := aufst [k   , 9-i]
 274            ; 5 : hilf [i,k] := aufst [ 9-i,k   ]
 275            END
```

```
276          ; aufst := hilf
277            END
278         END
279
280
281 ; PROCEDURE kontroll_ausgabe
282    ; CONST
283       kopf   = '  !  0  1  2  3  4  5  6  7  8  9 !  '
284     ; strich = '  -+------------------------------+- '
285
286    ; VAR
287       i : y_in
288     ; k : x_in
289
290    ; BEGIN
291       writeln
292     ; writeln ('Spieler:':22,'Rechner:':40)
293     ; writeln
294     ; writeln (kopf,'  ',kopf)
295     ; writeln (strich,'  ',strich)
296     ; FOR i := min_y+1  TO max_y-1 DO
297       BEGIN
298         write (zch (i) , ' !')
299       ; FOR k := min_x+1 TO max_x-1  DO
300          IF dr_m [i,k] = rand
301           THEN write (' !', zch(i):3,'  !')
302           ELSE write (dr_zei [dr_m [i,k]] :3)
303       ; writeln (' !',zch (i) :2)
304       END
305     ; writeln (strich,'  ',strich)
306     ; writeln (kopf,'  ',kopf)
307     ; writeln
308       END
309
310
311 ; PROCEDURE spieler_zieht (  VAR aufst : rec_feld_typ
312                           ; VAR dr_m : dr_feld_typ
313                           ; VAR an_der_reihe : wahl_typ)
314    ; VAR akt_s : schuss_record
315     ;    ungueltig : boolean
316
317
318 ; PROCEDURE zug_einlesen (  VAR akt_s : schuss_record
319                           ; VAR ungueltig  : boolean)
320    ; BEGIN
321       ungueltig := false
322     ; write ('**** Gib Deinen Versuch ein:')
323     ; get (input)
324     ; IF input^ IN ['A' .. 'I']
325       THEN akt_s.y := ord (input^) - ord ('A')
326       ELSE IF input^ IN ['a'..'i']
327         THEN
328           akt_s.y := ord (input^) - ord ('a') ELSE
329            IF input^ IN ['K','k']
330            THEN akt_s.y := 9
```

```
331              ELSE ungueltig := true
332         ; IF ungueltig
333           THEN
334           ELSE BEGIN
335             get (input)
336           ; write (' ... >>>>> ')
337           ; IF input^ IN ['0' .. '9']
338             THEN akt_s.x := ord (input^) - ord ('0')
339             ELSE ungueltiger_zug := true
340           END
341         END
342
343
344  ; PROCEDURE zug_auswerten (         akt_s  : schuss_record
345                               ;  VAR aufst: rec_feld_typ
346                               ;  VAR dr_m : dr_feld_typ
347                               ;  VAR an_der_reihe : wahl_typ
348                               ;      ungueltig : boolean)
349     ; VAR akt_schiff : rechner_rec
350
351  ; FUNCTION weg_vom_fenster (    schiff_art  : rechner_typ
352                             ;    aufst : rec_feld_typ
353                             ) : boolean
354     ; VAR i, k : rechner_in
355
356     ; BEGIN
357        weg_vom_fenster := true
358      ; FOR i := 0 TO max_rechner DO
359          FOR k := 0 TO max_rechner DO
360            IF (aufst [i, k].art = schiff_art)
361               AND (aufst [i, k].gilt_noch)
362            THEN weg_vom_fenster := false
363            ELSE
364      END
365
366
367  ; PROCEDURE loesche (   akt_schiff : rechner_rec
368                      ;   VAR aufst : rec_feld_typ)
369     ; VAR i, k : rechner_in
370
371     ; BEGIN
372        FOR i := 0 TO max_rechner DO
373          FOR k := 0 TO max_rechner DO
374            IF (aufst [i, k].art = akt_schiff.art)
375            THEN aufst [i, k].art := nichts
376            ELSE
377      END
378
379     ; BEGIN
380        IF ungueltig
381        THEN BEGIN
382          writeln
383        ; writeln ('Da hast Du Dich wohl vertippt. Jetzt '
384                   ,'bin ich wieder dran. ')
385        ; an_der_reihe := rechner
```

```
386         END
387         ELSE BEGIN
388           akt_schiff := aufst [akt_s.y, akt_s.x]
389         ; IF akt_schiff.art IN rec_schiffe
390           THEN BEGIN
391             aufst [akt_s.y, akt_s.x].gilt_noch
392             := false
393           ; IF weg_vom_fenster (akt_schiff.art, aufst)
394             THEN BEGIN
395               write (boot [akt_schiff.art])
396             ; writeln (' versenkt')
397             ; rec_schiffe := rec_schiffe - [akt_schiff.art]
398             ; loesche (akt_schiff, aufst)
399             ; dr_m [akt_s.y, akt_s.x] := versenkt
400             ; graphik (dr_m, rechner)
401             END
402             ELSE BEGIN
403               writeln ('Treffer')
404             ; dr_m [akt_s.y, akt_s.x] := treffer
405             END
406           END
407           ELSE BEGIN
408             dr_m[akt_s.y, akt_s.x] := wasser
409           ; writeln ('Wasser')
410           ; an_der_reihe := rechner
411           END
412         END
413       END
414
415   ; BEGIN
416       zug_einlesen  (akt_s, ungueltig)
417     ; zug_auswerten (akt_s, aufst, dr_m
418                     , an_der_reihe, ungueltig)
419     END
420
421
422 ; PROCEDURE min_max (men_shiffe : men_menge
423                     ;  VAR min, max : schiff_in)
424   ; VAR  schiff : mensch_typ
425     ;    aux : schiff_in
426
427   ; BEGIN
428       max := 1
429     ; min := 5
430     ; FOR schiff := flugz TO uboot DO
431         IF schiff IN men_schiffe
432         THEN BEGIN
433           aux := 5 - ord (schiff)
434         ; IF aux < min THEN min := aux
435         ; IF aux > max THEN max := aux
436         END
437     END
438
439
440 ; PROCEDURE zufaelliger_schuss (VAR dr_m : dr_feld_typ
```

```
441                                          ;VAR rec_vers: comp_schuss)
442    ; VAR lauf : integer
443    ;    zu_ende : boolean
444
445
446 ; PROCEDURE schiessen (VAR rec_vers : comp_schuss)
447   ; BEGIN
448     ; IF act = act^.next
449       THEN BEGIN
450         rec_vers.y := act^.y
451       ; rec_vers.x := act^.x
452       ; zu_ende := true
453       END
454       ELSE BEGIN
455         FOR lauf := 0 TO random MOD 100 DO
456           act :=act^.next
457       ; rec_vers.y := act^.next^.y
458       ; rec_vers.x := act^.next^.x
459       ; bez_punkt := rec_vers
460       ; act^.next := act^.next^.next
461       END
462     END
463
464
465 ; FUNCTION moeglich  (rec_vers : comp_schuss) : boolean
466   ; VAR anzahl : anzahl_typ
467     ;   richt  : richt_typ
468
469   ; BEGIN
470       richtungen := [ links..unten]
471     ; FOR richt := links TO unten DO
472       BEGIN
473         anzahl [richt] := 0
474       ; WHILE
475           (dr_m
476           [ rec_vers.y+step [richt].y *(anzahl [richt]+1)
477           , rec_vers.x+step [richt].x *(anzahl [richt]+1)
478           ] = leer) AND (anzahl [richt] < max_schiff)   DO
479             anzahl[richt] := succ (anzahl [richt])
480       ;   IF anzahl [richt] = 0
481           THEN richtungen := richtungen - [richt]
482       END
483     ; IF (anzahl [links] + anzahl [rechts] +1 < min)
484         THEN richtungen := richtungen - [rechts,links]
485     ; IF (anzahl [oben] + anzahl [unten] +1 < min)
486         THEN richtungen := richtungen - [oben,unten]
487     ;   moeglich :=
488           (anzahl [links] + anzahl [rechts] +1 >= min)
489         OR (anzahl [oben] + anzahl [unten] +1 >= min)
490     END
491
492
493   ; BEGIN
494       REPEAT
495         schiessen (rec_vers)
```

```
+----------------------------------------------------------------------+
:                                                                      :
: 496         UNTIL moeglich (rec_vers) OR zu_ende                     :
: 497       ; IF moeglich (rec_vers)                                   :
: 498         THEN dr_m [rec_vers.y,rec_vers.x]:=versuch               :
: 499         ELSE BEGIN                                               :
: 500           dr_m [rec_vers.y,rec_vers.x]:=unmoeglich              :
: 501         ; gemogelt := zu_ende                                    :
: 502         END                                                     :
: 503       END                                                       :
: 504                                                                  :
: 505                                                                  :
: 506   ; PROCEDURE dran_bleiben                                       :
: 507     ; VAR aux_x, aux_y : integer                                :
: 508                                                                  :
: 509     ; BEGIN                                                     :
: 510       REPEAT                                                    :
: 511         CASE random MOD 4 OF                                    :
: 512           0 : akt_richtung :=oben                               :
: 513         ; 1 : akt_richtung :=rechts                             :
: 514         ; 2 : akt_richtung :=links                              :
: 515         ; 3 : akt_richtung :=unten                              :
: 516         END                                                    :
: 517       ; IF akt_richtung IN richtungen                          :
: 518         THEN BEGIN                                              :
: 519           anzahl [akt_richtung] := succ(anzahl[aktricht])      :
: 520         ; aux_x :=bez_punkt.x +                                 :
: 521             anzahl [akt_richtung] *step [akt_richtung].x        :
: 522         ; aux_y :=bez_punkt.y +                                 :
: 523             anzahl [akt_richtung] *step [akt_richtung].y        :
: 524         ; IF dr_m [aux_y, aux_x] <> leer                       :
: 525           THEN richtungen := richtungen- [akt_richtung]        :
: 526         END                                                    :
: 527         ELSE BEGIN                                             :
: 528           aux_x := -1                                          :
: 529         ; aux_y := -1                                          :
: 530         END                                                   :
: 531       UNTIL (richtungen = [] )                                 :
: 532             OR (dr_m [aux_y, aux_x] = leer)                    :
: 533     ; rec_vers.y := aux_y                                      :
: 534     ; rec_vers.x := aux_x                                      :
: 535     ; gemogelt := richtungen = []                             :
: 536     ; dr_m [rec_vers.y,rec_vers.x] := versuch                 :
: 537     END                                                       :
: 538                                                                :
: 539                                                                :
: 540 ; PROCEDURE antwort_einlesen                                  :
: 541                                                                :
: 542   ; VAR menu : menu_menge                                     :
: 543     ;    ereignis : menu_typ                                  :
: 544                                                                :
: 545                                                                :
: 546 ;  PROCEDURE menu_zusammenstellen ( VAR menu : menu_menge) :
: 547     ; VAR  schiff : mensch_typ                                :
: 548                                                                :
: 549     ; BEGIN                                                   :
: 550         menu := [genug]                                       :
:                                                                   :
+------ Schiffe versenken --------------------------------- 10 ------+
```

```
 551        ; IF angeschossen
 552          THEN IF richtungen = [akt_richtung]
 553            THEN
 554            ELSE menu := menu + [daneben]
 555          ELSE menu := menu + [daneben]
 556        ; FOR schiff := flugz TO uboot DO
 557            IF uebrig [schiff] > 0
 558            THEN IF trefferzaehler = 4- ord (schiff)
 559              THEN menu := menu + [weg]
 560        ; IF (richtungsmenge = [])
 561          OR (trefferzaehler+1 >= max)
 562          THEN
 563          ELSE menu := menu + [getroffen]
 564        END
 565
 566
 567 ;   PROCEDURE eingabe_fordern (menu : menu_menge
 568                                 ; VAR ereignis : menu_typ)
 569     ; VAR buchstaben : SET OF char
 570
 571     ;   BEGIN
 572           IF daneben IN menu
 573           THEN BEGIN
 574             buchstaben := ['w','W']
 575           ; write ('  w(asser) ')
 576           END
 577           ELSE buchstaben := []
 578         ; IF getroffen IN menu
 579           THEN BEGIN
 580             buchstaben := buchstaben+ ['t','T']
 581           ; write ('  t(reffer) ')
 582           END
 583         ; IF weg IN menu
 584           THEN BEGIN
 585             buchstaben := buchstaben+ ['v','V']
 586           ; write ('  v(ersenkt) ')
 587           END
 588         ; IF genug IN menu
 589           THEN BEGIN
 590             buchstaben := buchstaben+ ['s','S']
 591           ; write ('  s(pielende) ')
 592           END
 593         ; write ('?')
 594         ; REPEAT
 595             get (input)
 596           ; IF input^ IN buchstaben
 597             THEN
 598             ELSE BEGIN
 599               writeln
 600             ; write ('falsche Eingabe: >', input^ ,
 601                      '<; nochmal bitte:')
 602             END
 603           UNTIL input^ IN buchstaben
 604         ; IF input^ IN ['w','W']
 605             THEN ereignis := daneben
```

```
606          ; IF input^ IN ['t','T']
607              THEN ereignis := getroffen
608          ; IF input^ IN ['v','V']
609              THEN ereignis := weg
610          ; IF input^ IN ['s','S']
611              THEN ereignis := genug
612          END
613
614
615 ;   PROCEDURE update
616     ; VAR start, vorher : pointer
617
618     ; BEGIN
619          start := act
620        ; vorher := act
621        ; act := act^.next
622        ; REPEAT
623            IF dr_m [act^.y, act^.x] <> leer
624              THEN
625                IF act = act^.next
626                THEN gemogelt := men_schiffe <> []
627                ELSE vorher^.next := act^.next
628          ; vorher := act
629          ; act := act^.next
630            UNTIL vorher = start
631      END
632
633
634 ; PROCEDURE verarbeiten (ereignis : menu_typ)
635     ; VAR
636          sch : mensch_typ
637        ; lauf: richt_typ
638
639     ; BEGIN
640         CASE ereignis OF
641
642            daneben
643            : BEGIN
644                IF angeschossen
645                THEN richtungen := richtungen - [akt_richtung]
646              ; an_der_reihe := mensch
647              ; dr_m [rec_vers.y,
648                    rec_vers.x] := wasser
649              END
650
651          ; getroffen
652            : BEGIN
653                IF angeschossen
654                THEN IF akt_richtung IN [oben,unten]
655                  THEN richtungen := richtungen
656                      * [oben,unten]
657                  ELSE richtungen := richtungen
658                      * [rechts,links]
659                ELSE angeschossen := true
660              ; trefferzaehler := succ (trefferzaehler)
```

```
661                   ; dr_m [rec_vers.y,
662                             rec_vers.x] := treffer
663             END
664
665        ; weg
666          : BEGIN
667             FOR sch := flugz TO uboot DO
668                IF 4- ord (sch) = trefferzaehler
669                   THEN BEGIN
670                      uebrig [sch] := pred(uebrig [sch])
671                      ; IF uebrig [sch] = 0
672                         THEN men_schiffe := men_schiffe -[sch]
673                      END
674             ; trefferzaehler := 0
675             ; richtungen := [links .. unten]
676             ; angeschossen := false
677             ; dr_m [rec_vers.y,
678                             rec_vers.x] := versenkt
679             ; graphik (dr_m, mensch)
680
681             ; FOR lauf := links TO unten DO
682                anzahl [lauf] := 0
683             ; update
684             ; min_max (men_schiffe, min, max)
685             END
686
687         ;  genug
688            : keine_lust_mehr := true
689         END
690      END
691
692   ; BEGIN
693      menu_zusammenstellen (menu)
694      ; eingabe_fordern (menu, ereignis)
695      ; verarbeiten (ereignis)
696      END
697
698
699 ; PROCEDURE zugausgabe ( rec_vers : comp_schuss)
700   ; BEGIN
701      writeln
702      ; write ('Mein Zug lautet :  ')
703      ; write (zch (rec_vers.y))
704      ; write (rec_vers.x-11 :1)
705      END
706
707
708   ; BEGIN
709      writeln ('Die Spielfelder werden aufgebaut - ',
710                'nur Geduld bitte!')
711      ; initialisieren
712      ; position_beziehen
713      ; IF odd (random)
714         THEN an_der_reihe := mensch
715         ELSE an_der_reihe := rechner
```

```
716        ; WHILE NOT (  (rec_schiffe = [])
717                    OR (men_schiffe = [])
718                    OR  keine_lust_mehr
719                    OR  gemogelt
720                    ) DO
721
722          IF an_der_reihe = mensch
723          THEN BEGIN
724            kontrollausgabe
725          ; spieler_zieht (aufst, dr_m, an_der_reihe)
726          END
727          ELSE BEGIN
728            IF angeschossen
729              THEN dran_bleiben
730              ELSE zufaellig (dr_m, rec_vers)
731          ; kontrollausgabe
732          ; IF gemogelt
733            THEN
734            ELSE BEGIN
735              zugausgabe (rec_vers)
736            ; antwort_einlesen
737            END
738          END
739      END
740
741
742 ; PROCEDURE gewinner_ermitteln
743   ;   BEGIN
744        writeln
745      ; IF keine_lust_mehr OR gemogelt
746        THEN
747          IF keine_lust_mehr
748          THEN writeln ('**** Schade, dass Du aufgibst!')
749          ELSE writeln ('**** Du hast gemogelt; mit Dir ',
750                        'spiele ich nicht mehr!')
751        ELSE
752          IF men_schiffe = []
753          THEN writeln ('**** Ich habe gewonnen!')
754          ELSE writeln ('**** Du hast gewonnen!')
755      END
756
757
758 ; BEGIN
759    anmeldung
760  ; spiel_verlauf
761  ; gewinner_ermitteln
762 END
763 .
```

Anregungen zum Weiterbasteln

1. Eine richtige Seeschlacht findet stets in einem Gebiet mit
   Schiffen beider Parteien statt (und nicht wie in SCHIFFE_
   VERSENKEN auf zwei Gebieten mit jeweils nur einer Partei).
   Schreiben Sie daher ein SCHIFFE_VERSENKEN, das folgendermaßen
   vorgeht:
      a) Die Flottenanordnung des Menschen wird eingelesen
        (das ist neu - mogeln wird dadurch ausgeschlossen!).
      b) Der Rechner verteilt seine Flotte in die Lücken.
      c) Ablauf der Seeschlacht analog SCHIFFE_VERSENKEN;
        aber nun eben auf e i n e m Feld.

2. Wenn man sich die Definition Schifftyp ansieht, so sieht man
   nicht ein, warum hier bereits (oder auch: warum überhaupt)
   zwischen den einzelnen Booten eines Typs (m1, m2, ...) unterschieden wird. Erst später zeigt sich, daß die Untersuchung des
   aktuellen Bestandes und Manipulationen mit ihm mit Mengen-
   inspektion, -addition und -substraktion leicht fällt. Damit ist
   das Spiel nun allerdings statisch hinsichtlich der Flotten-
   stärke. Erfinden Sie eine Variante, die die Zusammensetzung
   der Flotte zu Beginn vom Spieler erfragt.

For BASICians only

Das Programm ist so lang, daß ich von einer direkten Übertragung
nach BASIC abrate. Mein Vorschlag daher: erst die Pascal-Version
radikal "abspecken" und dann nach Ihren Vorstellungen wieder
aufbauen.

Memory

Lassen wir das Programm sich selbst erklären:

Auf einem Tisch liegen 20 verdeckte Karten.
Jede Karte traegt eine Zahl; jede Zahl ist doppelt
vertreten.
Finden Sie die Dubletten heraus!

Sie nehmen stets ein Paar und
- ist es eine solche Dublette, bleiben beide Karten
offen liegen;
- ist es keine, werden sie wieder umgedreht.

```
                 1     2     3     4

         1       ?     ?     ?     ?
         2       ?     ?     ?     ?
         3       ?     ?     ?     ?
         4       ?     ?     ?     ?
         5       ?     ?     ?     ?
```

Gib Koordinate:
   Zeile = 2   - RETURN -
   Spalte = 2   - RETURN -
Aufgedeckte Zahl lautet: 7

Gib Koordinate:
   Zeile = 4   - RETURN -
   Spalte = 4   - RETURN -
Aufgedeckte Zahl lautet: 3
------------------------------nichts war's

Gib Koordinate:
   Zeile =

Interessant an diesem Programm ist das Verfahren, nach dem die
Zahlendubletten zufällig in der Matrix verteilt werden (Prozedur
zahlen_verteilen; Zeilen 49 - 84).

1. Schritt: Jede Position bekommt eine zufällig ermittelte Zahl
            aus dem gesamten Zahlenbereich (1 .. max_zahlen).

2. Schritt: Aus den Unikaten werden Dubletten gemacht; d.h. die
            Zahlen des Zahlenbereichs 1 .. max_zahlen werden
            auf den Bereich 1 .. (max_zahlen DIV 2) abgebildet:
                zahl := zahl MOD (max_zahlen DIV 2) + 1
            Dabei werden zwar auch die Zahlen verändert, die
            bereits innerhalb des eingeschränkten Zahlen-
            bereichs liegen, aber auf die Behandlung dieser
            Spezialfälle kann man ohne weiteres verzichten.

Ein Beispiel (max_zeilen = 3; max_spalten = 4; max_zahlen = 12):

```
        1. Schritt:                      2. Schritt:
          (12 Unikate)                     (6 Duplikate)


          1  2  3  4                       1  2  3  4

    1     1  2  3  4               1       2  3  4  5
    2     5  6  7  8               2       6  1  2  3
    3     9 10 11 12               3       4  5  6  1
```

```
   1 PROGRAM memory (input,output);
   2
   3 (*       M e m o r y       *)
   4 (*                         *)
   5 (* Autor: H.E. Erbs  1983 *)
   6
   7 uses applestuff;
   8
   9 CONST
  10    max_zeilen  =  5;
  11    max_spalten =  4;
  12    max_zahlen  = 20; (* = max_zeilen * max_spalten *)
  13
  14 TYPE
  15    kardinal_zahl = 1 .. maxint;
  16    zeilen_range  = 1 .. max_zeilen;
  17    spalten_range = 1 .. max_spalten;
  18    zahlen_range  = 1 .. max_zahlen;
  19
  20    feld_typ       = RECORD
  21                        aufgedeckt : boolean;
  22                        zahl       : zahlen_range
  23                     END (* Feld_Typ *);
  24
  25    spiel_typ      = ARRAY [zeilen_range,spalten_range]
  26                        OF feld_typ;
  27
  28 VAR
  29    spiel_feld      : spiel_typ;
  30    weiter_spielen : boolean;
  31
  32 PROCEDURE spiel_erklaeren;
  33 BEGIN  (* Spiel_erklaeren *)
  34    writeln ('Auf einem Tisch liegen ', maxzahlen,
  35             ' verdeckte Karten.');
  36    writeln ('Jede Karte traegt eine Zahl;',
  37             ' jede Zahl ist doppelt vertreten.');
  38    writeln ('Finden Sie die Dubletten heraus!');
  39    writeln;
  40    writeln ('Sie nennen stets ein Paar und');
  41    writeln (' - ist es eine solche Dublette,',
  42             ' bleiben beide Karte offen liegen;');
  43    writeln (' - ist es keine,',
  44             ' werden sie wieder umgedreht.');
  45    writeln
  46 END    (* Spiel_erklaeren *);
  47
  48
  49 PROCEDURE zahlen_verteilen (VAR spiel_feld : spiel_typ;
  50                             VAR weiter     : boolean  );
  51 VAR
  52    zeile             : zeilen_range;
  53    spalte            : spalten_range;
  54    zufalls_zahl      : kardinal_zahl;
  55    noch_zu_verteilen : SET OF 1 .. maxzahlen;
```

```
 56
 57 BEGIN   (* Zahlen_Verteilen *)
 58    randomize;
 59    noch_zu_verteilen := [1..max_zahlen];
 60    FOR zeile := 1 TO max_zeilen DO
 61       FOR spalte := 1 TO max_spalten DO
 62          BEGIN
 63             REPEAT
 64                zufalls_zahl := random MOD max_zahlen + 1;
 65             UNTIL zufalls_zahl IN noch_zu_verteilen;
 66
 67             WITH spiel_feld [zeile,spalte] DO
 68                BEGIN
 69                   zahl        := zufalls_zahl;
 70                   aufgedeckt := false
 71                END (* With *);
 72             noch_zu_verteilen := noch_zu_verteilen
 73                                      - [zufalls_zahl]
 74          END (* For spalte *);
 75
 76    (* und nun werden aus Unikaten Duplikate gemacht: *)
 77
 78    FOR zeile := 1 TO max_zeilen DO
 79       FOR spalte := 1 TO max_spalten DO
 80          WITH spiel_feld [zeile,spalte] DO
 81             zahl := zahl MOD (max_zahlen DIV 2)  + 1;
 82
 83    weiter := true
 84 END    (* Zahlen_verteilen *);
 85
 86
 87 PROCEDURE situation_ausgeben (spiel_feld : spiel_typ);
 88 (* Spielfeld in der aktuellen Situation zeigen *)
 89 CONST
 90    abstand = 7;
 91
 92 VAR
 93    zeile            : zeilen_range;
 94    spalte           : spalten_range;
 95
 96 BEGIN   (* Situation_ausgeben *)
 97    writeln;
 98    write (' ':abstand);
 99    FOR spalte := 1 TO max_spalten DO
100       write (spalte:abstand);
101    writeln; writeln;
102    FOR zeile := 1 TO max_zeilen DO
103       BEGIN
104          write (zeile:3,' ':abstand-3);
105          FOR spalte := 1 TO max_spalten DO
106             WITH spiel_feld [zeile,spalte] DO
107                IF aufgedeckt
108                   THEN write (zahl:abstand)
109                   ELSE write (' ':abstand-1, '?');
110          writeln; writeln
```

```
111          END (* For Zeile *)
112 END     (* Situation_ausgeben *);
113
114
115 PROCEDURE rateversuch (VAR spiel_feld : spiel_typ;
116                        VAR weiter     : boolean   );
117 CONST
118    strich = '------------------------------ ';
119
120 TYPE
121    pos_typ = RECORD
122                  zeile  : zeilen_range;
123                  spalte : spalten_range
124              END;
125
126 VAR
127    f1, f2 : pos_typ;
128
129 PROCEDURE lies_feld (VAR feld   : pos_typ;
130                      VAR weiter : boolean);
131
132 VAR
133    zahl : integer;
134
135 BEGIN
136    writeln; writeln ('Gib Koordinate:');
137    write ('   Zeile= ');
138    read (zahl);
139    WHILE NOT (zahl IN [0..max_zeilen]) DO
140       BEGIN
141          writeln ('  Falsche Eingabe;',
142                   ' gueltiger Bereich:',
143                   ' 1 - ',maxzeilen,'; 0 = Ende');
144          write ('  Nochmal bitte:  ');
145          read (zahl)
146       END;
147    IF zahl = 0
148       THEN weiter := false
149       ELSE
150          BEGIN
151             feld.zeile := zahl;
152
153             write ('   Spalte= ');
154             read (zahl);
155             WHILE NOT (zahl IN [0..max_spalten]) DO
156                BEGIN
157                   writeln ('  Falsche Eingabe;',
158                            'gueltiger Bereich: 1 -',
159                            maxspalten:3,'; 0 = Ende');
160                   write ('  Nochmal bitte:  ');
161                   read (zahl)
162                END;
163             IF zahl = 0
164                THEN weiter := false
165                ELSE
```

```
166                    WITH feld DO
167                      BEGIN
168                        feld.spalte := zahl;
169                        writeln ('Die aufgedeckte Zahl ',
170                               'lautet: ',
171                               spiel_feld [zeile,spalte] .zahl)
172                      END (* With *)
173              END (* erster Leseversuch erfolgreich *)
174 END (* Lies_Feld *);
175
176
177 BEGIN   (* Rateversuch *)
178    writeln;
179    lies_feld (f1,weiter);
180    IF weiter
181       THEN
182          BEGIN
183             lies_feld (f2,weiter);
184            IF weiter
185               THEN
186                 IF spiel_feld [f1.zeile,f1.spalte] .zahl =
187                    spiel_feld [f2.zeile,f2.spalte] .zahl
188                   THEN
189                     BEGIN
190                       spiel_feld [f1.zeile,f1.spalte]
191                         .aufgedeckt := true;
192                       spiel_feld [f2.zeile,f2.spalte]
193                         .aufgedeckt := true;
194                       writeln (strich,'Richtig!')
195                     END (* richtig geraten *)
196                   ELSE
197                     writeln (strich,'nichts war''s!')
198           END (* THEN *)
199 END    (* Rateversuch *);
200
201
202 FUNCTION alle_zahlen_aufgedeckt : boolean;
203 VAR
204    anzahl_aufgedeckt : O .. max_zahlen;
205    zeile             : zeilen_range;
206    spalte            : spalten_range;
207
208 BEGIN (* Alle_Zahlen_aufgedeckt *)
209    anzahl_aufgedeckt := O;
210    FOR zeile := 1 TO max_zeilen DO
211      FOR spalte := 1 TO max_spalten DO
212        IF spiel_feld [zeile,spalte] .aufgedeckt
213          THEN anzahl_aufgedeckt := anzahl_aufgedeckt + 1;
214    alle_zahlen_aufgedeckt :=
215      anzahl_aufgedeckt = max_zahlen
216 END    (* Alle_Zahlen_aufgedeckt *);
217
218
219 PROCEDURE endstand_zeigen (spiel_feld : spiel_typ);
220 VAR
```

```
221     zeile               : zeilen_range;
222     spalte              : spalten_range;
223
224 BEGIN (*  Endstand_zeigen *)
225    writeln; writeln;
226    IF alle_zahlen_aufgedeckt
227       THEN
228          writeln ('Und so weit kommt man nur mit',
229                     ' einem guten Gedaechtnis ...')
230       ELSE
231          BEGIN
232             writeln ('Leider nicht geschafft ',
233                        '- ueben, ueben, ueben ...');
234             writeln;
235             writeln ('Lueften wir den Schleier:');
236             FOR zeile := 1 TO max_zeilen DO
237               FOR spalte := 1 TO max_spalten DO
238                 spiel_feld [zeile,spalte] .aufgedeckt
239                      := true;
240             situation_ausgeben (spiel_feld)
241          END (* Else *)
242 END     (* Endstand_zeigen *);
243
244
245 BEGIN (* Memory *)
246    spiel_erklaeren;
247    zahlen_verteilen (spiel_feld,weiter_spielen);
248
249    REPEAT
250       situation_ausgeben (spiel_feld);
251       rateversuch (spielfeld,weiter_spielen)
252    UNTIL alle_zahlen_aufgedeckt OR NOT weiter_spielen;
253
254    endstand_zeigen (spiel_feld)
255 END (* Memory *).
```

Anregungen zum Weiterbasteln

1. Die Größe des Spielfeldes ist durch die Konstanten MAX_ZEILEN
   und MAX_SPALTEN festgelegt. Realisieren Sie eine Variante, in
   der der Benutzer am Beginn die Maßzahlen selbst festlegt!

2. Optimieren Sie einmal! Die Funktion ALLE_ZAHLEN_AUFGEDECKT
   erscheint viel zu umständlich. Führen Sie z. B. eine Variable
   ein, die sich stets den aktuellen Stand merkt.

3. Wenn der Spieler eine Zahl aufdecken will, die aber bereits
   aufgedeckt ist, so wird das von dieser Version des Programms
   nicht bemerkt. Fügen Sie eine Abprüfung dieser Fehleingabe ein.

4. Was passiert, wenn ein Spieler dieselbe Karte zweimal in einer
   Runde nennt?

5. Wie wär's mit einem Merker, der die Anzahl der Rateversuche
   mitzählt und am Spielende diese Anzahl bekanntgibt (evtl. sogar
   in Relation zu dem möglichen Minimum an Versuchen)?

6. Schaffen Sie eine maschinenabhängige Variante des Programms,
   bei der das Aufdecken und Umdrehen von Zahlen ohne kompletten
   Neuaufbau des Bildschirms erfolgt, untermalen Sie die Aktion
   mit Musik!

For BASICians only

Dieses Programm dürfte sich (fast) ohne Probleme nach BASIC über-
setzen lassen (das "fast" bezog sich dabei auf die Übersetzung der
Menge NOCH_ZU_VERTEILEN; Zeile 55). Hoffentlich kann Ihre BASIC-
Maschine zweidimensionale Reihen anlegen und verarbeiten!

2.5 Auf den Brettern (die nicht die Welt bedeuten)

Solitaire

Solitaire ist ein Kombinationsspiel für einen Spieler - ein
Gegenspieler existiert also nicht. Auf dem Spielfeld befinden sich
32 Steine, die nach folgender Regel entfernt werden müssen:
Ein Stein kann einen anderen überspringen, wenn der Platz dahinter
frei ist. Der übersprungene Stein wird nach dem Sprung entfernt.
Nach dieser Regel bleibt bei Spielende mindestens 1 Stein übrig -
zu Beginn der "Solitaire-Laufbahn" werden es sicherlich einige
mehr sein; das Spiel ist schließlich nicht so einfach zu spielen,
wie man denkt!

So sieht das Spielfeld aus:

```
    | A  B  C  D  E  F  G |
 -- |---------------------| --
 1  |       x  x  x       | 1
 2  |       x  x  x       | 2
 3  | x  x  x  x  x  x  x | 3
 4  | x  x  x     x  x  x | 4
 5  | x  x  x  x  x  x  x | 5
 6  |       x  x  x       | 6
 7  |       x  x  x       | 7
 -- |---------------------| --
    | A  B  C  D  E  F  G |
```

In dem Programm Solitaire sieht die Benutzereingabe eines Zuges
so aus:

                EIN Buchstabe für die Spalte   (a .. g)
                EINE Ziffer   für die Zeile   (1 .. 7)
                EIN Buchstabe für die Richtung   (r,l,o,u)

Spielen Sie einmal - es wird sicherlich nicht bei dem einen Mal
bleiben! Und schauen Sie sich einmal die Anregungen zum Weiterbasteln an - irgendetwas ist sicherlich dabei ...

Ach ja, Solitaire ist das erste Spiel, bei dem der Zufallszahlengenerator überhaupt nicht gebraucht wird; es liegt ganz allein am
menschlichen Intellekt, mit der Aufgabenstellung fertig zu werden
- mit Glück hat das hier nichts zu tun!

Solitaire ist das erste Spiel mit "überdimensioniertem" Spielfeld.
Die Regel 6 aus dem Kapitel 1.1.4 sagt aus, daß Spezialbehand-
lungen von Randfeldern entfallen, wenn man um das eigentliche
Spielfeld eine genügend breite Randzone legt. Das eigentliche
Spielfeld hat hier die Ausmaße 7 * 7, das "Superspielfeld" wird
11 * 11 groß, da es eine Randzone aus 2 Elementen benötigt. Die
Begründung hierfür fällt leicht: wenn ein Randstein untersucht
werden muß, ob er einen anderen überspringen kann, dann muß der
nächste Nachbar geprüft werden (gibt's den?) und der übernächste
(ist der Platz leer?) - also werden zwei Plätze benötigt. Die
Dimensionierung in Pascal sieht dann so aus:

```
        lauf_typ   =  1 .. 7;
        super_typ  = -1 .. 9;
```

Jedes Feld des Superspielfeldes besitzt einen der Zustände:

        leer   : hierhin kann gesprungen werden
        voll   : hier steht ein Stein
        rand   : ein "unmögliches" Feld; d. h. entweder
                 außerhalb der 7 * 7 Matrix oder innerhalb
                 der vier Ecken.

```
   1 PROGRAM solitaire (input, output);
   2
   3 (*       S o l i t a i r e       *)
   4 (*                               *)
   5 (* Autor: Ralf Dierenbach  1983 *)
   6
   7 TYPE
   8    lauf_typ     =  1 .. 7;
   9    super_lauf   = -1 .. 9;
  10    anzahl_typ   =  0 .. 32;
  11    feld_inh_typ = (leer, rand, voll);
  12    feld_typ     = ARRAY [-1..9,-1..9] OF feld_inh_typ;
  13    richt_typ    = (links, oben, rechts, unten);
  14
  15 VAR
  16    spiel_feld   : feld_typ;
  17    richtung     : richt_typ;
  18    a, b         : lauf_typ;
  19    quit         : boolean;
  20
  21
  22 PROCEDURE initialisieren;
  23 VAR
  24    i, k : super_lauf;
  25
  26 BEGIN
  27    quit := false;
  28    FOR i := -1 TO 9 DO
  29      FOR k := -1 TO 9 DO
  30         spiel_feld [i,k] := rand;
  31    FOR i := 3 TO 5 DO
  32      FOR k := 1 TO 7 DO
  33         BEGIN
  34            spiel_feld [i,k] := voll;
  35            spiel_feld [k,i] := voll
  36         END;
  37    spiel_feld [4,4] := leer;
  38 END (* Initialisieren *);
  39
  40
  41 PROCEDURE eingabe_vorschrift;
  42 BEGIN
  43    writeln;
  44    writeln ('EIN Buchstabe (a..g)    fuer die Spalte');
  45    writeln ('EINE Ziffer   (1..7)    fuer die Zeile');
  46    writeln ('EIN Buchstabe (r,l,o,u) fuer die Richtung');
  47    writeln
  48 END (* Eingabe_Vorschrift *);
  49
  50
  51
  52 PROCEDURE spiel_erklaerung;
  53 VAR
  54    antwort : char;
  55 BEGIN
```

```
+--------------------------------------------------------------------+
:                                                                    :
: 56      writeln; writeln (' S o l i t a i r e '); writeln;         :
: 57      write ('Spielregeln gefaellig (J/N)?');                    :
: 58      readln (antwort);                                          :
: 59      IF antwort IN ['J','j']                                    :
: 60        THEN                                                     :
: 61          BEGIN                                                  :
: 62              writeln;                                           :
: 63              writeln ('Das Spielfeld enthaelt 32 Steine.');     :
: 64              writeln ('Ihre Aufgabe liegt nun darin,');         :
: 65              writeln ('alle Steine (bis auf einen) abzu',       :
: 66                       'raeumen.');                              :
: 67              writeln;                                           :
: 68              writeln ('Sie koennen einen Stein mit einem',      :
: 69                       ' anderen ueberspringen,');               :
: 70              writeln ('wenn der Platz dahinter frei ist -');    :
: 71              writeln ('und dann wird der uebersprungene',       :
: 72                       ' Stein entfernt.');                      :
: 73              writeln;                                           :
: 74              writeln ('Und so gibt man einen Zug ein:');        :
: 75              eingabe_vorschrift;                                :
: 76              readln                                             :
: 77          END (* Then *)                                         :
: 78 END    (* Spiel_Erklaerung *);                                  :
: 79                                                                 :
: 80                                                                 :
: 81 FUNCTION anzahl_steine (feld : feld_typ) : anzahl_typ;          :
: 82 VAR                                                             :
: 83    i, k   : lauf_typ;                                           :
: 84    anzahl : anzahl_typ;                                         :
: 85 BEGIN                                                           :
: 86    anzahl := 0;                                                 :
: 87    FOR i := 1 TO 7 DO                                           :
: 88       FOR k := 1 TO 7 DO                                        :
: 89          IF feld [i,k] = voll                                   :
: 90             THEN anzahl := succ (anzahl);                       :
: 91    anzahl_steine := anzahl                                      :
: 92 END (* Anzahl_Steine *);                                        :
: 93                                                                 :
: 94                                                                 :
: 95 PROCEDURE ausgabe (feld : feld_typ);                            :
: 96 CONST                                                           :
: 97    kopf   = '    A  B  C  D  E  F  G  ';                        :
: 98    strich = ' +---------------------+';                         :
: 99                                                                 :
:100 VAR                                                             :
:101    i, k   : lauf_typ;                                           :
:102                                                                 :
:103 BEGIN                                                           :
:104    writeln; writeln (kopf); writeln (strich);                   :
:105    FOR i := 1 TO 7 DO                                           :
:106       BEGIN                                                     :
:107          write (i:1,'|');                                       :
:108          FOR k := 1 TO 7 DO                                     :
:109             CASE spiel_feld [k,i] OF                            :
:110                voll : write ('x':3);                            :
:                                                                    :
+------ Solitaire -------------------------------------- 2 ------+
```

```
111                  leer : write ('.':3);
112                  rand : write (' ':3)
113              END (* Case *);
114          writeln ('|':2,i:1)
115        END (* For *);
116     writeln (strich); write (kopf);
117     IF anzahl_steine (spiel_feld) = 32
118        THEN writeln ('   Ausgangsaufstellung')
119        ELSE writeln (anzahl_steine (spiel_feld):7,
120                      ' Steine sind noch uebrig.');
121     writeln
122 END (* Ausgabe *);
123
124
125 FUNCTION zulaessig (feld : feld_typ;
126                     a, b : lauf_typ;
127                     richtung : richt_typ) : boolean;
128 BEGIN
129    zulaessig := (feld [a,b] = voll) AND           (
130
131                   ((richtung  = links ) AND
132                     (feld [a-1,b] = voll) AND
133                     (feld [a-2,b] = leer))       OR
134                   ((richtung  = oben  ) AND
135                     (feld [a,b-1] = voll) AND
136                     (feld [a,b-2] = leer))       OR
137                   ((richtung  = rechts) AND
138                     (feld [a+1,b] = voll) AND
139                     (feld [a+2,b] = leer))       OR
140                   ((richtung  = unten ) AND
141                     (feld [a,b+1] = voll) AND
142                     (feld [a,b+2] = leer))            )
143 END (* zulaessig *);
144
145
146
147 FUNCTION zug_moeglich (feld : feld_typ) : boolean;
148 VAR
149    i, k : lauf_typ;
150    richtung : richt_typ;
151
152 BEGIN (* Zug_moeglich *)
153    zug_moeglich := false;
154    FOR i := 1 TO 7 DO
155       FOR k := 1 TO 7 DO
156          FOR richtung := links TO unten DO
157             IF zulaessig (spiel_feld,i,k,richtung)
158                THEN
159                   zug_moeglich := true
160 END (* Zug_moeglich *);
161
162
163 PROCEDURE zug_einlesen (VAR z,s      : lauf_typ;
164                         VAR richtung : richt_typ);
165 CONST
```

```
166     quit_zeichen = '*';
167
168 VAR
169     i                 : 1..3;
170     zeile             : ARRAY [1..3] OF char;
171     fool              : 0..4;
172     falsche_eingabe : boolean;
173
174 BEGIN
175     z                 := 1;
176     s                 := 1;
177     richtung          := oben;
178     falsche_eingabe := true;
179     fool              := 0;
180
181     WHILE (falsche_eingabe AND (fool < 4)) DO
182        BEGIN
183            falsche_eingabe := false;
184            fool              := succ (fool);
185            write ('Ihr Zug:');
186            read (zeile[1]);
187            IF zeile [1] IN ['A'..'G']
188               THEN z := ord(zeile[1]) - ord('A') + 1
189               ELSE
190                  IF zeile [1] IN ['a'..'g']
191                     THEN z := ord(zeile[1]) - ord('a') + 1
192                     ELSE
193                        IF zeile [1] = quit_zeichen
194                           THEN quit := true
195                           ELSE falsche_eingabe := true;
196           IF falsche_eingabe OR quit
197              THEN (* hier ist nichts zu tun *)
198              ELSE
199                 BEGIN
200                    read (zeile[2], zeile[3]);
201                    IF zeile [2] IN ['1'..'7']
202                       THEN s := ord(zeile[2]) - ord('0')
203                       ELSE falsche_eingabe := true;
204                    IF zeile [3] IN ['l','r','o','u',
205                                     'L','R','O','U']
206                       THEN
207                          CASE zeile [3] OF
208                             'l', 'L' : richtung := links;
209                             'r', 'R' : richtung := rechts;
210                             'o', 'O' : richtung := oben;
211                             'u', 'U' : richtung := unten
212                          END (* Case *)
213                       ELSE falsche_eingabe := true
214                 END (* Else *);
215
216           readln;
217           IF falsche_eingabe
218              THEN
219                 IF fool = 4
220                    THEN
```

```
221                      BEGIN
222                        writeln ('Vier Anlaeufe haben nicht ',
223                                  'ausgereicht,');
224                        writeln ('eine einzige vernueftige ',
225                                  'Eingabe zusammenzubekommen - ');
226                        writeln ('Wollen Sie nicht lieber ',
227                                  'aufhoeren (J/N)?');
228                        readln (zeile[1]);
229                        IF zeile[1] IN ['J', 'j']
230                          THEN quit := true
231                          ELSE
232                             BEGIN
233                               writeln ('Also nochmal:');
234                               eingabe_vorschrift
235                             END (* Else *)
236                    END (* Then *)
237                  ELSE
238                    writeln ('++++ Eingabe falsch!')
239              ELSE (* korrekte Eingabe *)
240       END (* While *)
241 END (* zug_einlesen *);
242
243
244 PROCEDURE zug (VAR feld : feld_typ;
245                    a,b  : lauf_typ;
246                    r    : richt_typ);
247
248 BEGIN
249     CASE r OF
250       links  : BEGIN
251                   feld [a-2,b] := voll;
252                   feld [a-1,b] := leer;
253                END;
254       oben   : BEGIN
255                   feld [a,b-2] := voll;
256                   feld [a,b-1] := leer;
257                END;
258       rechts : BEGIN
259                   feld [a+2,b] := voll;
260                   feld [a+1,b] := leer;
261                END;
262       unten  : BEGIN
263                   feld [a,b+2] := voll;
264                   feld [a,b+1] := leer;
265                END
266     END (* Case *);
267     feld [a,b] := leer
268 END (* Zug *);
269
270
271 PROCEDURE abrechnen (feld : feld_typ);
272 VAR
273     rest : anzahl_typ;
274
275 BEGIN
```

```
276      writeln;
277      rest := anzahl_steine (feld);
278      IF rest < 5
279         THEN
280            CASE rest OF
281                1     : writeln ('***** Perfekt!');
282                2     : writeln ('***** Hervorragend!');
283                3     : writeln ('***** Nicht schlecht!');
284              4, 5 : writeln ('***** Ueben, ueben, ueben!')
285            END (* Case *)
286         ELSE
287            writeln ('***** Machen Sie sich nichts draus,',
288                     ' jeder faengt einmal an ...')
289 END (* abrechnen *);
290
291
292 BEGIN (* Solitaire *)
293    initialisieren;
294    spiel_erklaerung;
295    ausgabe (spiel_feld);
296    WHILE NOT quit AND zug_moeglich (spiel_feld) DO
297       BEGIN
298          zug_einlesen (a,b,richtung);
299          IF quit
300             THEN
301                (* dann eben nicht *)
302             ELSE
303                IF zulaessig (spiel_feld,a,b,richtung)
304                   THEN
305                      zug (spiel_feld,a,b,richtung)
306                   ELSE
307                      writeln ('+++++ Dieser Zug ist nicht'
308                               ,' moeglich; neue Eingabe!');
309          ausgabe (spiel_feld)
310       END (* While *);
311    abrechnen (spiel_feld)
312 END (* Solitaire *).
```

+------ Solitaire ----------------------------------- 6 ------+

Anregungen zum Weiterbasteln

1. Wenn das Spiel "in den letzten Zügen liegt", ist es höchst
   ärgerlich, wenn man einen Zug vornimmt, der sich im Nachhinein
   als falsch herausstellt. Sehen Sie daher die Möglichkeit vor,
   einen Zug zurückzunehmen.

2. Ein allgemeines Problem zur Anregung 1 liegt darin, a l l e
   Züge zurücknehmen zu können. Fügen Sie diese allgemeine
   Lösung in den Algorithmus ein.

3. Machen Sie die Bewertung des Spielergebnisses nicht nur von der
   Zahl der übrig gebliebenen Steine, sondern auch von der Zahl
   der Zug-Rücknahmen abhängig.

4. Schreiben Sie ein Programm, das den Rechner eine (alle?)
   optimale(n) Lösung(en) finden läßt. Orientieren Sie sich dabei
   an dem Programm LABYRINTH.

5. Für Optimierungs-Freaks:
   Die Funktion ZUG_MOEGLICH ist nicht effizient gestaltet. In ihr
   werden stets alle restlichen Felder untersucht - auch wenn
   bereits eine Zugmöglichkeit gefunden worden ist. Diese überflüssige Abprüfung kostet merklich Zeit. Schaffen Sie eine
   weniger zeitintensive Variante! (Aber: ohne GOTO natürlich!)

6. Für Leute mit Weitsicht:
   Realisieren Sie eine Voraussagefunktion, nach der berechnet
   wird, wieviele Steine aus einer gegebenen (der aktuellen)
   Situation minimal übrigbleiben können.

7. Ist es immer nötig, die Richtung eines Sprunges anzugeben?
   Ändern Sie das Programm, daß es die Richtung nur dann (zusätz-
   lich) erfragt, wenn es zwei oder mehr Möglichkeiten für einen
   Stein zu springen gibt!

8. Und auch für dieses Spiel könnte man eine maschinenabhängige
   Variante (mit GOTOXY und Musike) schreiben ...

Reversi

REVERSI wird auf einem Schachbrett gespielt; zwei Spieler setzen
abwechselnd je einen Stein derart, daß ein oder mehrere Stein(e)
des Gegners zwischen einem eigenen Stein und dem gerade eben gesetzten eingeschlossen werden. Das Einschließen kann dabei
vertikal, horizontal oder diagonal erfolgen. Alle aktuell einge-
schlossenen Steine des Gegners werden nach dem Setzen umgedreht -
sie werden damit zu eigenen Steinen.
So weit das Spiel an sich; nun zum Programm:

Der interessanteste Teil ist zweifellos die Prozedur ZUG_COMPUTER,
in der die - für den Rechner - günstigste Steinposition ermittelt
wird. Wie geht das vor sich?

1. Die einzelnen Positionen des Spielfeldes haben unterschiedliche strategische Bedeutungen. So besitzt z. B. die Eckposition den höchsten Wert: mit ihr lassen sich die Diago-
   nale und zwei Kanten kontrollieren, und sie ist in keinem
   Fall vom Gegner einzunehmen, wenn sie einmal besetzt ist
   (umdrehen geht nicht!). Und andererseits ist z. B. die
   Position direkt diagonal zu dieser Eckposition eine sehr
   ungünstige Position: Sie erlaubt (möglicherweise) dem Gegner
   einen Zug in die Eckposition hinein. Nach einigem Überlegen
   (und vielen Spielen!) bin ich zu folgender Bewertungsmatrix
   gekommen:

	numerisch:			
4	16	2	4	1
3	32	4	8	4
2	8	1	4	2
1	128	8	32	16
	1	2	3	4

grafisch:

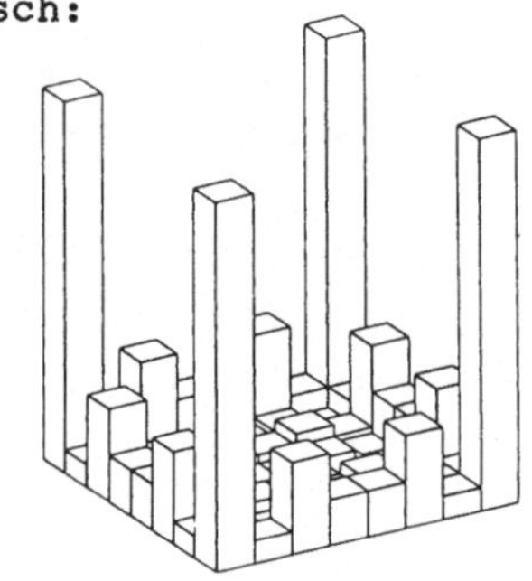

In der numerischen Darstellung habe ich mich auf einen
Quadranten beschränkt, die restlichen drei sind lediglich
Spiegelbilder dieses Quadranten (siehe auch Zeile 117 -
131); die Grafik umfaßt das gesamt Spielfeld. Dank sei dem
Programm VISIPLOT für diese 3D-Darstellung gesagt!

2. Nachdem nun der Rechner weiß, was eine Position wert ist,
   kann er alle Setzmöglichkeiten, die sich ihm bieten, in ihrem jeweiligen Gesamtwert gegeneinander abwägen. Das heißt,
   der beste Zug ist nun nicht derjenige, der die meisten
   Steine umdreht, sondern derjenige, dessen Wertsumme der einzelnen umgedrehten Steine ein Maximum darstellt.

3. Und noch genauer hingesehen: Jede Position des Spielfeldes
   wird untersucht, ob sie ein Kandidat für ein Setzen ist
   (Zeile 349 ff), und das in allen 8 Richtungen (Prozedur
   ALLE_RICHTUNGEN; Zeilen 304 - 340).

Apropos ALLE_RICHTUNGEN; wie macht man das überhaupt, um eine
Position "herumspazieren"? Oder auch mal zusätzlich in einer
speziellen Richtung geradeaus gehen?

1. So sehen die Zuschläge (bzw. Abschläge = negative Zuschläge)
   bei den Randfeldern aus (vom Mittelpunkt M(m,n) gerechnet):

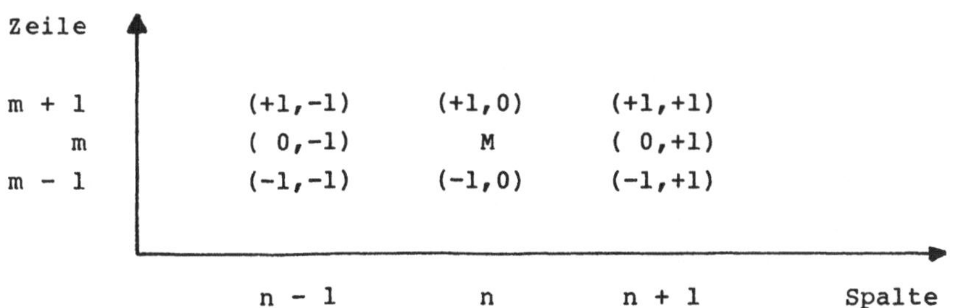

Im Programm werden von Zuschlagstabellen zwei Reihen benutzt:
    delta_z   (für die Zuschläge in den Zeilen)
    delta_sp (für die Zuschläge in den Spalten)

Diese Tabellen sind nun so definiert (Zeilen 106 - 114):

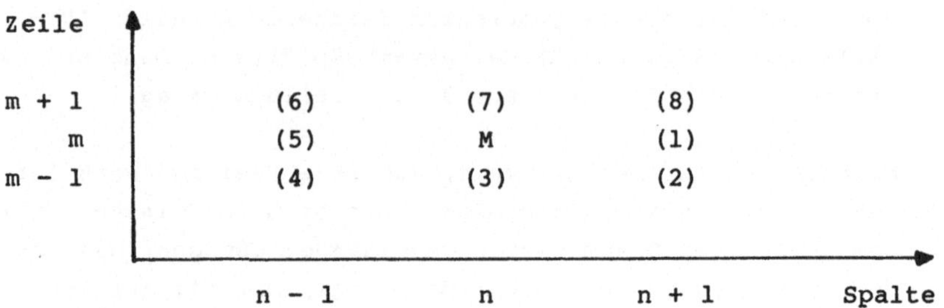

Die Zahlen in dieser Abbildung geben hier die Indizes an;
beide Abbildungen zusammengesehen lassen sich so lesen (ein
Beispiel): der Zuschlag an der Position 3 der Zuschlagstabelle
beträgt in Richtung der Zeile "- 1" und in Richtung der Spalte
"0".

2. Das "Herumspazieren" läßt sich nun durch die einfache Laufanweisung erreichen:

```
FOR richtung := 1 TO 8 DO
   BEGIN
      zeile  := mitte.zeile  + delta_z  [richtung];
      spalte := mitte.spalte + delta_sp [richtung]
      .
   END
```

3. Geradeaus (in beliebiger Richtung; "ferne" Einheiten weit)
   geht's dann so:

```
FOR ferne := 1 TO beliebig_weit DO
   BEGIN
      zeile  := mitte.zeile  + ferne * delta_z [richtung]
      spalte := mitte.spalte + ferne * delta_sp [richtung]
   END
```

Im Programm nun steht dieses alles in den Zeilen 223 bis 251.

```
   1 PROGRAM reversi (input,output);
   2
   3 (*                R e v e r s i                *)
   4 (*                                             *)
   5 (* Autoren: J. Corbet, R. Buehler & G. Kothe *)
   6
   7 USES
   8     applestuff;
   9
  10 CONST
  11       comp          = ' o ';
  12       man           = ' x ';
  13
  14 TYPE
  15       feld_typ      = (unbesetzt,mensch,computer,rand);
  16       taktwert      = 0..128;
  17       range_zeile   = 0..9;
  18       range_spalte  = 0..9;
  19       range_felder  = 0..64;
  20       brett_zeile   = 1..8;
  21       brett_spalte  = 1..8;
  22       bewegung      =-1..1;
  23
  24  VAR
  25       delta_z       : ARRAY [brett_zeile]  OF bewegung;
  26       delta_sp      : ARRAY [brett_spalte] OF bewegung;
  27       spielfeld     : ARRAY [range_zeile,range_spalte]
  28                                         OF feld_typ;
  29       sw            : ARRAY [brett_zeile,brett_spalte]
  30                                         OF taktwert;
  31       zaehlfeld     : ARRAY [feld_typ] OF range_felder;
  32
  33       praef_zeile   : range_zeile;
  34       praef_spalte  : range_spalte;
  35
  36       am_zug,
  37       nicht_am_zug  : mensch .. computer;
  38
  39       will_aufhoeren,
  40       regulaeres_ende,
  41       regelrecht    : boolean;
  42
  43
  44 PROCEDURE Einstieg;
  45 VAR  z , sp  :   1 .. 8;
  46       antwort :   char ;
  47
  48 PROCEDURE regeln;
  49 BEGIN (* Regeln *)
  50    writeln ('Gespielt wird auf 64 Spielfeldern,');
  51    writeln ('jeder Spieler besitzt 32 Steine:');
  52    writeln ('    Computersteine : ', comp);
  53    writeln ('    Eigene Steine  : ', man );
  54    writeln;
  55    writeln ('  Die Spieler setzen abwechselnd so, ',
```

```
 56                      'dass sie einen oder');
 57        writeln ('mehrere Steine des Gegners horizontal, ',
 58                      'vertikal oder');
 59        writeln ('diagonal einschliessen. Eingeschlosse',
 60                      'ne feindliche');
 61        writeln ('Steine werden umgedreht und zu Steinen',
 62                      ' eigener Farbe');
 63        writeln ('Das Spiel ist beendet, wenn alle 64 ',
 64                      'Felder besetzt sind.');
 65        writeln ('oder wenn kein gegnerischer Stein mehr ',
 66                      'eingeschlossen');
 67        writeln ('werden kann.');
 68        writeln ('Bei Aufgabe bzw. keiner Setzmoeglich',
 69                      'keit geben Sie');
 70        writeln ('nur einen Stern ''*'' ein.');
 71        writeln;
 72        write ('Weiter geht''s mit RETURN: ');
 73        readln
 74 END; (* Regeln *)
 75
 76 PROCEDURE anfangs_aufstellung;
 77 VAR
 78     zeile, spalte : 1 .. 8;
 79     laufvar       : 0 .. 9;
 80 BEGIN
 81     (* Innenfelder des Brettes *)
 82     FOR zeile := 1 TO 8 DO
 83        FOR spalte := 1 TO 8 DO
 84           spielfeld [ zeile , spalte ] := unbesetzt;
 85
 86     (* Anfangsstellung *)
 87     spielfeld [4,4] := Mensch   ;
 88     spielfeld [4,5] := Mensch   ;
 89     spielfeld [5,4] := computer ;
 90     spielfeld [5,5] := Computer ;
 91
 92     (* Aeusserste Raender ausserhalb des Brettes *)
 93     FOR laufvar := 0 TO 9 DO
 94        BEGIN (* Schleife generiert Raender *)
 95           spielfeld [ laufvar , 0 ] := Rand;
 96           spielfeld [ laufvar , 9 ] := Rand;
 97           spielfeld [ 0 , laufvar ] := Rand;
 98           spielfeld [ 9 , laufvar ] := Rand;
 99        END; (* Schleifenende: Raender *)
100 END (* Anfangsaufstellung *);
101
102
103 PROCEDURE vorbesetzungen;
104 BEGIN (* Vorbesetzungen *)
105     (* Richtungsangabe *)
106     (* rechts       *) delta_z[1]:= 0; delta_sp[1]:= 1;
107     (* rechts oben  *) delta_z[2]:=-1; delta_sp[2]:= 1 ;
108     (*        oben  *) delta_z[3]:=-1; delta_sp[3]:= 0 ;
109     (* links  oben  *) delta_z[4]:=-1; delta_sp[4]:=-1 ;
110     (* links        *) delta_z[5]:= 0; delta_sp[5]:=-1 ;
```

```
111      (* links   unten *) delta_z[6]:= 1; delta_sp[6]:=-1 ;
112      (*         unten *) delta_z[7]:= 1; delta_sp[7]:= 0 ;
113      (* rechts unten *) delta_z[8]:= 1; delta_sp[8]:= 1 ;
114
115      (* Festlegung des tektischen Wertes der Spielfelder *)
116
117      (* 1.Quadrant *)
118      sw[1,1]:=128; sw[1,2]:= 8; sw[1,3]:=32; sw[1,4]:= 16;
119      sw[2,1]:=  8; sw[2,2]:= 1; sw[2,3]:= 4; sw[2,4]:=  2;
120      sw[3,1]:= 32; sw[3,2]:= 4; sw[3,3]:= 8; sw[3,4]:=  4;
121      sw[4,1]:= 16; sw[4,2]:= 2; sw[4,3]:= 4; sw[4,4]:=  1;
122
123      (* 2. Quadrant *)
124      FOR z := 1 TO 4 DO
125         FOR sp := 5 TO 8 DO
126            sw [z, sp] := sw [z, 9-sp] ;
127
128      (* 3. und 4. Quadrant *)
129      FOR z := 5 TO 8 DO
130         FOR sp := 1 TO 8 DO
131            sw [z, sp] := sw [9-z, sp];
132
133      will_aufhoeren  := false;
134      regulaeres_ende := false
135 END (* Vorbesetzungen *);
136
137
138 BEGIN (* Einstieg *)
139     vorbesetzungen;
140
141     write ('Wollen Sie die Spielregeln erfahren (J/N)?');
142     readln  (antwort);
143     IF antwort IN ['j','J']
144     THEN
145        regeln;
146
147     anfangsaufstellung
148 END; (* PROCEDURE Einstieg *)
149
150
151 PROCEDURE ausgabe;
152 VAR
153     a_1, (* zur Konvertierung  'A' <-> 1 *)
154     zeile : 0 .. 256;
155     spalte : 1..8 ;
156
157 BEGIN (* Ausgabe *)
158     zaehlfeld [computer ] := 0 ;
159     zaehlfeld [mensch   ] := 0;
160     zaehlfeld [unbesetzt] := 0 ;
161
162     FOR zeile := 1 TO 8 DO
163        FOR spalte := 1 TO 8 DO
164           zaehlfeld [spielfeld [zeile,spalte]]
165              := zaehlfeld [spielfeld [zeile,spalte]] + 1;
```

```
+-----------------------------------------------------------------------+
!                                                                       !
! 166      a_1 := ord ('A') - 1;                                        !
! 167                                                                   !
! 168      writeln;                                                     !
! 169      writeln ('  !  1  !  2  !  3  !  4  !  5  !  6  ',           !
! 170              '!  7  !  8  !');                                    !
! 171      writeln ('---+-----+-----+-----+-----+-----+-----',          !
! 172              '+-----+-----+---');                                 !
! 173                                                                   !
! 174      FOR zeile := ord('A') TO ord('H') DO                        !
! 175         BEGIN                                                     !
! 176            write ( chr( zeile ) , '  !' ) ;                       !
! 177            FOR spalte := 1 TO 8 DO                                !
! 178              BEGIN (* innere Schleife *)                          !
! 179                CASE spielfeld [zeile-a_1, spalte] OF              !
! 180                  mensch   : write (' ', man, ' !');               !
! 181                  computer : write (' ',comp, ' !');              !
! 182                  unbesetzt: write ('     !' )                     !
! 183                END (* Case *);                                    !
! 184              END ; (* FOR Spalte *)                               !
! 185            write ('  ', chr(zeile));                              !
! 186                                                                   !
! 187            CASE zeile-a_1 OF                                      !
! 188              1 : write('   Sie haben',                            !
! 189                   zaehlfeld [mensch  ]:3,' Felder',man);          !
! 190              3 : write('   Ich habe ',                            !
! 191                   zaehlfeld [computer]:3,' Felder',comp);         !
! 192              5 : IF (zaehlfeld [unbesetzt] <60) AND               !
! 193                     (zaehlfeld [unbesetzt] > 0) AND               !
! 194                     (am_zug = computer)                          !
! 195                     THEN                                          !
! 196                        write ('   Mein Zug war : ',               !
! 197                             chr(praef_zeile + a_1):2,             !
! 198                             praef_spalte:2 );                     !
! 199              2,4,6,7,8 : (* nichts besonderes *)                  !
! 200            END (* Case *);                                        !
! 201                                                                   !
! 202            writeln ;                                              !
! 203            writeln ('---+-----+-----+-----+-----+-----+',         !
! 204                    '-----+-----+-----+---');                      !
! 205      END ; (* FOR Zeile *)                                        !
! 206                                                                   !
! 207      writeln ('  !  1  !  2  !  3  !  4  !  5  !',                !
! 208              '  6  !  7  !  8  !   ');                             !
! 209      writeln; writeln                                            !
! 210 END ; (* PROCEDURE Zwischenausgabe *)                             !
! 211                                                                   !
! 212                                                                   !
! 213 PROCEDURE umdrehen (setz_zeile  : brett_zeile;                    !
! 214                     setz_spalte : brett_spalte);                  !
! 215 VAR                                                               !
! 216     ferne,                                                        !
! 217     richtung    :  1..8 ;                                         !
! 218                                                                   !
! 219 BEGIN (* PROCEDURE umdrehen *)                                    !
! 220     spielfeld [setz_zeile, setz_spalte] := am_zug ;               !
!                                                                       !
+------- Reversi ---------------------------------------------- 4 ------+
```

```
221
222      FOR richtung := 1 TO  8 DO
223        BEGIN (* Alle 8 Richtungen *)
224          ferne        := 1 ;
225          WHILE spielfeld
226            [ setz_zeile  + ferne * delta_z [richtung],
227              setz_spalte + ferne * delta_sp[richtung] ]
228                                  = nicht_am_zug   DO
229            ferne := ferne + 1 ;
230
231          IF spielfeld
232            [ setz_zeile  + ferne * delta_z [richtung],
233              setz_spalte + ferne * delta_sp[richtung] ]
234                                  = am_zug
235            THEN
236              BEGIN (* Eigentliches Umdrehen *)
237                ferne  := 1  ;
238                WHILE spielfeld
239                  [ setz_zeile  + ferne*delta_z[richtung],
240                    setz_spalte + ferne*delta_sp[richtung]]
241                                  = nicht_am_zug   DO
242                  BEGIN (* Umdreh-Schleife *)
243                    spielfeld
244                      [setz_zeile+ferne*delta_z[richtung],
245                       setz_spalte+ferne*delta_sp[richtung]]
246                                  := am_zug ;
247                    ferne := ferne + 1  ;
248                  END (* While *)
249              END (* THEN *)
250          END (* FOR *)
251 END ; (* Umdrehen *)
252
253
254 PROCEDURE regel_pruefen (akt_zeile : range_zeile;
255                          akt_spalte: range_spalte);
256 VAR    gesamterg,
257        einzelerg      :  0..64 ;
258        ferne,
259        richtung       :  1..8  ;
260
261 BEGIN (* Regel_pruefen *)
262     gesamterg := 0 ;
263
264     (* Absuchen aller 8 Richtungen *)
265     FOR richtung := 1 TO 8 DO
266        BEGIN (* in alle Richtungen *)
267          ferne          := 1 ;
268          einzelerg      := 0 ;
269          WHILE spielfeld
270            [akt_zeile  + ferne * delta_z [richtung ],
271             akt_spalte + ferne * delta_sp[richtung ]]
272                                 = nicht_am_zug DO
273              BEGIN (* solange feindliche Steine da sind *)
274                ferne        := ferne     + 1 ;
275                einzelerg    := einzelerg + 1
```

```
 276             END; (* While *)
 277
 278         IF spielfeld
 279            [akt_zeile  + ferne * delta_z [richtung ],
 280             akt_spalte + ferne * delta_sp[richtung ]]
 281                                  = am_zug
 282            THEN (* eigener Stein *)
 283                gesamterg := gesamterg + einzelerg
 284     END; (* alle Richtungen sind abgecheckt *)
 285
 286     regelrecht := gesamterg > 0
 287 END; (* PROCEDURE Regel_pruefen *)
 288
 289
 290 PROCEDURE zug_computer ;
 291
 292
 293 PROCEDURE setzberechnung;
 294 VAR   rekordergebnis,
 295       gesamtergebnis      : real;
 296       gesamtsumme,
 297       einzelsumme         : integer;
 298       gesamtanzahl,
 299       einzelanzahl        : range_felder;
 300       laufvar_z           : brett_zeile;
 301       laufvar_sp          : brett_spalte;
 302
 303
 304 PROCEDURE alle_richtungen;
 305 VAR
 306       ferne,
 307       richtung :  1..8;
 308       hvar_z,
 309       hvar_sp  :  0..9;
 310
 311 BEGIN
 312    FOR richtung := 1 TO 8 DO
 313      BEGIN (* in alle Richtungen *)
 314        einzelsumme    := 0;
 315        einzelanzahl   := 0;
 316        ferne          := 1;
 317        hvar_z  := laufvar_z + ferne * delta_z [richtung];
 318        hvar_sp := laufvar_sp+ ferne * delta_sp[richtung];
 319
 320        WHILE spielfeld[hvar_z, hvar_sp] = nicht_am_zug DO
 321          BEGIN (* feindliche Steine *)
 322            einzelanzahl   := einzelanzahl + 1;
 323            einzelsumme    := einzelsumme +
 324                        sw [hvar_z, hvar_sp];
 325            ferne          := ferne + 1;
 326            hvar_z     := laufvar_z +ferne
 327                            * delta_z[richtung];
 328            hvar_sp    := laufvar_sp+ferne
 329                            * delta_sp[richtung];
 330          END; (* While  *)
```

```
331
332           IF spielfeld [hvar_z, hvar_sp]= am_zug
333             THEN
334               BEGIN (* Eine Kette kann  einge-
335                        schlossen werden *)
336                 gesamtanzahl := gesamtanzahl + einzelanzahl;
337                 gesamtsumme  := gesamtsumme  + einzelsumme;
338               END (* Then *)
339         END (* alle Richtungen sind abgecheckt *)
340 END (* Alle_Richtungen *);
341
342
343 BEGIN (* Setzberechnung *)
344     praef_zeile   := 0;
345     praef_spalte  := 0;
346     rekordergebnis:= 0;
347
348     (* Absuchen aller 64 Innenfelder *)
349     FOR laufvar_z := 1 TO 8 DO
350       FOR laufvar_sp := 1 TO 8 DO
351         IF spielfeld [laufvar_z,laufvar_sp ]
352                                     = unbesetzt
353           THEN
354             BEGIN (* fuer alle unbesetzten Felder *)
355               gesamtergebnis := 0 ;
356               gesamtanzahl   := 0 ;
357               gesamtsumme    := 0 ;
358
359               alle_richtungen;
360
361               gesamtanzahl := gesamtanzahl + 1;
362               gesamtsumme  := gesamtsumme + sw [laufvar_z,
363                               laufvar_sp];
364
365               IF gesamtanzahl > 1
366                  THEN
367                    BEGIN (* Zweig moeglicher Veraenderung *)
368                      gesamtergebnis := gesamtsumme
369                                      / gesamtanzahl ;
370                      IF gesamtergebnis > rekordergebnis
371                        THEN
372                          BEGIN (* neues praef. Feld *)
373                            rekordergebnis := gesamtergebnis;
374                            praef_zeile    := laufvar_z;
375                            praef_spalte   := laufvar_sp
376                          END; (* Then *)
377                    END; (* Then *)
378             END (* THEN-Zweig : unbesetzte Felder *)
379 END; (* Setzberechnung *)
380
381
382 BEGIN (* Zug_Computer *)
383     writeln;
384     writeln ('Bitte Geduld - ich denke nach ...');
385     am_zug := computer ;
```

```
386    nicht_am_zug   := Mensch ;
387    setzberechnng ;
388
389    IF praef_zeile <> 0
390        THEN
391            BEGIN (* normaler Weg *)
392                umdrehen (praef_zeile, praef_spalte);
393                ausgabe
394            END (* normaler Weg *)
395        ELSE
396            regulaeres_ende := true
397 END ; (* Zug_Computer *)
398
399
400 PROCEDURE zug_mensch ;
401 VAR
402    akt_zeile        : range_zeile;
403    akt_spalte       : range_spalte;
404
405
406 PROCEDURE zug_eingabe ;
407 VAR
408    zeileneingabe,
409    spalteneingabe  : char ;
410    falsche_eingabe : boolean ;
411
412 BEGIN
413    falsche_eingabe   := true ;
414
415    WHILE falsche_eingabe AND NOT will_aufhoeren DO
416        BEGIN
417            write ('Koordinaten (z.Bsp. H1; Aufgabe=*) ?');
418            readln (zeileneingabe, spalteneingabe);
419            falsche_eingabe := false;
420
421            IF zeileneingabe ='*'
422              THEN
423                will_aufhoeren := true
424              ELSE
425                BEGIN
426                  IF zeileneingabe IN ['a' .. 'h']
427                    THEN
428                      akt_zeile := ord(zeileneingabe) -
429                                ord('a') + 1
430                    ELSE
431                      IF zeileneingabe IN ['A' .. 'H']
432                        THEN
433                          akt_zeile := ord(zeileneingabe) -
434                                    ord('A') + 1
435                        ELSE
436                          BEGIN
437                            falsche_eingabe := true ;
438                            writeln('***** Fehler: Falsche'
439                                    ,' Zeileneingabe ');
440                          END; (* ELSE *)
```

```
441
442                 IF spalteneingabe IN ['0' .. '8']
443                   THEN
444                     akt_spalte := ord(spalteneingabe)
445                                   - ord('0')
446                   ELSE
447                     BEGIN (* falsche Spalteneingabe *)
448                       falsche_eingabe := true ;
449                       writeln('***** Fehler: Falsche ',
450                                 'Spalteneingabe');
451                     END; (* ELSE *)
452
453                 (* keine Ueberschreiben belegter Felder *)
454                 IF NOT falsche_eingabe
455                   THEN
456                     IF spielfeld [akt_zeile,akt_spalte]
457                            <> unbesetzt
458                       THEN
459                         BEGIN (* Feld schon besetzt *)
460                           falsche_eingabe := true ;
461                           writeln('***** Fehler: Feld ist',
462                                     ' schon besetzt');
463                         END (* Feld schon besetzt *)
464                 END (* Else *)
465           END (* WHILE *)
466 END;    (* Zug_eingabe *)
467
468
469 BEGIN (* Zug_Mensch *)
470    am_zug          := mensch ;
471    nicht_am_zug   := computer ;
472
473    regelrecht := false ;
474    WHILE NOT regelrecht AND NOT will_aufhoeren DO
475       BEGIN
476          zug_eingabe ;
477          IF will_aufhoeren
478             THEN
479               ELSE regel_pruefen (akt_zeile, akt_spalte)
480       END (* WHILE *);
481
482    IF will_aufhoeren
483       THEN (* dann eben nicht *)
484       ELSE
485          BEGIN
486             umdrehen (akt_zeile, aktspalte) ;
487             ausgabe
488          END (* Then *)
489 END ; (* Zug_Mensch *)
490
491
492 PROCEDURE erster_zug ;
493
494 BEGIN
495    randomize ;
```

```
496     IF odd (random)
497         THEN
498             zug_mensch ;
499 END ; (*  erster_Zug *)
500
501 PROCEDURE endauswertung ;
502
503 BEGIN (* PROCEDURE endauswertung *)
504
505     ausgabe ;
506     IF regulaeres_ende
507     THEN
508       IF zaehlfeld [computer] > zaehlfeld [mensch]
509           THEN
510             writeln(' *** Ich habe gewonnen ! *** ')
511           ELSE
512             IF zaehlfeld [computer] = zaehlfeld [mensch]
513                 THEN
514                   writeln(' *** Remis ! *** ')
515                 ELSE
516                   writeln(' Gratuliere,',
517                           ' Sie haben gewonnen !')
518       ELSE
519         writeln ('Schade, schade ...')
520 END ; (* Endauswertung *)
521
522
523 BEGIN (* Reversi *)
524     einstieg ;
525     ausgabe ;
526     erster_zug ;
527
528     WHILE NOT will_aufhoeren AND NOT regulaeres_ende DO
529       BEGIN
530         zug_computer ;
531           IF NOT regulaeres_ende
532             THEN zug_mensch
533     END (* While *);
534
535     endauswertung
536 END (* Reversi *).
```

Anregungen zum Weiterbasteln

1. Nach jedem Zug wird in REVERSI Bilanz gezogen (Computer 7 Steine, Mensch 9 Steine). Diese Art der Zwischenbilanz kann in der
   Tendenz richtig sein, kann aber genauso gut völlig falsche Ver-
   hältnisse wiedergeben - die Wertigkeit der Steine wird in
   dieser Darstellung überhaupt nicht aufgenommen. Ergänzen Sie
   die Zwischenbilanz um die Angabe der Punktestände; benutzen Sie
   dafür die Bewertungsmatrix.

2. REVERSI prüft nicht ab, ob der menschliche Spieler überhaupt
   noch ziehen kann. Fügen Sie einen derartigen Text in das
   Programm ein.

3. Realisieren Sie eine Hilfsfunktion für Unentschlossene (Eingabe '?'), in der der Computer einen Vorschlag macht, welches
   ein denkbarer nächster Zug ist.

4. Und auch für dieses Spiel kann man eine bildschirmorientierte
   Version schaffen (mit GOTOXY)...

5. Was geschieht, wenn der Rechner nicht mehr ziehen kann?

Kalah

Man glaubt es auf dem ersten Blick kaum, wieviel Spaß man mit diesem alten afrikanischen Spiel haben kann! Manche kennen es unter dem Namen "Awari" oder "Owerri"; ich habe es als "Kalah" das erste Mal auf einem TR 440 gespielt, und so blieb es bei diesem Namen. Zum Spielinventar gehören:

```
1 Spielbrett mit Löchern in folgender Anordnung
        Home     o  o  o  o  o  o
                 o  o  o  o  o  o     Home
und 72 Kugeln.
```

Die Kugeln werden zum Spielbeginn in die Mulden verteilt. Nun wird abwechselnd gezogen, d. h. der Rechner bestimmt aus der oberen Reihe eine Mulde bzw. Sie bestimmen aus der unteren Reihe eine, aus der dann gegen den Uhrzeigersinn allmählich Kugel für Kugel in die folgenden Mulden entleert wird. Das ist noch ganz einfach, aber jetzt kommt's:

1. Kann man die letzte Kugel der ausgewählten Mulde in sein eigenes Home ablegen (das gegnerische Home bleibt beim Verteilen stets ausgespart), so darf man nochmal ziehen.
2. Legt man die letzte Kugel jedoch in einer eigenen leeren Mulde ab, so wandert diese Kugel und alle Kugeln der gegenüberliegenden Mulde (des Gegners also) in das eigene Home.

Gewonnen hat derjenige, der 37 Kugeln oder mehr in das eigene Home geschafft hat.

Zum Programm:
Die zentrale Prozedur zur Abwicklung des Spielzuges ist AUSLEEREN (Zeile 182 - 234). In ihr wird sowohl das kontinuierliche Verteilen eines Muldeninhalts (im Programm wird hier von Töpfen gesprochen) vorgenommen (Zeilen 189 - 212), als auch untersucht, ob einer der Sonderfälle vorliegt:

    o kommt die letzte Kugel auf ein eigenes, leeres Feld
      zu liegen (Zeilen 214 - 229)?
    o kam die letzte Kugel im eigenen Home zu liegen
      (Zeilen 230 - 233)?

Gerade für die Realisation des letzten Falles erweist es sich als
günstig, eine Variable AM_ZUG zu verwenden, die den Spieler markiert, der am Zug ist.

Nun aber zur Computerstrategie! Wieder einmal versucht der
Rechner, ein Spiel mit seiner Rechengeschwindigkeit für sich zu
entscheiden: je nach Wahl der Spielstärke (zu Beginn) rechnet er
alle (in Worten: a l l e) Zugmöglichkeiten durch. Daß das eine
kostspielige Sache werden kann, ist klar: bei Spielstärke 5 muß er
maximal 6*6*6*6 = 7776 verschiedene Zugkombinationen durchkal-
kulieren, bei dem Algorithmus, der dann durchlaufen wird, ist das
für einen Mikrocomputer wie den apple II schon etwas reichlich.
Dabei hat er auch nur ein Ziel im Auge: den Zug zu finden, der
ihm augenblicklich den größten Nutzen bringt - auch wenn er damit
einen noch größeren Schaden provoziert!

Doch wie läuft solch ein Testzug überhaupt ab? Innerhalb der Pro-
zedur RECHNER_ZIEHT wird die Prozedur TEST_ZUG aufgerufen
(Zeile 361). Diese Prozedur verwendet das Spielfeld als Wert-
Parameter (mithin eine Kopie!) und führt nun die Operation
AUSLEEREN durch (Zeile 311), als ob es ein tatsächlicher Zug wäre.

Halt, einen kleinen, aber wichtigen Unterschied gibt es doch: in
das Home wandert nun nicht die tatsächliche Zahl der Kugeln,
sondern nur eine gewichtete Anzahl (Zeile 313 - 315). Damit ent-
scheidet sich der Rechner nur dann für einen Zug, der später
Früchte trägt, wenn der Gewinn entsprechend hoch ist - ist er es
nicht, zieht er einen schnellen (im 1. Zug in der Regel) vor.
Schaut man noch etwas genauer hin, sieht man, daß dieser Mecha-
nismus mit rekursivem Aufruf der Prozedur TEST_ZUG realisiert
worden ist (Zeilen 317 - 330). Damit ist gewährleistet, daß ein
TEST_ZUG immer nur auf einer Kopie des Spielfeldes durchgeführt
wird, wobei das Spielfeld entweder dem originären Stand entspricht
(TEST_ZUG in der Stufe 1) oder bereits durch einen oder mehrere
TEST_ZUGe verändert worden ist.

Führt auch diese Strategie zu keinen gescheiten Zug, so muß auch
in diesem Spiel wieder ein Zufallszug her: siehe hierzu die Zeilen
366 - 372.

Hier ein Ausschnitt aus einem Dialog:

.
.

```
2      2  1  8  8  9  9
       3  3  1  0 12 10      4
```

Rechnerzug Position: 6

```
3      0  1  8  8  9  9
       4  3  1  0 12 10      4
```

Du bist dran; gib Position: 3   - RETURN -

```
3      0  1  8  0  9  9
       4  3  0  0 12 10     13
```

Rechnerzug Position: 5

```
8      0  0  8  0  9  9
       0  3  0  0 12 10     13
```

Du bist dran; gib Position: 5   - RETURN -

```
3      1  2  9  0 10 10
       5  4  1  0  0 11     16
```

.
.

```
   1 PROGRAM kalah (input,output);
   2
   3 (*            K a l a h            *)
   4 (*                                *)
   5 (* Autor: Heinz-Erich Erbs   1983 *)
   6
   7 USES
   8    applestuff;
   9
  10 CONST
  11    kalah_konstante  = 6.0;
  12    anzahl_kugeln    = 72;
  13    n_anzahl_kugeln  =-72;
  14    max_spielstaerke =  5;
  15    home             =  7;
  16
  17 TYPE
  18    kardinalzahl = 0 .. maxint;
  19    spieler_typ  = (rechner,mensch);
  20    kugel_typ    = 0 .. anzahl_kugeln;
  21    pos_typ      = 1 .. home;
  22    topf_typ     = ARRAY [spieler_typ,pos_typ] OF kugel_typ;
  23
  24 VAR
  25    topf         : topf_typ;
  26    spieler      : spieler_typ;
  27    position     : pos_typ;
  28    spielstaerke : 0 .. max_spielstaerke;
  29    test_ausgabe : boolean;
  30
  31
  32 FUNCTION gegner (spieler : spieler_typ) : spieler_typ;
  33 BEGIN
  34    IF spieler = rechner
  35       THEN
  36          gegner := mensch
  37       ELSE
  38          gegner := rechner
  39 END (* Gegner *);
  40
  41
  42 PROCEDURE init;
  43 VAR
  44    i       : pos_typ;
  45    reihe   : spieler_typ;
  46    antwort : integer;
  47    c       : char;
  48
  49 PROCEDURE spielregeln_ausgeben;
  50
  51 PROCEDURE teil1;
  52 BEGIN
  53    writeln;
  54    writeln;
  55    writeln;
```

```
+----------------------------------------------------------------------+
:                                                                      :
:  56     writeln;                                                     :
:  57     writeln ('Zunaechst zeige ich Dir einmal das ',             :
:  58               'Spielfeld:');                                     :
:  59     writeln;                                                     :
:  60     writeln ('  O     o    o    o    o    o    o        ');      :
:  61     writeln ('        o    o    o    o    o    o    O  ');       :
:  62     writeln;                                                     :
:  63     writeln;                                                     :
:  64     writeln;                                                     :
:  65     writeln;                                                     :
:  66     writeln ('Das Spielfeld besteht aus zwei Reihen ',          :
:  67               'von Toepfen');                                    :
:  68     writeln ('(die obere gehoert mir, die untere Dir),');       :
:  69     writeln ('in denen sich Kugeln befinden.');                 :
:  70     writeln;                                                     :
:  71     writeln;                                                     :
:  72     readln;                                                      :
:  73     writeln;                                                     :
:  74     writeln;                                                     :
:  75     writeln ('Die Toepfe sind folgendermassen gekenn',          :
:  76               'zeichnet:');                                      :
:  77     writeln;                                                     :
:  78     writeln;                                                     :
:  79     writeln ('  H    6   5   4   3   2   1      <Ich>');         :
:  80     writeln ('        1   2   3   4   5   6    H < Du>');        :
:  81     writeln;                                                     :
:  82     writeln ('Ein Zug besteht nun darin, a l l e  Ku',          :
:  83               'geln eines');                                     :
:  84     writeln ('Topfes gleichmaessig auf die anderen ',           :
:  85               'Toepfe zu');                                      :
:  86     writeln ('verteilen. Dabei wird Kugel fuer Kugel ',         :
:  87               'gegen den');                                      :
:  88     writeln ('Uhrzeigersinn in die folgenden Toepfe ',          :
:  89               'abgelegt.');                                      :
:  90     writeln ('Ziel des Spiels ist es, moeglichst ',             :
:  91               'viele Kuugeln');                                  :
:  92     writeln ('in das eigene HOME (''H'') zu schaffen.');        :
:  93     readln;                                                      :
:  94     writeln                                                     :
:  95 END (* Teil1 *);                                                :
:  96                                                                  :
:  97                                                                  :
:  98 PROCEDURE teil2;                                                 :
:  99 BEGIN                                                            :
: 100     writeln ('Das kann man so ereichen:');                      :
: 101     writeln; writeln;                                           :
: 102     writeln ('  o Angabe eines (eigenen) Topfes; dann ',        :
: 103               'werden');                                         :
: 104     writeln ('    alle Kugeln dieses Topfes der Reihe ',        :
: 105               'nach in');                                        :
: 106     writeln ('    die folgenden Toepfe entleert.');             :
: 107     writeln ('    Kommt man dabei ueber das eigene ',           :
: 108               'HOME,');                                          :
: 109     writeln ('    so wird auch dort eine Kugel abgelegt');      :
: 110     writeln ('    (beim Gegner jedoch nicht!).');               :
:                                                                      :
+------- Kalah --------------------------------------------- 2 ------+
```

```
+----------------------------------------------------------------------+
|                                                                      |
| 111     writeln;                                                     |
| 112     readln;                                                      |
| 113     writeln;                                                     |
| 114     writeln ('  o Kann man die  l e t z t e Kugel in ',          |
| 115              'seinem HOME');                                     |
| 116     writeln ('     ablegen, so darf man nochmal ziehen.');       |
| 117     writeln;                                                     |
| 118     writeln;                                                     |
| 119     writeln ('  o Gelangt die letzte Kugel in einen ',           |
| 120              '(eigenen)');                                       |
| 121     writeln ('     l e e r e n  Topf und der gegenueber',        |
| 122              'liegende');                                        |
| 123     writeln ('     Topf (des Gegners) ist nicht ler, so ',       |
| 124              'wird der');                                        |
| 125     writeln ('      Inhalt beider Toepfe in das (eigene) ',      |
| 126              'HOME geschafft.');                                 |
| 127     readln                                                       |
| 128 END (* Teil2 *);                                                 |
| 129                                                                  |
| 130                                                                  |
| 131 BEGIN (* Spielregeln_ausgeben *)                                 |
| 132     teil1; teil2                                                 |
| 133 END (* Spielregeln_ausgeben *);                                  |
| 134                                                                  |
| 135                                                                  |
| 136 BEGIN (* Init *)                                                 |
| 137     FOR reihe := rechner TO mensch DO                            |
| 138        FOR i := 1 TO 6 DO                                        |
| 139           topf [reihe,i] := anzahl_kugeln DIV 12;                |
| 140     FOR reihe := rechner TO mensch DO                            |
| 141        topf [reihe, home] := 0;                                  |
| 142     randomize;                                                   |
| 143     IF (random MOD 2) = 0                                        |
| 144        THEN spieler := mensch                                    |
| 145        ELSE spieler := rechner;                                  |
| 146                                                                  |
| 147     writeln;                                                     |
| 148     writeln ('********** Hier ist Kalah **********');            |
| 149     writeln;                                                     |
| 150     write   ('Moechtest Du die Spielregeln sehen (J/N): ');      |
| 151     readln (c);                                                  |
| 152     IF c IN ['J','j','Y','y']                                    |
| 153        THEN                                                      |
| 154           spielregeln_ausgeben;                                  |
| 155     write ('Gib Spielstaerke des Rechners (1..',                 |
| 156           max_spielstaerke,'): ');                               |
| 157     read (antwort);                                              |
| 158                                                                  |
| 159     test_ausgabe := antwort < 0;                                 |
| 160     spielstaerke := abs (antwort) MOD                            |
| 161                           (max_spielstaerke + 1)                 |
| 162 END (* init *);                                                  |
| 163                                                                  |
| 164                                                                  |
| 165 PROCEDURE display (topf:topf_typ);                               |
|                                                                      |
+------- Kalah ---------------------------------------------- 3 ------+
```

```
166 VAR
167    i  : pos_typ;
168 BEGIN
169        writeln;
170        write (topf[rechner,home]:5,' ':3);
171        FOR i := 6 DOWNTO 1 DO
172           write (topf[rechner,i]:3);
173        writeln;
174        write (' ':8);
175        FOR i := 1 TO 6 DO
176           write (topf[mensch,i]:3);
177        writeln (topf[mensch,home]:5);
178        writeln
179 END (* Display *);
180
181
182 PROCEDURE ausleeren (VAR topf                : topf_typ;
183                      VAR am_zug              : spieler_typ;
184                      VAR position            : pos_typ;
185                      zu_verteilende_kugeln : kugel_typ);
186 VAR
187    reihe : spieler_typ;
188 BEGIN
189    topf [am_zug,position] := 0;
190    reihe := am_zug;
191
192    WHILE zu_verteilende_kugeln > 0 DO
193       BEGIN
194          CASE position OF
195             1,2,3,4,5 : position := position + 1;
196             6         : IF am_zug = reihe
197                           THEN
198                              position := home
199                           ELSE
200                              BEGIN
201                                 position := 1;
202                                 reihe := gegner(reihe)
203                              END;
204             home      : BEGIN
205                            reihe := gegner (reihe);
206                            position := 1
207                         END
208       END (* Case *);
209
210    topf [reihe,position] := topf [reihe,position] + 1;
211    zu_verteilende_kugeln := zu_verteilende_kugeln - 1
212    END;
213
214    (* auf leeres, eigenes Feld die letzte Kugel
215       abgelegt ? *)
216
217    IF (topf [reihe,position] = 1)
218          AND (am_zug = reihe)
219          AND (position <> home)
220       THEN
```

```
221              IF topf [gegner(reihe),home-position] <> 0
222                 THEN
223                    BEGIN
224                       topf [am_zug,home] := topf[am_zug,home]
225                             + topf[gegner(am_zug),
226                                home-position] + 1;
227                       topf [gegner(am_zug),home-position] := 0;
228                       topf [am_zug,position]               := 0;
229                    END (* Then *);
230     IF position = home
231        THEN (* am_zug bleibt am Zug *)
232        ELSE
233           am_zug := gegner(am_zug);
234 END (* ausleeren *);
235
236
237
238 PROCEDURE naechster_zug (VAR am_zug    : spieler_typ;
239                          VAR position : pos_typ);
240
241 FUNCTION alle_toepfe_leer (topf    : topf_typ;
242                            spieler : spieler_typ)
243                          : boolean;
244 VAR
245    leer : boolean;
246    i    : pos_typ;
247 BEGIN
248    leer := true;
249    FOR i := 1 TO 6 DO
250       leer := leer AND (topf[spieler,i] = 0);
251    alle_toepfe_leer := leer
252 END (* alle_toepfe_leer *);
253
254
255 PROCEDURE mensch_zieht (VAR position : pos_typ);
256 VAR
257    im_bereich : boolean;
258    zahl       : integer;
259 BEGIN
260    REPEAT
261       writeln; write ('Du bist dran; gib Position: ');
262       read (zahl);
263       im_bereich := zahl IN [1..6];
264       IF im_bereich
265          THEN
266             BEGIN
267                position := zahl;
268                IF topf [mensch,position] = 0
269                   THEN
270                      BEGIN
271                         im_bereich := false;
272                         writeln ('Aber in diesem Topf ',
273                                  'ist keine Kugel!');
274                      END
275                   ELSE
```

```
276                 END (* Then im_bereich *)
277             ELSE
278                 writeln ('Bitte nur zwischen 1 und 6!')
279       UNTIL im_bereich
280 END (* Mensch_zieht *);
281
282
283 PROCEDURE rechner_zieht (VAR position : pos_typ);
284 VAR
285     lauf_pos   : pos_typ;
286     stufe,
287     random     : kardinalzahl;
288     max_home   : kugel_typ;
289     max_diff   : n_anzahl_kugeln .. anzahl_kugeln;
290
291
292 PROCEDURE test_zug (topf    : topf_typ;
293                     spieler : spieler_typ;
294                     pos     : pos_typ;
295                     gewicht,
296                     stufe   : kardinalzahl);
297 VAR
298     i                   : 1..6;
299     anzahl              : kugel_typ;
300     reihe, alter_spieler : spieler_typ;
301     home_in             : kugel_typ;
302
303 BEGIN (* Test_zug *)
304     IF topf [spieler,pos] <> 0
305       THEN
306         BEGIN
307            home_in          := topf [rechner,home];
308            anzahl           := topf [spieler,pos];
309            reihe            := spieler;
310            alter_spieler    := spieler;
311            ausleeren (topf,spieler, pos, anzahl);
312
313            topf[rechner,home] := home_in
314                    + (topf[rechner,home] - home_in)
315                    DIV gewicht;
316
317            IF stufe >= spielstaerke
318              THEN (* Ende der Rekursion *)
319              ELSE (* naechste Inkarnation *)
320                BEGIN
321                  IF (spieler = alter_spieler) OR
322                     (spieler = mensch)
323                    THEN (* Gewicht bleibt dasselbe *)
324                    ELSE
325                     gewicht := round (gewicht
326                                  * kalah_konstante);
327                  FOR i := 6 DOWNTO 1 DO
328                     test_zug (topf,spieler,i,gewicht,
329                                 stufe+1);
330                END;
```

```
331
332             IF (topf [rechner,home] - topf [mensch,home])
333                            > max_diff
334               THEN
335                 BEGIN
336                   max_diff := topf[rechner,home]
337                             - topf[mensch,home];
338                   position := lauf_pos;
339                   IF test_ausgabe
340                      THEN
341                        writeln ('*** Pos=',lauf_pos,
342                                    ' Gewicht=',gewicht,
343                                     ' Home=',topf[rechner,home],
344                                      ' Max-Diff=',max_diff)
345                 END
346               ELSE (* kein besserer Zug *)
347             END (* ... <> 0 *)
348         ELSE (* ... = 0 *)
349           (* nichts zu tun *)
350 END   (* Test_zug *);
351
352
353 BEGIN (* Rechner_zieht *)
354    writeln; writeln ('----- Ich denke nach!');
355    stufe    := 1;
356    max_home := topf [rechner,home];
357    max_diff := max_home - topf[mensch,home];
358
359    FOR lauf_pos := 6 DOWNTO 1 DO
360       BEGIN
361         test_zug (topf,rechner,lauf_pos,1,stufe);
362         writeln ('       ... immer noch!')
363       END (* For *);
364
365    (* gibt's keinen gewinnbringenden Zug ? *)
366    IF max_diff = (topf [rechner,home] -
367                   topf [mensch ,home]   )
368       THEN (* fuerwahr, nichts zu holen *)
369          REPEAT (* Zufallswahl *)
370             position := random MOD 6 + 1;
371          UNTIL topf [rechner,position] <> 0
372       ELSE (* Aha, Position ist gefunden *);
373    writeln ('Rechner zieht von Position: ',position)
374 END (* Rechner_zieht *);
375
376
377 BEGIN (* Naechster_Zug *)
378    IF alle_toepfe_leer (topf,am_zug)
379       THEN
380          BEGIN
381             IF am_zug = mensch
382                THEN writeln ('Pech gehabt - Du musst',
383                                  ' passen!')
384                ELSE writeln ('Der Rechner muss passen!');
385             am_zug := gegner (am_zug)
```

```
386            END;
387
388     IF am_zug = mensch
389        THEN
390           mensch_zieht (position)
391        ELSE
392           rechner_zieht (position)
393 END (* Naechster_zug *);
394
395
396 PROCEDURE gewinner_feststellen;
397 BEGIN
398    IF topf [mensch,home] > topf [rechner,home]
399       THEN
400          writeln ('Du hast gewonnen - Gratuliere!')
401       ELSE
402          IF topf [rechner,home] > topf [mensch,home]
403             THEN
404                writeln ('Ich habe gewonnen!')
405             ELSE
406                writeln ('Kein Gewinner in diesem ',
407                         'Spiel!')
408 END (* Gewinner_feststellen *);
409
410
411 BEGIN (* K a l a h *)
412    init;
413    display(topf);
414
415    WHILE (topf[rechner,home] <= (anzahl_kugeln DIV 2))
416          AND
417          (topf[mensch,home]    <= (anzahl_kugeln DIV 2))
418          AND
419          (topf[mensch,home] + topf[rechner,home]
420                             < anzahl_kugeln) DO
421       BEGIN
422          naechster_zug (spieler,position);
423          ausleeren (topf,spieler,position,
424                     topf[spieler,position]);
425          display(topf)
426       END (* While *);
427
428    gewinner_feststellen
429 END (* Kalah *).
```

Ein Nachwort zur Computerstrategie:
Kalah hat schon mehrere Leute inspiriert, über eine Strategie
nachzudenken. Zwei davon sind:

      A. G. Bell: 'Kalah on Atlas'
                             in: Maschine Intelligence 3
                             Donald Michie (Ed.) Edinburgh 1968
      und
      Charles Wetherell: 'Game Computer Play or ...
                             A Computer Strategy for Kalah'
                             in 'Etudes for Programmers'
                             Englewood Cliffs 1978

Anregungen zum Weiterbasteln

1. Schaffen Sie eine "schöne" (wenn auch maschinenabhängige) Version von Kalah, bei der
        o das Entleeren der Behälter dynamisch vor den Augen des
          Spielers erfolgt,
        o dieser Prozeß durch entsprechendes Geräusch
          (Bohne "fällt" in den Topf) untermalt wird.

2. Die Computerstrategie ist recht einseitig: Sie ist agressiv.
   Ergänzen Sie das Programm um eine defensive Strategie (welcher
   Zug von mir führt zu dem geringsten Gewinn des Gegners). Ent-
   wickeln Sie aus beiden (Teil-)Strategien eine (gemeinsame)
   Minimax-Strategie!

For BASICians only

Kalah ist relativ einfach in eine BASIC-Version zu übertragen -
ja, wenn der rekursive Aufruf der Prozedur TEST_ZUG nicht wäre!
Diese Rekursion gilt es aufzulösen und über eine eigene Stack-
verwaltung die Spielfeldkopie zu verwalten. Oder sehen Sie eine
grundsätzlich andere Möglichkeit, Testzüge wieder rückläufig
machen zu können?

2.6   Früh übt sich, wer es zu etwas bringen will

Hamurabi

Wer wollte nicht schon immer einmal ein ganzes Volk beherrschen -
in HAMURABI kann er es: in einer (Schein-) Welt des alten Sumerien
muß sich der Spieler als guter Herrscher bewähren, der mit seinem
Landbesitz und Kornvorrat seine Bevölkerung ausreichend versorgt.
Das hört sich einfach an - ja, wenn da nicht die Ratten wären,
Seuchen, wechselnde Ernteerträge und anderes mehr.

Das Programm selber ist derart modular aufgebaut, daß es ohne
weitere Erläuterung lesbar sein sollte. Eine Sonderstellung zu den
bisherigen Programmen hat es dadurch, daß es eine zentrale Fehler-
textprozedur enthält (MELDUNG; Zeilen 63 - 108). Damit werden die
Ablaufzeilen um diese Ausgaben entlastet.

Jedes Jahr der Amtszeit des Herrschers erfolgt ein Bericht:

Hamurabi, mein Bericht zur Lage der Nation im Jahre 1:

verhungert sind	:	10
zugezogen	:	21
Bevoelkerung	:	111
Besitz an Morgen Land	:	1010
Ertrag pro Morgen	:	4
Ratten vernichteten	:	0
Bestand an Scheffeln	:	2030

Spiele dieser Art werden auch gerne als Managementspiele bezeich-
net; sie dienen dabei einerseits der Ausbildung ("Erwerb von
strategischen Handlungsmustern") und andererseits der Forschung
("Problemlösen in komplexen, schwer durchschaubaren Situationen").
Das größte Modell stellt hierfür meines Wissens Lohhausen dar,
eine Stadt, die es lediglich als Computersimulation gibt (in einem
Forschungsprojekt von Prof. Dörner entstanden).

```
   1 PROGRAM hamurabi (input, output);
   2
   3 (*        H a m u r a b i        *)
   4 (*                               *)
   5 (* Autor: Gerhard Merkle 1982 *)
   6
   7 USES
   8    applestuff;
   9
  10 TYPE
  11    fehler_typ = (getreide_zu_knapp, leute_zu_knapp,
  12                  abbruch, schande_der_nation,
  13                  land_zu_knapp);
  14    nat_zahl  = 0 .. maxint;
  15
  16 VAR
  17    jahr,
  18    bevoelkerung, anzahl_morgen, anzahl_scheffel,
  19    einwanderer,  todesfaelle,
  20    tote_gesamt, ernte_scheffel, versorgung,
  21    anzahl_ernte_scheffel, scheffel_vernichtet,
  22    ertrag_pro_morgen       : nat_zahl;
  23    proz_bevoelkerung       : real;
  24    fehler, ruecktritt              : boolean;
  25
  26
  27 FUNCTION zufall (anfang, ende:natzahl): natzahl;
  28 BEGIN
  29    zufall := random MOD (ende-anfang+1) + anfang
  30 END;
  31
  32
  33 PROCEDURE zahl_lesen (VAR zahl : nat_zahl;
  34                       VAR ruecktritt,
  35                           fehlerhafte_eingabe : boolean);
  36 BEGIN
  37    get (input);
  38    zahl := 0;
  39    fehlerhafte_eingabe  := false;
  40    WHILE NOT eoln DO
  41      BEGIN
  42        IF input^ IN ['0'..'9','*']
  43          THEN
  44            CASE input^ OF
  45              '0','1','2','3',
  46              '4','5','6','7',
  47              '8','9'  : zahl := zahl * 10 +
  48                               ord(input^) - ord('0');
  49              '*'      : ruecktritt := true
  50            END (* THEN *)
  51          ELSE
  52            BEGIN
  53              writeln;
  54              writeln ('Hier werden Ziffern gebraucht ',
  55                       '- und sonst nischt, gelle!');
```

```
 56                     fehlerhafte_eingabe  := true
 57                 END (* Else *);
 58            get (input)
 59         END;
 60 END;
 61
 62
 63 PROCEDURE meldung (typ : fehler_typ);
 64 BEGIN
 65    CASE typ OF
 66       abbruch            : BEGIN
 67    writeln;
 68    writeln ('Hamurabi. Ich kann Deine Wuensche nic',
 69              'ht mehr erfuellen.');
 70    writeln ('Besorge Dir einen neuen Verwalter!!');
 71    writeln;
 72    ruecktritt := true
 73                             END;
 74
 75       schande_der_nation : BEGIN
 76    writeln ('                              ');
 77    writeln ('Infolge dieser extremen Misswirtschaf',
 78              't, bist Du ');
 79    writeln ('nicht nur angeklagt und von Deinem ',
 80              'Amt enthoben, ');
 81    writeln ('man erklaerte Dich ausserdem noch zur');
 82    writeln (' "Schande der  N A T I O N "  !!');
 83    ruecktritt := true
 84                             END;
 85
 86       getreide_zu_knapp: BEGIN
 87    writeln ('Hamurabi, ueberlege noch einmal. Du hast ',
 88              'nur ',anzahl_scheffel,' Scheffel Korn!!');
 89    writeln;
 90    fehler := true
 91                         END;
 92
 93       land_zu_knapp :      BEGIN
 94    writeln ('Hamurabi, ueberlege noch einmal.');
 95    writeln ('Du besitzt nur ',anzahl_morgen,
 96              ' Morgen Land !!');
 97    writeln;
 98    fehler := true
 99                             END;
100
101       leute_zu_knapp :     BEGIN
102    writeln ('Hamurabi. Ueberlege noch einmal.');
103    writeln ('Du hast nur noch ',bevoelkerung,
104              ' Personen, die Ernte einzubringen !!');
105    fehler := true
106                         END
107    END (* Case *)
108 END (* Meldungen *);
109
110
```

```
+-------------------------------------------------------------------+
|                                                                   |
| 111  PROCEDURE initialisieren;                                    |
| 112  BEGIN                                                        |
| 113      randomize;                                               |
| 114      writeln ('Versuche Dein Geschick, das alte Sumerien',    |
| 115                ' in');                                        |
| 116      writeln ('einer Amtszeit von 10 Jahren erfolg',          |
| 117                'reich zu regieren.');                         |
| 118      writeln ('Wenn Du Dich vorzeitig zur Ruhe setzen ',      |
| 119                'moechtest, ');                                |
| 120      writeln ('dann gib nur "*" ein)!');                      |
| 121      writeln;                                                 |
| 122                                                               |
| 123      jahr                  := 0;                              |
| 124      tote_gesamt           := 0;                              |
| 125      todesfaelle           := 0;                              |
| 126      bevoelkerung          := 100;                            |
| 127      einwanderer           := 0;                              |
| 128      ertrag_pro_morgen     := 0;                              |
| 129      anzahl_ernte_scheffel := 3000;                           |
| 130      ernte_scheffel        := 0;                              |
| 131      scheffel_vernichtet   := 0;                              |
| 132      anzahl_scheffel       := anzahl_ernte_scheffel           |
| 133                                - scheffel_vernichtet;         |
| 134      anzahl_morgen         := 1000;                           |
| 135      ruecktritt            := false                           |
| 136  END (* Initialisieren *);                                    |
| 137                                                               |
| 138                                                               |
| 139  PROCEDURE bilanz;                                            |
| 140  BEGIN                                                        |
| 141      writeln; writeln;                                        |
| 142      writeln ('Hamurabi, mein Bericht zur Lage der ',         |
| 143                'Nation im Jahre ',jahr, ':');                 |
| 144      writeln ('----------------------------------------',     |
| 145                '-------------------');                        |
| 146      writeln;                                                 |
| 147      writeln ('verhungert sind        : ',                    |
| 148                todesfaelle:5);                                |
| 149      writeln ('zugezogen              : ',                    |
| 150                einwanderer:5);                                |
| 151      writeln ('Bevoelkerung           : ',bevoelkerung:5);    |
| 152      writeln;                                                 |
| 153      writeln ('Besitz an Morgen Land  : ',                    |
| 154                anzahl_morgen:5);                              |
| 155      writeln;                                                 |
| 156      writeln ('Ertrag pro Morgen      : ',                    |
| 157                ertrag_pro_morgen:5);                          |
| 158      writeln ('Ratten vernichteten    : ',                    |
| 159                scheffel_vernichtet:5);                         |
| 160      writeln ('Bestand an Scheffeln   : ',                    |
| 161                anzahl_scheffel:5);                            |
| 162      writeln;                                                 |
| 163      jahr := jahr + 1                                         |
| 164  END (* Bilanz *);                                           |
| 165                                                               |
|                                                                   |
+------ Hamurabi ---------------------------------------- 3 ------+
```

```
166
167 PROCEDURE land_kauf_verkauf;
168 VAR
169    kauf_morgen,
170    verkauf_morgen : nat_zahl;
171
172
173 PROCEDURE kaufen;
174 BEGIN
175    ernte_scheffel := zufall (17,26);
176    writeln;
177    writeln ('Land wird mit ',ernte_scheffel,
178             ' Scheffel pro Morgen gehandelt.');
179    write   ('-- Wieviel Morgen Land moechtest ',
180             'Du kaufen: ');
181    zahl_lesen (kauf_morgen, ruecktritt, fehler);
182    WHILE fehler DO
183       BEGIN
184          write ('Also nochmal: ');
185          zahl_lesen (kauf_morgen, ruecktritt, fehler);
186       END;
187
188    IF NOT ruecktritt AND (kauf_morgen > 0)
189       THEN
190         IF (ernte_scheffel*kauf_morgen)
191             <= anzahl_scheffel
192           THEN
193             BEGIN
194               anzahl_morgen := anzahl_morgen + kauf_morgen;
195               anzahl_scheffel := anzahl_scheffel
196                        - (ernte_scheffel * kauf_morgen);
197             END
198           ELSE
199             meldung (getreide_zu_knapp)
200 END (* Kaufen *);
201
202
203 PROCEDURE verkaufen;
204 BEGIN
205    writeln;
206    write ('-- Wieviel Morgen moechtest Du verkaufen: ');
207    zahl_lesen (verkauf_morgen, ruecktritt, fehler);
208    WHILE fehler DO
209       BEGIN
210          write ('Nochmal bitte: ');
211          zahl_lesen (verkauf_morgen,ruecktritt,fehler);
212       END (* While *);
213
214    IF (verkauf_morgen < anzahl_morgen) AND
215       (verkauf_morgen > 0)
216       THEN
217         BEGIN
218           anzahl_morgen := anzahl_morgen - verkauf_morgen;
219           anzahl_scheffel:= anzahl_scheffel
220                        + ernte_scheffel*verkauf_morgen
```

```
221          END
222 END (* Verkaufen *);
223
224
225 BEGIN (* Land_Kauf_Verkauf *)
226    kaufen;
227    IF ruecktritt
228      THEN (* nichts mehr zu tun *)
229      ELSE
230         IF kauf_morgen <= 0
231            THEN verkaufen
232            ELSE (* Kein Verkauf *)
233 END (* Land_kauf_verkauf *);
234
235
236 PROCEDURE volk_versorgen;
237 BEGIN
238    writeln;
239    writeln ('-- Wieviele Scheffel Korn moechtest ',
240             'Du der');
241    write   ('   Bevoelkerung als Nahrung geben: ');
242    zahl_lesen (versorgung, ruecktritt, fehler);
243    WHILE fehler DO
244       BEGIN
245          writeln ('Zahl falsch, neue Eingabe:');
246          zahl_lesen (versorgung, ruecktritt, fehler)
247       END (* While *);
248
249    IF( versorgung <= anzahl_scheffel) AND
250       (versorgung >= 0)
251       THEN
252          anzahl_scheffel := anzahl_scheffel - versorgung
253       ELSE
254          meldung (getreide_zu_knapp);
255 END (* Volk_versorgen *);
256
257
258 PROCEDURE land_bewirtschaften;
259 VAR
260    anzahl_ernte_scheffel,
261    land_zu_bewirtschaften : nat_zahl;
262 BEGIN
263    writeln;
264    write ('-- Wieviel Morgen Land moechtest Du',
265           ' bewirtschaften: ');
266    zahl_lesen (land_zu_bewirtschaften, ruecktritt,
267               fehler);
268    WHILE fehler DO
269       BEGIN
270          write ('Zahl falsch: neue Eingabe:');
271          zahl_lesen (land_zu_bewirtschaften,ruecktritt,
272                     fehler);
273       END (* While *);
274    ernte_scheffel    := 0;
275    ertrag_pro_morgen := 0;
```

```
 276
 277     IF land_zu_bewirtschaften <= anzahl_morgen
 278       THEN
 279         IF (land_zu_bewirtschaften DIV 2)
 280            <= anzahl_scheffel
 281           THEN
 282             IF land_zu_bewirtschaften <= (10*bevoelkerung)
 283               THEN
 284                 BEGIN
 285                   ertrag_pro_morgen := zufall(1,5);
 286                   anzahl_scheffel   := anzahl_scheffel-
 287                            trunc(land_zu_bewirtschaften/2);
 288                   anzahl_ernte_scheffel :=
 289                              land_zu_bewirtschaften
 290                               * ertrag_pro_morgen
 291                 END
 292               ELSE
 293                 meldung (leute_zu_knapp)
 294           ELSE
 295             meldung (getreide_zu_knapp)
 296       ELSE
 297         meldung (land_zu_knapp);
 298
 299     IF odd (zufall(0,1))
 300       THEN (* die Ratten waren beim Nachbarn *)
 301         scheffel_vernichtet := 0
 302       ELSE (* die Ratten haben zugeschlagen *)
 303         scheffel_vernichtet := anzahl_scheffel DIV
 304                                zufall(1,5);
 305     anzahl_scheffel := anzahl_scheffel
 306                        - scheffel_vernichtet
 307                        + anzahl_ernte_scheffel;
 308 END (* Land_bewirtschaften *);
 309
 310
 311 PROCEDURE volks_entwicklung;
 312 BEGIN
 313     (* Zuzuege nach der Regel: je reicher das Land,
 314                          desto mehr Einwanderer *)
 315     einwanderer := trunc(zufall(0,9) / (bevoelkerung * 100)
 316                   * (20 * anzahl_morgen + anzahl_scheffel)
 317                   + 1);
 318
 319     (* Wieviele sind satt geworden? *)
 320     IF bevoelkerung < (versorgung DIV 20)
 321       THEN (* alle satt *)
 322         todesfaelle := 0
 323       ELSE (* es hat nicht gereicht *)
 324         BEGIN
 325           todesfaelle := bevoelkerung -
 326                          (versorgung DIV 20);
 327           proz_bevoelkerung := (jahr * proz_bevoelkerung
 328                         + todesfaelle * 100
 329                         / bevoelkerung)
 330                         / (jahr + 1);
```

```
331                     If todesfaelle > (0.45*bevoelkerung)
332                       THEN
333                         BEGIN
334                           writeln ('Du hast ',todesfaelle,
335                                     ' Person(en) in',
336                                     ' 1 Jahr verhungern lassen.');
337                           meldung (schande_der_nation)
338                         END
339                       ELSE
340                         BEGIN
341                           bevoelkerung := versorgung DIV 20;
342                           tote_gesamt := tote_gesamt +
343                                           todesfaelle;
344                           IF zufall(1,100) <= 15
345                             THEN (* in 15 % aller Faelle *)
346                               BEGIN
347                                 bevoelkerung :=
348                                       bevoelkerung DIV 2;
349                                 writeln;
350                                 writeln ('Eine schreckliche Seuche ',
351                                           'schlug zu!');
352                                 writeln ('Die Haelfte der Bevoel',
353                                           'kerung starb.');
354                                 writeln;
355                               END (* Then *)
356                         END (* Else *)
357                     END (* Else *);
358         bevoelkerung := bevoelkerung + einwanderer
359 END (* Volks_Entwicklung *);
360
361
362 PROCEDURE gesamt_bilanz;
363 VAR
364     morgenindex       : real;
365
366
367 PROCEDURE statistik;
368 BEGIN
369     writeln; writeln;
370     writeln ('In Deiner ',jahr:2,'-jaehrigen Amtszeit ',
371               'hast Du im');
372     writeln ('Durchschnitt ',trunc(proz_bevoelkerung+0.5),
373               ' % Deiner Bevoelkerung verhungern lassen.');
374     writeln ('Insgesamt starben ', tote_gesamt,
375               ' Personen.');
376     morgenindex := anzahl_morgen / bevoelkerung;
377     writeln;
378     writeln ('Deine Amtszeit begann mit 10 Morgen',
379               ' pro Einwohner');
380     writeln ('und endete mit ',trunc(morgenindex+0.5),
381               ' Morgen pro Einwohner.');
382     writeln
383 END (* Statistik *);
384
385
```

```
386 PROCEDURE wertung;
387 BEGIN
388    IF (proz_bevoelkerung > 33) OR (morgenindex < 7)
389       THEN
390         (* der Fall ist schon abgehandelt *)
391       ELSE
392         IF (proz_bevoelkerung > 10) OR
393            (morgenindex < 9)
394           THEN
395             BEGIN
396               writeln ('Du bist schon ein ganz schoen',
397                            ' brutaler Herrscher!');
398               writeln ('Nero und Iwan der Schreckliche ',
399                            'wuerden vor Neid erblassen,');
400               writeln ('wenn sie Deine Untaten sehen ',
401                            'koennten.');
402               writeln
403             END
404           ELSE
405             IF (proz_bevoelkerung > 3) OR
406                (morgenindex < 10)
407               THEN
408                 BEGIN
409                   writeln ('Deine Leistung war so toll ',
410                                'nun gerade nicht.');
411                   writeln ('Aber es haette schlimmer',
412                                ' kommen koennen.');
413                   writeln;
414                   writeln (trunc(bevoelkerung
415                                *0.08*zufall(1,10)),
416                                ' Personen wuerden Dich ',
417                                'liebend gern ermordet sehen,');
418                   writeln ('aber troeste Dich, wir alle ',
419                                'haben unsere kleinen Probleme.')
420                 END (* Then *)
421               ELSE
422                 BEGIN
423                     writeln ('Eine tolle Leistung!');
424                     writeln ('Karl der Grosse, Disreali',
425                                  ' und Jeffersen zusammen');
426                     writeln ('haetten diese Aufgabe ',
427                                  'nicht besser bewaeltigt. ')
428                 END (* Else *)
429 END (* Wertung *);
430
431
432 BEGIN (* Gesamt_Bilanz *)
433    IF jahr = 0
434      THEN
435        writeln ('Nana, ein Jaehrchen wenigstens waere ',
436                    'doch drin gewesen ...')
437      ELSE
438        BEGIN
439          statistik;
440          wertung
```

```
+------------------------------------------------------------------+
:                                                                  :
: 441           END (* Else *)                                     :
: 442 END (* Gesamt_bilanz *);                                     :
: 443                                                              :
: 444                                                              :
: 445 BEGIN (* Hamurabi *)                                         :
: 446    initialisieren;                                          :
: 447                                                              :
: 448    REPEAT                                                    :
: 449       bilanz;                                                :
: 450       REPEAT                                                 :
: 451          land_kauf_verkauf                                   :
: 452       UNTIL NOT fehler;                                      :
: 453       IF NOT ruecktritt                                      :
: 454          THEN REPEAT                                         :
: 455                  volk_versorgen                              :
: 456               UNTIL NOT fehler;                              :
: 457       IF NOT ruecktritt                                      :
: 458          THEN REPEAT                                         :
: 459                  land_bewirtschaften                         :
: 460               UNTIL NOT fehler;                              :
: 461       IF NOT ruecktritt                                      :
: 462          THEN REPEAT                                         :
: 463                  volks_entwicklung                           :
: 464               UNTIL NOT fehler;                              :
: 465 UNTIL ruecktritt;                                            :
: 466                                                              :
: 467    gesamt_bilanz                                             :
: 468 END (* Hamurabi *).                                          :
:                                                                  :
+------- Hamurabi --------------------------------------- 9 ------+
```

Anregungen zum Weiterbasteln

1. HAMURABI stellt nur das Grundmodell eines Management-
   Strategie-Spiels dar. Fügen Sie in dieses Spiel noch weitere
   Faktoren ein, z. B.
       o das Wetter mit Auswirkungen auf die Ernte (mit Unwetter,
         wie Hagel, Blitz etc.)
       o der Wasserstand des einzigen Flusses des Landes (ebenso
         mit Auswirkungen auf die Ernte, aber auch wichtig für die
         Wasserversorgung der Bevölkerung)
       o die Verteidigung des Landes gegen Eindringlinge (oder auch
         imperialistische Kriege?)

2. Übertragen Sie die grundsätzliche Struktur von HAMURABI auf
   eine Firma mit den Faktoren
       o Maschinen
       o Arbeitskräfte
       o Lagerstätten
       o Rohstoffe
       o Kapital (Kredite, Guthaben, Anlagen)
       o Absatzmöglichkeiten am Markt
   Sollten Sie noch weitere Anregungen dazu benötigen, so schauen
   Sie sich einmal in der Literatur zum Thema 'Problemlösen in
   komplexen Situationen' um!

Mondlandung

In keiner ernstzunehmenden Spielesammlung darf das klassische
Spiel MONDLANDUNG fehlen - also auch in dieser nicht. Die grundlegenden Bewegungsgleichungen lassen sich dem Programm-Listing
entnehmen; wer mehr Hintergrundinformationen möchte, der sehe sich
z. B. die Erläuterungen zu den Spielen CRASH oder LUNAR in
'101 BASIC Games' an.

Wie läuft also eine MONDLANDUNG ab?

```
***** Mondlandung *****
Bodenkontrolle ruft Raumschiff.
Boden- und Bordcomputer ausgefallen. Bitte uebernehmen !!!

Kapselgewicht 16000 kg - vorhandener Treibstoff 16000 kg.
Geschaetzte Zeit bis zum Aufschlag: 110 Sekunden.

Gib die Brennrate fuer die Bremsraketen zwischen 0 und 300
kg=sec ein und gib dann die Brenndauer an, mindestens
1 Sekunde.

(Die Brennrate ist die Menge Treibstoff,
die die Bremsraketen pro Sekunde verbrauchen.
Mit der Brenndauer gibst du an, wieviele
Sekunden die Bremsraketen mit dieser Brennrate laufen).

sec    km + m       km/h      kg Treibstoff
 0     120  0.0    3600.00     16000.0
 .
 .
Gib Brennrate und Brenndauer: 0 30    - RETURN -
sec    km + m       km/h      kg Treibstoff
 30     89 271.0    3774.96     16000.0
 .
 .
Gib Brennrate und Brenndauer:
 .
 .
```

--- Treibstoff verbraucht nach 175.18 Sekunden

Bodenkontakt nach 429.38 sec
Auftreffgeschwindigkeit 1285.53 km/h

Bruchlandung - keine Ueberlebenden!
Du hast einen neuen Mondkrater von 66.847 m Tiefe
geschaffen.

So oder so ähnlich ergeht es den meisten Spielern von MONDLANDUNG,
und das sogar eine geraume Zeit. Wer auch nach mehreren Stunden
des Spielens nicht über eine "harte, aber akzeptable" Landung
hinausgekommen ist, dem seien gleich hier die Steuerungseingaben
einer "phantastischen" Landung gezeigt (es geht also doch ...):

Brennrate	Brenndauer
0	70
200	40
300	17
200	2
100	3
151	15

```
 1 PROGRAM mondlandung (input,output);
 2
 3 (*  M o n d l a n d u n g  *)
 4 (*                         *)
 5 (* Autor: M. Liefland 1983 *)
 6
 7
 8 USES
 9    transcend;
10
11 CONST   kapsel_gewicht = 16000;
12         g               =     0.00162;
13           (* km/sec*sec Mondschwerebeschleunigung *)
14         z               =     1.8;
15           (* km/sec Ausstossgeschwindigkeit   *)
16         mindauer        =     1;
17         minrate         =     0;
18         maxrate         =   300;
19
20 VAR     rate, dauer                 :   integer;
21         brenn_rate, masse, laufzeit,
22         alte_geschwindigkeit,
23         neue_geschwindigkeit,
24         alte_hoehe, neue_hoehe,
25         letztes_intervall           :   real;
26
27
28 FUNCTION wurzel (x : real) : real;
29 BEGIN
30    IF x < 0
31      THEN
32         wurzel := 0
33      ELSE
34         wurzel := sqrt (x)
35 END (* Wurzel *);
36
37
38 PROCEDURE initialisieren;
39 BEGIN
40    writeln; writeln;
41    writeln (' ':15,'***** Mondlandung *****');
42    writeln;
43    writeln ('Bodenkontrolle ruft Raumschiff.');
44    writeln ('Boden- und Bordcomputer ausgefallen. Bitte',
45             ' uebernehmen !!!');
46    writeln;
47    writeln ('Kapselgewicht ',kapsel_gewicht,' kg - ',
48          'vorhandener Treibstoff ',kapsel_gewicht,' kg.');
49    writeln ('Geschaetzte Zeit bis zum Auf',
50             'schlag: 110 Sekunden.');
51    writeln;
52    writeln ('Gib die Brennrate fuer die Bremsraketen ',
53             'zwischen ',minrate,
54             ' und ', maxrate,' kg/sec ein');
55    writeln ('und gib dann die Brenndauer an, mindestens ',
```

```
  56                     mindauer,' Sekunde.');
  57     writeln;
  58     writeln ('(Die Brennrate ist die Menge Treibstoff,');
  59     writeln ('die die Bremsraketen pro Sekunde ',
  60                'verbrauchen.');
  61     writeln ('Mit der Brenndauer gibst du an, wieviele');
  62     writeln ('Sekunden die Bremsraketen mit dieser ',
  63                'Brennrate laufen.)');
  64     writeln;
  65
  66     laufzeit               :=       0; (* sec    *)
  67     alte_hoehe             :=     120; (* km     *)
  68     neue_hoehe             :=     120; (* km     *)
  69     alte_geschwindigkeit   :=       1; (* km/sec*)
  70     masse                  :=   32000; (* kg     *)
  71 END (* initialisieren *);
  72
  73 PROCEDURE ausdruck;
  74 BEGIN
  75     writeln (' sec      km  +  m        km/h        kg ',
  76                'Treibstoff   ');
  77     writeln (trunc(laufzeit):4,trunc(alte_hoehe):8,
  78              (alte_hoehe-trunc(alte_hoehe))*1000:8:1,
  79              3600*alte_geschwindigkeit:12:4,
  80              masse-kapsel_gewicht:17:1)
  81 END (* Ausdruck *);
  82
  83
  84 PROCEDURE eingabe (VAR rate, dauer : integer);
  85 BEGIN
  86     writeln;
  87     write ('Gib Brennrate und Brenndauer: ');
  88     readln (rate,dauer);
  89     writeln;
  90
  91     WHILE (rate < minrate) OR (rate > maxrate) OR
  92           (dauer < mindauer)                        DO
  93       BEGIN
  94         write ('Gib Brennrate und Brenndauer: ');
  95         readln (rate,dauer)
  96       END (* While *)
  97 END (* Eingabe *);
  98
  99
 100 PROCEDURE aktuelle_werte;      (* berechnet die aktuellen *)
 101                                (* positionsdaten *)
 102 BEGIN  (* aktuelle_werte *)
 103
 104    laufzeit := laufzeit + letztes_intervall;
 105    masse    := masse - letztes_intervall * brenn_rate;
 106    IF masse - kapsel_gewicht < 0
 107       THEN
 108          masse := kapsel_gewicht ;
 109    alte_hoehe            := neue_hoehe;
 110    alte_geschwindigkeit := neue_geschwindigkeit
```

```
111 END   (* aktuelle_werte *);
112
113
114 PROCEDURE variablen; (* berechnet q, neue hoehe,
115                            neue geschwindigkeit *)
116 VAR  q : real;   (* quotient(massevorher-massenachher)/
117                        massevorher *)
118 BEGIN  (* variablen *)
119    q := letztes_intervall * brenn_rate / masse ;
120    IF q <= 0.000001
121      THEN q := O ;
122    neue_geschwindigkeit := alte_geschwindigkeit
123             + g * letztes_intervall
124             - z * q * (1+q*(0.5+q*(1/3+q*(0.25+q/5)))) ;
125    neue_hoehe := alte_hoehe
126             - g * letztes_intervall
127                 * letztes_intervall/2
128             - alte_geschwindigkeit*letztes_intervall
129             + z*letztes_intervall*q
130                 *(0.5+q*(1/6+q*(1/12+q/20)))
131 END   (* variablen *);
132
133 PROCEDURE hoch_runter;
134 (* alte_geschwindigkeit > 0, neue_geschwindigkeit < O *)
135 VAR
136    w : real;
137 BEGIN
138    w := (1 - masse * g / (z * brenn_rate)) / 2 ;
139    letztes_intervall := masse * alte_geschwindigkeit
140                  / (z * brenn_rate * (w
141                      + wurzel(w*w+alte_geschwindigkeit/z)))
142                  + 0.5;
143    aktuelle_werte;
144    IF neue_hoehe > O
145      THEN
146        BEGIN
147          aktuelle_werte;
148          IF (neue_geschwindigkeit <= O)
149             AND (alte_geschwindigkeit > O)
150            THEN  hoch_runter;
151        END (* Then *)
152 END (* hoch_runter *);
153
154 PROCEDURE ein_intervall;
155 BEGIN
156    letztes_intervall := dauer ;
157    brenn_rate := rate ;
158    IF masse < kapsel_gewicht+letztes_intervall*brenn_rate
159        THEN (* Rest Treibstoff verbrauchen *)
160          letztes_intervall := (masse-kapsel_gewicht)
161                                / brenn_rate;
162    variablen;
163    IF alte_geschwindigkeit <= O
164      THEN  aktuelle_werte    (* Kapsel steigt *)
165      ELSE
```

```
166            IF neue_geschwindigkeit < 0
167               THEN  hoch_runter
168               ELSE  aktuelle_werte
169 END (* Ein_Intervall *);
170
171
172 PROCEDURE landung;
173 VAR
174    auftreff_geschwindigkeit : real ;    (* in km/h *)
175
176 PROCEDURE landezeit;
177 VAR
178    d : real;
179 BEGIN
180    WHILE letztes_intervall > 0.005
181    DO BEGIN
182       d := alte_geschwindigkeit
183             + wurzel (alte_geschwindigkeit
184                * alte_geschwindigkeit
185                + 2*alte_hoehe*(g-z*brenn_rate/masse)) ;
186       letztes_intervall := 2*alte_hoehe/d ;
187       variablen ;
188       aktuelle_werte ;
189    END (* while letztes_intervall>0.005 *);
190 END (* landezeit *);
191
192 BEGIN
193    IF masse - kapsel_gewicht < 0.001 (* treibstoff alle *)
194      THEN
195        BEGIN
196          writeln;
197          writeln ('--- Treibstoff verbraucht nach '
198                    ,laufzeit:4:2,' Sekunden');
199          letztes_intervall := (-alte_geschwindigkeit+
200                               wurzel(alte_geschwindigkeit*
201                               alte_geschwindigkeit
202                               +2*alte_hoehe*g))/g ;
203          alte_geschwindigkeit := alte_geschwindigkeit
204                               +g*letztes_intervall ;
205          laufzeit := laufzeit + letztes_intervall ;
206        END (* Then *);
207
208    auftreff_geschwindigkeit := alte_geschwindigkeit
209                               * 3600;
210    writeln;
211    IF auftreff_geschwindigkeit < 0
212      THEN
213        auftreff_geschwindigkeit :=
214                abs(auftreff_geschwindigkeit)
215              - trunc(abs(auftreff_geschwindigkeit)) ;
216    writeln ('Bodenkontakt nach ',laufzeit:4:2, ' sec');
217    writeln ('Auftreffgeschwindigkeit ',
218            auftreff_geschwindigkeit:7:2,' km/h');
219    writeln;
220
```

```
221     IF auftreff_geschwindigkeit <= 1.2
222       THEN
223         writeln ('Phantastische Landung !!!')
224       ELSE
225         IF auftreff_geschwindigkeit <= 10
226           THEN
227             writeln ('Gute Landung. ')
228           ELSE
229             IF auftreff_geschwindigkeit <= 60
230               THEN
231                 BEGIN
232                   writeln ('Kapsel beschaedigt. Du bist ',
233                             'gestrandet.');
234                   writeln ('Hoffentlich hast du genug ',
235                             'Sauerstoff, bis Rettung kommt!.')
236                 END (* then *)
237               ELSE
238                 BEGIN
239                   writeln ('Bruchlandung - keine Ueber',
240                             'lebenden!');
241                   writeln ('Du hast einen neuen Mondkrater',
242                             ' von ',auftreff_geschwindigkeit
243                                   * 0.052:5:3,
244                             ' m Tiefe geschaffen.')
245                 END (* Else *)
246 END   (* landung *);
247
248
249
250 BEGIN (* Mondlandung *)
251    initialisieren;
252
253    WHILE (neue_hoehe > 0) AND
254          (masse - kapsel_gewicht > 0.001) DO
255      BEGIN
256        ausdruck;
257        eingabe (rate,dauer);
258        ein_intervall
259      END (* While *);
260
261    landung
262 END (* Mondlandung *).
```

Anregungen zum Weiterbasteln

1. Das Programm MONDLANDUNG schreit geradezu danach, eine
   grafische (und akustische) Komponente zu bekommen. So pflegen
   z. B. die Spiele des SPACE INVADER-Zuschnitts alle Aktionen
   (insbesondere das Vernichten von gegnerischen Raumschiffen) mit
   Geräuschen zu untermalen.

2. Sehen Sie Erschwernisse vor:
   a) Es läuft ab einem zufälligen Zeitpunkt z Treibstoff in
      kontinuierlicher Menge m aus (das verstärkt die Streß-
      situation!).
   b) Meteoriteneinschlag - eine Treibstoffkammer ist ausgelaufen
      (der Vorrat wird damit halbiert).
   c) Die Sauerstoffversorgung ist ausgefallen - die Atemluft
      reicht nur noch für 5 Sekunden!

For BASICians only

Keine Probleme bei dem Landeanflug auf die BASIC-Variante! Man
merkt diesem Pascal-Programm doch an vielen Stellen seine Abstam-
mung an ...

Roentgen

In einem "Kasten mit den Ausmaßen 8 * 8 sind einige Kristalle versteckt. Mit Hilfe von Roentgenstrahlen können Sie testen, wo diese
Kristalle sind - denn:

- o trifft der Strahl einen Kristall direkt, so wird er
  absorbiert,
- o trifft er auf zwei Kristalle, die rechts und links liegen
  (oder direkt diagonal rechts und links),
  so wird er an die Ausgangsstelle reflektiert,
- o liegt ein Kristall direkt diagonal,
  so wird der Strahl im rechten Winkel reflektiert.

Das sehen wir uns einmal an:

```
                        o   b   e   n
                 1   2   3   4   5   6   7   8
            8    .   .   .   .   .   .   .   .    8
            7    *   .   .   *   .   .   .   .    7
            6    .   .   .   .   .   .   .   .    6
            5    .   .   .   .   .   .   .   .    5
  links     4    .   .   .   .   .   .   .   .    4    rechts
            3    .   .   .   .   .   *   .   .    3
            2    .   .   .   .   .   .   .   .    2
            1    .   .   .   .   .   *   .   .    1
                 1   2   3   4   5   6   7   8
                        u   n   t   e   n
```

Ein Strahl von (links,2) tritt in (links,2) wieder aus: Er wird
an den beiden Kristallen K3 (3,6) und K1 (1,6) reflektiert.
Ein Strahl von (unten,4) wird vom Kristall K2 (7,4) absorbiert.
Ein Strahl von (oben,7) tritt in (rechts,4) wieder aus: Er wird
von Kristall K3 (3,6) im rechten Winkel reflektiert.

Und es kommt noch ärger: Ein Strahl von (unten,3) tritt in
(unten,2) wieder aus: Er wird zunächst von K2 (7,4) und dann von
K1 (7,1) im rechten Winkel reflektiert.

Und genau diese mehrfachen Kontakte mit Kristallen machen die
Berechnung eines Strahlverlaufs unmöglich. Damit bleibt dem
Algorithmus nichts anderes übrig, als sich Schritt für Schritt von
der Eintrittsstelle seinen Weg zu bahnen und das Umfeld nach
Kristallen abzusuchen, die die Richtung des Strahls verändern
könnten. Diese Aufgabe übernimmt nun im Programm die Prozedur SPUR
(Zeilen 194 - 308). In ihr werden alle Fälle (wie oben beschrieben) abgehandelt und entsprechend die neue Richtung und/oder die
neue Position ermittelt.

Ist der Strahl am Rand angelangt (das prüft die Prozedur AM_RAND),
so ist kein weiterer Schritt nötig; ist er noch nicht am Rand, so
ruft sich die Prozedur SPUR erneut (und damit rekursiv) auf
(Zeile 305).

Nun zur Eingabe des Spielers; sie erfolgt in zwei Stufen:

    1. Auswahl der Funktion aus einem Menü:
        Was nun (R/K/S/A/?): ?   - RETURN -
        Zugelassene Eingaben:
            R(oentgenstrahl abgeben
            K(ristall raten
            S(top
            A(usgabe des Kastens

        Was nun (R/K/S/A/?):

    2. Abgabe des Roentgenstrahls:
        In welchem Bereich (O/R/L/U): O   - RETURN -
        An welcher Stelle (1 .. 8) : 1   - RETURN -
      oder Kristall raten
        Gib Zeile : 3   - RETURN -
        Gib Spalte : 3   - RETURN -

```
   1 PROGRAM roentgen (input,output);
   2
   3 (*      R o e n t g e n     *)
   4 (*                          *)
   5 (* Autor: H.E. Erbs  1983 *)
   6
   7 USES applestuff;
   8
   9 CONST
  10     n        = 8;
  11     n_plus_1 = 9;
  12
  13 TYPE
  14     lauf_typ    = 1 .. n;
  15     plus_typ    = 0 .. n_plus_1;
  16     element_typ = RECORD
  17                      kristall,
  18                      bereits_entdeckt : boolean
  19                   END (* Record *);
  20     kasten_typ = ARRAY [plus_typ,plus_typ] OF element_typ;
  21
  22 VAR
  23     anzahl_kristalle : lauf_typ;
  24     kasten           : kasten_typ;
  25     noch_lust        : boolean;
  26
  27 PROCEDURE spiel_erklaerung (VAR anzahl    : lauf_typ;
  28                             VAR noch_lust : boolean);
  29 (* liest (neben Ausgabe der Spielerklaerung) die
  30    Anzahl der zu versteckenden Kristalle ein      *)
  31
  32 VAR
  33     zahl    : integer;
  34     antwort : char;
  35
  36
  37 PROCEDURE ausgabe_spiel_erklaerung;
  38
  39 BEGIN
  40     writeln;
  41     writeln ('In einem "Kasten" mit den Ausmassen ',n,
  42              'x',n,' sind einige Kristalle versteckt.');
  43     writeln ('Mithilfe von Roentgenstrahlen koennen Sie',
  44              ' testen, wo diese Kristalle sind -');
  45     writeln ('denn:');
  46     writeln;
  47     writeln (' o trifft der Strahl einen Kristall ',
  48              'direkt, so wird er absorbiert,');
  49     writeln;
  50     writeln (' o trifft er auf zwei Kristalle,',
  51              ' die rechts und links liegen');
  52     writeln ('    (oder direkt diagonal rechts und ',
  53              ' links),');
  54     writeln ('    so wird er an die Ausgangsstelle ',
  55              'reflektiert,');
```

```
 56     writeln;
 57     writeln (' o liegt ein Kristall direkt diagonal,');
 58     writeln ('   so wird der Strahl im rechten ',
 59                    'Winkel reflektiert.');
 60     writeln
 61 END  (* Ausgabe_Spiel_Erklaerung *);
 62
 63
 64 BEGIN
 65     writeln;
 66     writeln (' R o e n t g e n');
 67     writeln;
 68     write   ('Wollen Sie eine Spielerklaerung (J/N)?');
 69     readln (antwort);
 70     IF antwort IN ['J','j']
 71        THEN
 72           ausgabe_spiel_erklaerung
 73        ELSE
 74           (* nix zu tun *);
 75
 76     write ('Wieviele Kristalle sollen versteckt werden?');
 77     readln (zahl);
 78     WHILE NOT (zahl IN [1..n]) DO
 79        BEGIN
 80           writeln ('Bitte geben Sie nur eine Zahl',
 81                    ' zwischen 1 und ',n,' ein!');
 82           readln (zahl)
 83        END (* While *);
 84     anzahl    := zahl;
 85     noch_lust := true
 86 END (* Spiel_Erklaerung *);
 87
 88
 89 PROCEDURE kristalle_verstecken (VAR kasten : kasten_typ;
 90                                     anzahl : lauf_typ);
 91 (* Die Kristalle werden zufaellig in dem Kasten
 92     verteilt                                       *)
 93
 94 VAR
 95     zeile,
 96     spalte  : plus_typ;
 97     kristall : lauf_typ;
 98
 99 BEGIN
100     FOR zeile := 0 TO n_plus_1 DO
101        FOR spalte := 0 TO n_plus_1 DO
102           WITH kasten [zeile,spalte] DO
103              BEGIN
104                 kristall         := false;
105                 bereits_entdeckt := false
106              END (* With *);
107
108     randomize;
109     FOR kristall := 1 TO anzahl DO
110        BEGIN
```

```
 111             REPEAT
 112                 zeile  := random MOD n + 1;
 113                 spalte := random MOD n + 1
 114              UNTIL NOT kasten [zeile,spalte] .kristall;
 115              kasten [zeile,spalte] .kristall := true
 116           END
 117 END   (* Kristalle_verstecken *);
 118
 119
 120 PROCEDURE kasten_ausgeben (kasten   : kasten_typ;
 121                            spicken : boolean);
 122
 123 (* Protokoll der Situation im Kasten am Terminal *)
 124
 125 CONST
 126    breite = 4;
 127
 128 VAR
 129    zeile, spalte : lauf_typ;
 130
 131 BEGIN
 132    writeln;
 133    writeln ('o b e n':37);writeln;
 134    write (' ':breite+12);
 135    FOR spalte := 1 TO n DO
 136       write (spalte:breite);
 137    writeln; writeln;
 138    FOR zeile := n DOWNTO 1 DO
 139       BEGIN
 140          IF zeile = n DIV 2
 141             THEN write (' l i n k s  ', zeile:breite)
 142             ELSE write (zeile:breite+12);
 143          FOR spalte := 1 TO n DO
 144             WITH kasten [zeile,spalte] DO
 145                IF (kristall AND bereits_entdeckt) OR
 146                   (kristall AND spicken)
 147                   THEN write ('*':breite)
 148                   ELSE write ('.':breite);
 149          write (zeile:breite);
 150          IF zeile = n DIV 2
 151             THEN writeln ('   r e c h t s')
 152             ELSE writeln
 153       END (* For *);
 154    writeln;
 155    write (' ':breite+12);
 156    FOR spalte := 1 TO n DO
 157       write (spalte:breite);
 158    writeln; writeln;
 159    writeln ('u n t e n':37);
 160    writeln
 161 END (* Kasten_ausgeben *);
 162
 163
 164 PROCEDURE aktion_erfragen_und_ausfuehren
 165                           (VAR kasten   : kasten_typ;
```

```
166                                   VAR noch_lust : boolean);
167
168 (* liest die aktuelle Aktion von input und fuehrt
169    sie aus                                            *)
170
171 VAR
172    antwort : char;
173
174
175 PROCEDURE strahl_abgeben;
176
177 TYPE
178    strahl_typ = RECORD
179                      bereich : char;
180                      stelle  : lauf_typ
181                 END;
182    richt_typ  = (nach_oben, nach_unten, nach_rechts,
183                  nach_links);
184
185 VAR
186    absorbiert : boolean;
187    zeile,
188    spalte     : lauf_typ;
189    richtung   : richt_typ;
190    eintritt,
191    austritt   : strahl_typ;
192
193
194 PROCEDURE spur  (VAR richtung   : richt_typ;
195                  VAR z,s        : lauf_typ;
196                  VAR absorbiert : boolean);
197
198 FUNCTION am_rand (richtung      : richt_typ;
199                   zeile ,spalte : lauf_typ) : boolean;
200 BEGIN
201    CASE richtung OF
202       nach_oben   : am_rand := zeile  = n;
203       nach_unten  : am_rand := zeile  = 1;
204       nach_rechts : am_rand := spalte = n;
205       nach_links  : am_rand := spalte = 1
206    END (* Case *)
207 END (* Am_Rand *);
208
209
210 FUNCTION zwei_begleiter (richtung   : richt_typ;
211                          zeile,spalte : lauf_typ) : boolean;
212 BEGIN
213    CASE richtung OF
214       nach_oben, nach_unten  : zwei_begleiter :=
215                     kasten [zeile,spalte-1] .kristall
216                 AND kasten [zeile,spalte+1] .kristall;
217       nach_rechts, nach_links :zwei_begleiter :=
218                     kasten [zeile-1,spalte] .kristall
219                 AND kasten [zeile+1,spalte] .kristall
220    END (* Case *)
```

```
+--------------------------------------------------------------+
|                                                              |
| 221 END (* Zwei_Begleiter *);                                |
| 222                                                          |
| 223                                                          |
| 224 FUNCTION links_diagonal (richtung : richt_typ;           |
| 225                          z,s       : lauf_typ) : boolean;|
| 226 BEGIN                                                    |
| 227    CASE richtung OF                                      |
| 228       nach_unten : links_diagonal :=                     |
| 229                     kasten [zeile-1,spalte+1] .kristall; |
| 230       nach_oben  : links_diagonal :=                     |
| 231                     kasten [zeile+1,spalte-1] .kristall; |
| 232       nach_rechts: links_diagonal :=                     |
| 233                     kasten [zeile+1,spalte+1] .kristall; |
| 234       nach_links : links_diagonal :=                     |
| 235                     kasten [zeile-1,spalte-1] .kristall  |
| 236    END (* Case *)                                        |
| 237 END (* links_diagonal *);                                |
| 238                                                          |
| 239                                                          |
| 240 FUNCTION rechts_diagonal (richtung : richt_typ;          |
| 241                           z,s       : lauf_typ) : boolean;|
| 242 BEGIN                                                    |
| 243    CASE richtung OF                                      |
| 244       nach_unten : rechts_diagonal :=                    |
| 245                     kasten [zeile-1,spalte-1] .kristall; |
| 246       nach_oben  : rechts_diagonal :=                    |
| 247                     kasten [zeile+1,spalte+1] .kristall; |
| 248       nach_rechts: rechts_diagonal :=                    |
| 249                     kasten [zeile-1,spalte+1] .kristall; |
| 250       nach_links : rechts_diagonal :=                    |
| 251                     kasten [zeile+1,spalte-1] .kristall  |
| 252    END (* Case *)                                        |
| 253 END (* rechts_diagonal *);                               |
| 254                                                          |
| 255                                                          |
| 256 BEGIN (* Spur *)                                         |
| 257    IF kasten [z,s] .kristall                             |
| 258      THEN                                                |
| 259        absorbiert := true                                |
| 260      ELSE                                                |
| 261        BEGIN                                             |
| 262          IF zwei_begleiter (richtung,z,s) OR             |
| 263             (links_diagonal (richtung,z,s) AND           |
| 264              rechts_diagonal (richtung,z,s)    )         |
| 265            THEN                                          |
| 266              CASE richtung OF                            |
| 267                nach_unten : richtung := nach_oben;       |
| 268                nach_oben  : richtung := nach_unten;      |
| 269                nach_rechts: richtung := nach_links;      |
| 270                nach_links : richtung := nach_rechts      |
| 271              END (* Case *)                              |
| 272            ELSE                                          |
| 273              IF links_diagonal (richtung,z,s)            |
| 274                THEN                                      |
| 275                  CASE richtung OF                        |
|                                                              |
+------ Roentgen -------------------------------------- 5 -----+
```

```
276                      nach_unten : richtung := nach_links;
277                      nach_oben  : richtung := nach_rechts;
278                      nach_rechts: richtung := nach_unten;
279                      nach_links : richtung := nach_oben
280                   END (* Case *)
281                 ELSE
282                   IF rechts_diagonal (richtung,z,s)
283                     THEN
284                       CASE richtung OF
285                         nach_unten : richtung := nach_rechts;
286                         nach_oben  : richtung := nach_links;
287                         nach_rechts: richtung := nach_oben;
288                         nach_links : richtung := nach_unten
289                       END (* Case *)
290                     ELSE
291                       (* nichts im Wege *);
292
293             IF am_rand (richtung,z,s)
294               THEN
295                 (* Ende der Rekursion *)
296               ELSE
297                 BEGIN
298                   CASE richtung OF
299                     nach_unten : z := z - 1;
300                     nach_oben  : z := z + 1;
301                     nach_rechts: s := s + 1;
302                     nach_links : s := s - 1
303                   END (* Case *);
304
305                   spur (richtung,z,s,absorbiert)
306                 END (* noch'n Schritt *)
307         END (* Diagonal- und Begleiter-Test *)
308 END   (* Spur *) ;
309      .
310
311 BEGIN (* Strahl_abgeben *)
312     WITH eintritt DO
313         BEGIN
314           REPEAT
315             write ('In welchem Bereich (O/R/U/L):');
316             readln (bereich);
317             CASE bereich OF
318                'O', 'o' : richtung := nach_unten;
319                'U', 'u' : richtung := nach_oben;
320                'R', 'r' : richtung := nach_links;
321                'L', 'l' : richtung := nach_rechts
322             END (* Case *);
323           UNTIL bereich IN
324                  ['O','o','U','u','R','r','L','l'];
325
326           write ('An welcher Stelle (1..',n,'):');
327           readln (stelle)
328         END (* With Eintritt *);
329
330     zeile  := eintritt.stelle;
```

```
331      spalte := eintritt.stelle;
332      CASE richtung OF
333         nach_unten : zeile  := 8;
334         nach_oben  : zeile  := 1;
335         nach_rechts: spalte := 1;
336         nach_links : spalte := 8
337      END (* Case *);
338      absorbiert := false;
339
340      spur (richtung,zeile,spalte,absorbiert);
341
342      IF absorbiert
343         THEN
344            writeln ('Der Strahl wurde absorbiert')
345         ELSE
346            BEGIN
347               write ('Der Strahl trat ');
348               CASE richtung OF
349                  nach_unten : write ('unten ',spalte);
350                  nach_oben  : write ('oben ',spalte);
351                  nach_rechts: write ('rechts ',zeile);
352                  nach_links : write ('links ',zeile)
353               END (* Case *);
354               writeln (' aus.')
355            END (* Else *)
356 END    (* Strahl_abgeben *);
357
358
359 PROCEDURE kristall_raten;
360 (* Einlesen der vermutlichen Position eines Kristalls
361     von input und Test *)
362
363 VAR
364    zeile, spalte : lauf_typ;
365
366 BEGIN
367    write ('Gib Zeile: ');
368    readln (zeile);
369    write ('Gib Spalte: ');
370    readln (spalte);
371    IF kasten [zeile,spalte] .kristall
372       THEN
373          BEGIN
374             writeln ('Genau- hier ist einer!');
375             kasten [zeile,spalte] .bereits_entdeckt
376                := true
377          END (* Then *)
378       ELSE
379          writeln ('Nein, hier ist keiner!')
380 END    (* Kristall_raten *);
381
382
383 BEGIN
384    writeln; write ('Was nun (R/K/S/A/?): ');
385    readln (antwort);
```

```
386     CASE antwort OF
387        'R', 'r' : strahl_abgeben;
388        'K', 'k' : kristall_raten;
389        'S', 's' : noch_lust := false;
390        'A', 'a' : kasten_ausgabe (kasten,false);
391        '&'      : kasten_ausgabe (kasten,true );
392        '?'      : BEGIN
393                     writeln ('Zugelassene Eingaben:');
394                     writeln (' R(oentgenstrahl abgeben');
395                     writeln (' K(ristall raten');
396                     writeln (' S(top');
397                     writeln (' A(usgabe des Kastens')
398                  END
399     END (* Case *)
400 END (* Aktion_erfragen_und_ausfuehren *);
401
402
403 FUNCTION alle_kristalle_entdeckt (kasten : kasten_typ)
404                                    : boolean;
405 VAR
406    zeile,
407    spalte  : plus_typ;
408
409 BEGIN
410    alle_kristalle_entdeckt := true;
411    FOR zeile := 1 TO n DO
412       FOR spalte := 1 TO n DO
413          WITH kasten [zeile,spalte] DO
414             IF kristall AND NOT bereits_entdeckt
415                THEN alle_kristalle_entdeckt := false
416 END   (* Alle_Kristalle_entdeckt *);
417
418
419 PROCEDURE ende_meldung (kasten       : kasten_typ;
420                         alle_entdeckt : boolean);
421
422 VAR
423    zeile, spalte : lauf_typ;
424
425 BEGIN
426    writeln; writeln; writeln; writeln;
427    IF alle_entdeckt
428       THEN
429          writeln ('    G r a t u l i e r e  - alle ',
430                   'Kristalle gefunden!')
431       ELSE
432          BEGIN
433             writeln (' Leider nicht geschafft - ',
434                      ' hier liegen alle Kristalle:');
435             kasten_ausgeben (kasten,true)
436          END (* Else *)
437 END (* Ende_Meldung *) ;
438
439
440 BEGIN (* Roentgen *)
```

```
+--------------------------------------------------------------------+
!                                                                    !
! 441      spiel_erklaerung (anzahl_kristalle,noch_lust);            !
! 442      kristalle_verstecken (kasten, anzahl_kristalle);          !
! 443                                                                !
! 444      REPEAT                                                    !
! 445         aktion_erfragen_und_ausfuehren (kasten,noch_lust)      !
! 446      UNTIL alle_kristalle_entdeckt (kasten)                    !
! 447           OR NOT noch_lust;                                    !
! 448                                                                !
! 449      ende_meldung (kasten,alle_kristalle_entdeckt(kasten))     !
! 450 END (* Roentgen *).                                            !
!                                                                    !
+------ Roentgen --------------------------------------- 9 ------+
```

Anregungen zum Weiterbasteln

1. Erweitern Sie die Regeln, nach denen die Richtung des Strahls
   bei Auftreffen auf einen Kristall geändert wird.
       Beispiel: Wenn ein Kristall zweimal von einem Strahl
             direkt getroffen wird, wird er zerstört.

2. Realisieren Sie eine Funktion V (wie Verlauf), die der Spieler
   zweimal aufrufen kann, und die ihm den Verlauf des letzten
   Strahls innerhalb des Kastens zeigt.

3. Benutzen Sie die Grundidee des ROENTGEN-Spiels dazu, um ein
   Billard-Spiel zu schreiben.

4. Das Buch 'Apple Pascal Games' enthält das Vorbild zu ROENTGEN,
   ein Spiel namens BLACKBOX. In BLACKBOX sind die Eintrittspunkte
   des Strahls von 1 bis 32 durchnumeriert. Ändern Sie ROENTGEN in
   dieser Hinsicht ab.

2.7 Simulationen

Oekosystem

In diesem Programm wird ein sehr einfaches Natur-Modell simuliert:
ein Räuber-Beute-Modell aus den Komponenten Hase, Fuchs und Gras.

In diesem Modell gelten folgende Gesetze:
  o Alles "Leben" findet auf einer 8 x 8 Matrix statt.
  o Ist der direkte Nachbar eines Grasfeldes ein Hase, so
    vermehrt sich der Hase (das Feld wird zum Hasenfeld).
  o Ist der direkte Nachbar eines Hasen ein Fuchs, so vermehrt
    sich der Fuchs (das Hasenfeld wird zum Fuchsfeld).
  o Sind mehr als zwei direkte Nachbarn eines Hasen ebenso Hasen,
    so stirbt der Hase an Überbevölkerung (und wird zum
    Grasfeld).
  o Sind weniger als zwei direkte Nachbarn eines Fuchses Hasen,
    so stirbt der Fuchs an Nahrungsmangel (und wird zum
    Grasfeld).

Die Simulation besteht nun darin,
  o zufällig die gewünschte Zahl von Hasen und Füchsen auf
    der 8 + 8 Matrix zu verteilen (Zeilen 41 - 72),
  o in jeder Simulation ein Feld der Matrix zufällig auszu-
    wählen (Zeile 209-210) und die Gesetze des Modells darauf
    anzuwenden (Zeile 211-216 und die entsprechenden Prozeduren).

Die Angabe des Simulationsergebnisses besteht in der numerischen
Wiedergabe der Werte (wieviele Hasen, Füchse und Grasfelder gibt
es in Schritt x?) und eine grafische Darstellung dieser Zahlen.
In dieser grafischen Darstellung liegt noch eine Besonderheit
des Programms: Hier werden drei "Pegelstände" in einer Zeile
wiedergegeben.Dafür wird ein Zeilenpuffer benötigt, in dem die
Ausgabezeile aufbereitet wird (Zeilen 227-231). Die einzelnen
Pegelstände (Variablen GRAESER, HASEN, FUECHSE) können nun dazu
benutzt werden, die entsprechende Stelle des Puffers mit den
charakteristischen Zeichen ('G','H','F') zu versehen.

Beispiel:

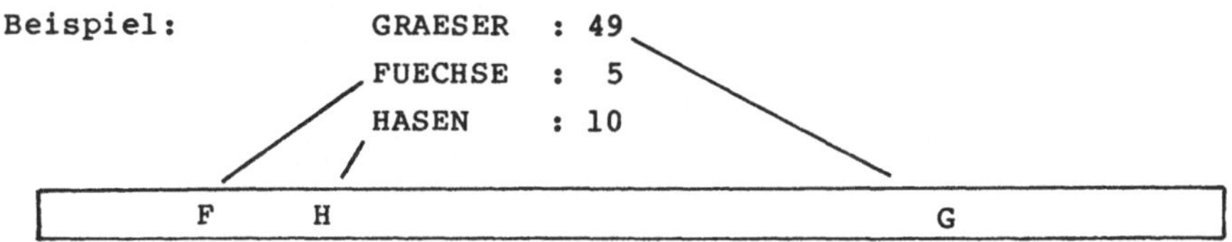

Die jeweilige Zahl (an Grasfeldern, ...) entspricht dabei exakt
der Position im Puffer (siehe auch Zeile 229-231).

Ein Ablaufbeispiel:

```
               ****************************
               Simulation eines Oekosystems
               ****************************


    + Simulationsschritt
    |  + Anzahl Grasfelder
    |  |  + Anzahl Hasen
    |  |  |  + Anzahl Fuechse
    |  |  |  |
    |  |  |  |        10        20        30        40        50        60
    |  |  |  |    ....:....|....:....|....:....|....:....|....:....|....:....|....
    1 48 11  5      F     H                                      G
    5 47 12  5      F      H                                     G
   10 48 11  5      F     H                                      G
   15 47 11  6       F    H                                      G
   20 44 14  6       F        H                              G
   25 44 16  4     F            H                            G
   30 43 17  4     F             H                          G
   35 44 16  4     F            H                            G
   40 41 19  4     F                H                    G
   45 38 22  4     F                   H            G
   50 35 25  4     F                       H      G
   55 31 29  4     F                         H G
   60 33 29  2   F                           H   G
   65 31 31  2   F                            H
   70 30 31  3    F                         GH
   75 29 32  3    F                          G   H
   80 28 32  4     F                         G     H
```

```
    1 PROGRAM oekosystem (input,output);
    2
    3 (*           Oekosystem              *)
    4 (*                                   *)
    5 (* Autor: Heinz-Erich Erbs  1982 *)
    6
    7 USES
    8    applestuff;
    9
   10 TYPE
   11    elem_typ = (gibts_nicht, gras, fuchs, hase);
   12    pos_typ  = 1 .. 8;
   13
   14 VAR
   15    feld            : ARRAY [pos_typ, pos_typ] OF elem_typ;
   16    hasen, fuechse,
   17    graeser         : 0 .. 64;
   18    simulationsschritte,
   19    druck_schritte,
   20    schritt         : 0 .. maxint;
   21
   22
   23 PROCEDURE initialisieren;
   24 VAR
   25    zeile, spalte : pos_typ;
   26    i             : 1.. 64;
   27
   28 BEGIN (* initialisieren *)
   29    randomize;
   30    write ('Wieviele Hasen sind am Anfang da? ');
   31    read (hasen);
   32    write ('und wieviele Fuechse? ');
   33    read (fuechse);
   34    write ('Wieviele Simulationsschritte sollen durch',
   35            'gefuehrt werden? ');
   36    read (simulationsschritte);
   37    write ('Mit welcher Schrittweise soll gedruckt ',
   38            'werden? ');
   39    read (druck_schritte);
   40
   41    (* Das ganze Feld mit Gras belegen *)
   42    FOR zeile := 1 TO 8 DO
   43       FOR spalte := 1 TO 8 DO
   44          feld[zeile,spalte] := gras;
   45
   46    (* Hasen verteilen *)
   47    FOR i := 1 TO hasen DO
   48       BEGIN
   49          zeile  := random MOD 8 + 1;
   50          spalte := random MOD 8 + 1;
   51          WHILE feld [zeile,spalte] = hase DO
   52             BEGIN
   53                zeile  := random MOD 8 + 1;
   54                spalte := random MOD 8 + 1
   55             END (* While *);
```

```
 56              feld [zeile,spalte] := hase
 57          END;
 58
 59      (* Fuechse verteilen *)
 60      FOR i := 1 TO fuechse DO
 61         BEGIN
 62            zeile  := random MOD 8 + 1;
 63            spalte := random MOD 8 + 1;
 64            WHILE (feld [zeile,spalte] = fuchs)
 65                   OR
 66                  (feld [zeile,spalte] = hase) DO
 67               BEGIN
 68                  zeile  := random MOD 8 + 1;
 69                  spalte := random MOD 8 + 1
 70               END  (* While *);
 71            feld [zeile,spalte] := fuchs
 72         END;
 73      graeser := 64 - hasen - fuechse
 74 END (* initialisieren *);
 75
 76
 77 PROCEDURE ueberschrift;
 78 VAR
 79    i : 1 .. 6;
 80
 81 BEGIN
 82    writeln;
 83    writeln;
 84    writeln;
 85    writeln (' ':30,'****************************');
 86    writeln (' ':30,'Simulation eines Oekosystems');
 87    writeln (' ':30,'****************************');
 88    writeln;
 89    writeln ('      + Simulationsschritt        ');
 90    writeln ('      |  + Anzahl Grasfelder      ');
 91    writeln ('      |  |  + Anzahl Hasen        ');
 92    writeln ('      |  |  |  + Anzahl Fuechse');
 93    writeln ('      |  |  |  |                  ');
 94    write   ('      |  |  |  | ');
 95    FOR i := 1 TO 6 DO
 96       write (i*10:10);
 97    writeln ('      ');
 98    write   ('      |  |  |  | ');
 99    FOR i := 1 TO 6 DO
100       write ('....:....|');
101    writeln ('.....')
102 END (* Ueberschrift *);
103
104
105 PROCEDURE ein_simulationsschritt;
106 VAR
107    zeile, spalte : pos_typ;
108    nachbar       : ARRAY [1..4] OF elem_typ;
109
110 PROCEDURE nachbarn_bestimmen (zeile, spalte : pos_typ);
```

```
111 BEGIN (* Nachbarn_bestimmen *)
112     IF zeile = 1
113         THEN
114             nachbar[1] := gibts_nicht
115         ELSE
116             nachbar[1] := feld [zeile-1,spalte];
117     IF spalte = 8
118         THEN
119             nachbar[2] := gibts_nicht
120         ELSE
121             nachbar[2] := feld [zeile,spalte+1];
122     IF zeile = 8
123         THEN
124             nachbar[3] := gibts_nicht
125         ELSE
126             nachbar[3] := feld [zeile+1,spalte];
127     IF spalte = 1
128         THEN
129             nachbar[4] := gibts_nicht
130         ELSE
131             nachbar[4] := feld [zeile,spalte-1]
132 END (* Nachbarn_bestimmen *);
133
134
135 PROCEDURE grasfeld_verarbeiten;
136 BEGIN
137     IF (nachbar[1] = hase)
138        OR (nachbar[2] = hase)
139        OR (nachbar[3] = hase)
140        OR (nachbar[4] = hase)
141        THEN
142           BEGIN
143              feld [zeile,spalte] := hase;
144              hasen := hasen + 1;
145              graeser := graeser - 1
146           END (* Then *)
147 END (* Grasfeld_verarbeiten *);
148
149
150 PROCEDURE hasefeld_verarbeiten;
151 VAR
152     hasenzaehler : 0 .. 64;
153     i            : 1 .. 4;
154 BEGIN
155     IF (nachbar[1] = fuchs)
156        OR (nachbar[2] = fuchs)
157        OR (nachbar[3] = fuchs)
158        OR (nachbar[4] = fuchs)
159       THEN
160         BEGIN
161            (* Hase wird gefressen, Fuchs vermehrt sich *)
162            feld [zeile,spalte] := fuchs;
163            fuechse := fuechse + 1;
164            hasen   := hasen   - 1
165         END (* If *)
```

```
166      ELSE
167        BEGIN
168          hasenzaehler := 0;
169          FOR i := 1 TO 4 DO
170            IF nachbar [i] = hase
171              THEN
172                 hasenzaehler := hasenzaehler + 1;
173          IF hasenzaehler > 2
174            THEN
175              BEGIN
176                (* Mittelhase stirbt wegen
177                   Uebervoelkerung *)
178                feld [zeile,spalte] := gras;
179                graeser := graeser + 1;
180                hasen    := hasen    - 1
181              END (* If *)
182        END (* Else *)
183 END (* Hasefeld_verarbeiten *);
184
185
186 PROCEDURE fuchsfeld_verarbeiten;
187 VAR
188    hasenzaehler : 0 .. 64;
189    i            : 1 .. 4;
190
191 BEGIN
192    hasenzaehler := 0;
193    FOR i := 1 TO 4 DO
194      IF nachbar [i] = hase
195        THEN
196           hasenzaehler := hasenzaehler + 1;
197    IF hasenzaehler < 2
198      THEN
199        BEGIN
200          (* Fuchs stirbt aus Nahrungsmangel *)
201          feld [zeile,spalte] := gras;
202          fuechse := fuechse - 1;
203          graeser := graeser + 1
204        END (* If *)
205 END (* Fuchsfeld_verarbeiten *);
206
207
208 BEGIN (* Ein Simulationsschritt *)
209    zeile  := random MOD 8 + 1;
210    spalte := random MOD 8 + 1;
211    nachbarn_bestimmen (zeile,spalte);
212    CASE feld [zeile,spalte] OF
213      gras  : grasfeld_verarbeiten;
214      hase  : hasefeld_verarbeiten;
215      fuchs : fuchsfeld_verarbeiten
216    END (* Case *)
217 END (* Ein_simulationsschritt *);
218
219
220 PROCEDURE zeile_ausgeben;
```

```
+--------------------------------------------------------------------+
!                                                                    !
! 221 VAR                                                            !
! 222     i            : 0 .. 64;                                    !
! 223     druckzeile : ARRAY [0..64] OF char;                       !
! 224                                                                !
! 225 BEGIN                                                          !
! 226    write (schritt:5,graeser:3,hasen:3,fuechse:3);             !
! 227    FOR i := 0 TO 64 DO                                         !
! 228       druckzeile [i] := ' ';                                  !
! 229    druckzeile [graeser] := 'G';                               !
! 230    druckzeile [hasen]   := 'H';                               !
! 231    druckzeile [fuechse] := 'F';                               !
! 232    FOR i := 0 TO 64 DO                                         !
! 233       write (druckzeile[i]);                                  !
! 234    writeln                                                     !
! 235 END (* Zeile_ausgeben *);                                     !
! 236                                                                !
! 237                                                                !
! 238 BEGIN (* Oekosystem *)                                         !
! 239    initialisieren;                                            !
! 240    ueberschrift;                                              !
! 241    FOR schritt := 1 TO simulationsschritte DO                 !
! 242       BEGIN                                                    !
! 243          ein_simulationsschritt;                              !
! 244          IF ((schritt MOD druck_schritte) = 0)                !
! 245             OR (schritt = 1)                                   !
! 246              THEN                                              !
! 247                 zeile_ausgeben                                 !
! 248          END (* For *)                                         !
! 249 END (* Oekosystem *).                                         !
!                                                                    !
+------ Oekosystem --------------------------------------- 5 ------+
```

Anregungen zum Weiterbasteln

1. In diesem Programm wird überhaupt keine Überprüfung der Eingabedaten vorgenommen. Fügen Sie folgende Plausibilitätskontrollen ein:
   - o Anzahl der Hasen am Anfang im Bereich 1 .. 64
   - o Anzahl der Füchse am Anfang >= 0 und <= (64 - Hasen)
   - o Abstand der auszugebenden Simulationsschritte
     <= Anzahl der Simulationsschritte

2. Schaffen Sie eine Ausgabevariante für den Drucker mit Seiten-
   formatierung und Angabe des Kopfes zu Beginn jeder Seite.

3. Bei längeren Ausgaben (insbesondere am Drucker) empfiehlt sich
   eine Unterteilung der Zeilen in Blöcke (aus 5 - 10 Zeilen).

Life

Das "Game of Life" stellt einen frühen Versuch dar, lebensähnliche
Vorgänge zu simulieren. Fand das zunächst nur mit Hilfe von einem
Spielfeld und Steinen in Handarbeit statt, so bietet sich heute
die Simulation auf einem Computer an. Erfunden wurde das "Game of
Life" von John Conway, und man las erstmals im Scientific American
vom Oktober 1970 darüber. Seit diesem Zeitpunkt fand es eine große
Zahl von Anhängern; die Literatur zu dem Thema, die vielfältigen
Untersuchungen sind kaum noch übersehbar.

Zu den Regeln des Spiels:
    In einer Matrix von 16 x 16 werden Lebewesen zu einem Muster
    plaziert (vom Spieler und nicht zufällig!).
    Folgende Ereignisse lassen sich nun beobachten:
    o Ist ein leeres Feld von genau 3 Lebewesen umgeben, so wird
        dort ein neues Lebewesen geboren.
    o Ist ein Lebewesen von zwei oder drei Lebewesen umgeben,
        so überlebt es.
    o Ist es jedoch von einem oder keinem bzw. von mehr als 3
        Lebewesen umgeben, so stirbt es.

Diese Regeln kann man im Programm in den Zeilen 175 bis 196
wiedererkennen; alle Vorgänge innerhalb eines Simulations-
schrittes geschehen absolut gleichzeitig - deshalb ist auch
der Übertrag auf eine neue Matrix erforderlich.

Im Gegensatz zu OEKOSYSTEM kommt es in LIFE nun nicht nur
auf die Zahl der überlebenden Lebewesen und der numerischen
Veränderung von Generation zu Generation an, sondern auf ihre
Anordnung auf dem Spielfeld. Beobachten wir einmal 3 Generationen bei folgender Eingabekonstellation:

```
xx -RETURN-
 x x -RETURN-
 x   x -RETURN-
 x   x -RETURN-
 x x -RETURN-
xx -RETURN-
```

Diese Eingabekonstellation sollte man in die Mitte des Spielfeldes
plazieren - also entsprechend nach rechts einrücken (wie oben!)
und durch Leerzeilen vom oberen Rand absetzen (das habe ich aus
Platzmangel unterschlagen!).

Nun zur Simulation an sich. Dabei werde ich auch wieder etwas Raum
sparen müssen; das gesamte Spielfeld ist schließlich auf 16 x 16
ausgelegt und hier beschränke ich mich auf die Wiedergabe des re-
levanten Teils:

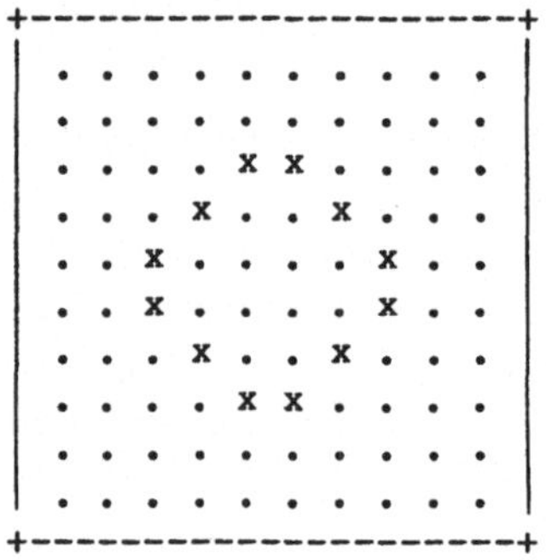

Generation 1
gestorben   0
geboren   12
am Leben   12

>>>>> Noch 'ne Generation (J/N)? j   - RETURN -

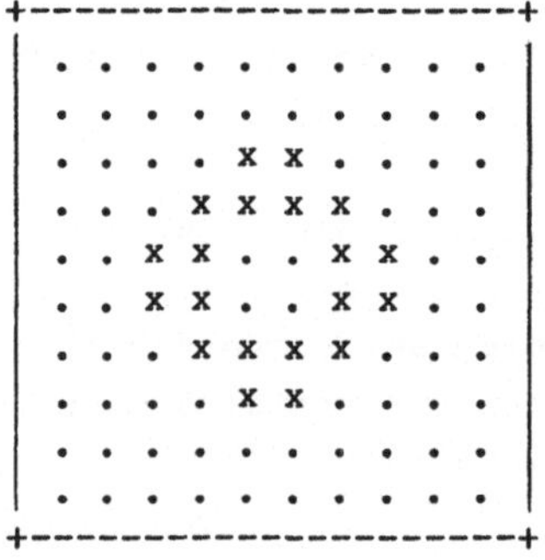

Generation 2
gestorben   0
geboren   8
am Leben   20

>>>>> Noch 'ne Generation (J/N)? j   - RETURN -

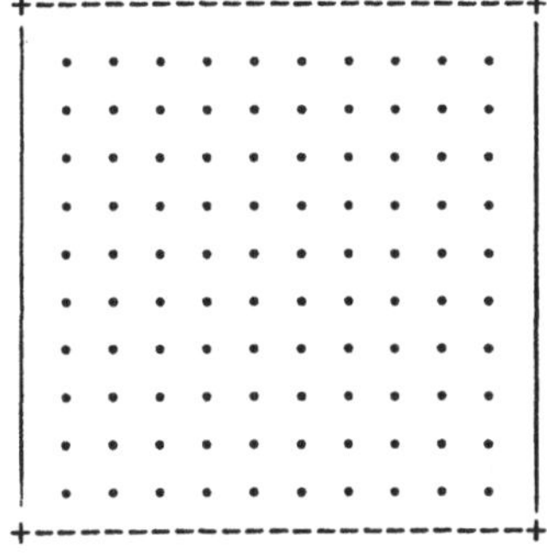

```
+----------------------+
| .  .  .  .  .  .  .  .  .  .  . |
| .  .  .  .  .  .  .  .  .  .  . |
| .  .  .  X  .  .  X  .  .  . |
| .  .  X  .  .  .  .  X  .  . |
| .  .  .  .  .  .  .  .  .  .  . |
| .  .  .  .  .  .  .  .  .  .  . |
| .  .  X  .  .  .  .  X  .  . |
| .  .  .  X  .  .  X  .  .  . |
| .  .  .  .  .  .  .  .  .  .  . |
| .  .  .  .  .  .  .  .  .  .  . |
+----------------------+
```

                                        Generation 3
                                        gestorben   20
                                        geboren   8
                                        am Leben   8

>>>>> Noch 'ne Generation (J/N)? j   - RETURN -

```
+----------------------+
| .  .  .  .  .  .  .  .  .  .  . |
| .  .  .  .  .  .  .  .  .  .  . |
| .  .  .  .  .  .  .  .  .  .  . |
| .  .  .  .  .  .  .  .  .  .  . |
| .  .  .  .  .  .  .  .  .  .  . |
| .  .  .  .  .  .  .  .  .  .  . |
| .  .  .  .  .  .  .  .  .  .  . |
| .  .  .  .  .  .  .  .  .  .  . |
| .  .  .  .  .  .  .  .  .  .  . |
| .  .  .  .  .  .  .  .  .  .  . |
+----------------------+
```

                                        Generation 4
                                        gestorben   8
                                        geboren   0
                                        am Leben   0

Eine vierte Generation gibt es also nicht mehr - diese Anfangs-
struktur stirbt nach 3 Generationen aus.

Spielen Sie einmal selbst - ich bin sicher, daß es nicht
bei einem Mal bleiben wird! Sie werden statische Muster
entdecken (das Programm entdeckt Sie auch und bricht
dann ab), oszillierende Muster oder solche, die einfach
verschwinden (wie in dem Beispiel oben).

```
   1 PROGRAM life (input, output);
   2
   3 (*  G a m e  o f  L i f e  *)
   4 (*                         *)
   5 (* Autor: K. Laeufer  1982 *)
   6
   7 CONST
   8     lebewesen          = 1;
   9     kein_lebewesen     = 0;
  10     size1              = 16;
  11     size2              = 17;
  12     max_felder         = 256; (* = size1*size1 *)
  13     max_generationen   = 100;
  14
  15 TYPE
  16     index1             = 1 .. size1;
  17     index2             = 0 .. size2;
  18     wesen_typ          = kein_lebewesen .. lebewesen;
  19     pop_typ            = ARRAY [index2,index2] OF wesen_typ;
  20     zaehl_feld_typ     = 0 .. max_felder;
  21
  22 VAR
  23     geboren,
  24       gestorben,
  25       lebendig         : zaehl_feld_typ;
  26     population          : pop_typ;
  27     generation          : 1 .. max_generationen;
  28
  29
  30 PROCEDURE lies (VAR population : pop_typ);
  31 (* liest die erste Generation von input *)
  32
  33 VAR
  34   zeile, spalte : index2;
  35
  36
  37 PROCEDURE lies_zeile (zeile : index1);
  38 (* liest eine Zeile von input *)
  39
  40 VAR
  41     ch       : char;
  42     spalte, k : index2;
  43
  44 BEGIN
  45     write ('Zeile',zeile:3,' : ');
  46     population  [zeile,0] := kein_lebewesen;
  47     spalte               := 1;
  48     WHILE (spalte<=size1) AND NOT eoln DO
  49        BEGIN
  50           read (ch);
  51           IF ch IN ['X', 'x']
  52              THEN
  53                 BEGIN
  54                    lebendig                 := lebendig + 1;
  55                    population [zeile,spalte] := lebewesen
```

```
 56                END (* Then *)
 57              ELSE
 58                population [zeile,spalte] := kein_lebewesen;
 59          spalte := spalte + 1
 60       END (* While *);
 61    readln;
 62
 63    FOR k := spalte TO size2 DO
 64       population [zeile,k] := kein_lebewesen
 65 END (* lies_zeile *);
 66
 67
 68 BEGIN (* Lies_erste_Generation *)
 69    generation := 1;
 70    lebendig   := 0;
 71    writeln;
 72    writeln ('Ausmasse des Feldes: ',
 73             size1,'x',size1);
 74    writeln;
 75    writeln ('Kennzeichen Sie ein Lebewesen mit X,');
 76    writeln ('die restlichen Stellen koennen ein ',
 77             'beliebiges Zeichen enthalten');
 78    writeln ('oder auch ganz leer sein.');
 79    writeln; writeln; write (' ':11,'|');
 80    FOR spalte := 2 TO size1-1 DO
 81       write ('.');
 82    writeln ('|'); writeln;
 83    FOR zeile := 1 TO size1 DO
 84       lies_zeile (zeile);
 85    FOR spalte := 0 TO size2 DO
 86       BEGIN
 87          population [0     ,spalte] := kein_lebewesen;
 88          population [size2,spalte] := kein_lebewesen
 89       END (* For *);
 90    gestorben := 0;
 91    geboren   := lebendig
 92 END (* lies (population) *);
 93
 94
 95 PROCEDURE gib_aus (population : pop_typ);
 96 (* Ausgabe einer Generation *)
 97
 98 CONST
 99    oben_unten = '+---------------------------------+';
100    seite            = '|';
101    lebens_zeichen   = 'x';
102    kein_lebens_zeichen = '.';
103    blank            = ' ';
104
105 VAR
106    zeile, spalte : index1;
107
108
109 PROCEDURE schreibe_zeile (zeile : index1);
110 (* gibt eine Zeile aus *)
```

```
111
112 VAR
113     spalte : index1;
114
115 BEGIN
116     write (seite,blank);
117     FOR spalte := 1 TO size1 DO
118         IF population [zeile,spalte] = lebewesen
119             THEN write (lebens_zeichen,blank)
120             ELSE write (kein_lebens_zeichen,blank);
121     write (seite)
122 END (* schreibe_zeile *);
123
124
125 BEGIN (* gib_aus *)
126     writeln; writeln; writeln; writeln (oben_unten);
127     FOR zeile := 1 TO 5 DO
128         BEGIN
129             schreibe_zeile (zeile);
130             writeln
131         END (* For *);
132     schreibe_zeile (6);
133     writeln ('            ----- Generation ',generation);
134     schreibe_zeile (7);
135     writeln;
136     schreibe_zeile (8);
137     writeln ('            ----- gestorben  ',gestorben);
138     schreibe_zeile (9);
139     writeln ('            ----- geboren    ',geboren);
140     schreibe_zeile (10);
141     writeln ('            ----- am Leben   ',lebendig);
142     FOR zeile := 11 TO size1 DO
143         BEGIN
144             schreibe_zeile (zeile);
145             writeln
146         END (* For *);
147     writeln (oben_unten)
148 END (* gib_aus *);
149
150
151 PROCEDURE naechste_generation (VAR population : pop_typ);
152 (* Berechnen der naechsten Generation *)
153
154 VAR
155     zeile, spalte   : index1;
156     alte_population : pop_typ;
157
158
159 PROCEDURE umfeld_untersuchen (z, s : index1);
160 (* untersucht ein Element des Feldes *)
161
162 VAR
163     anzahl_nachbarn : 0 .. 8;
164
165 BEGIN
```

```
166     anzahl_nachbarn := alte_population [z-1,s-1]
167                     + alte_population [z-1,s  ]
168                     + alte_population [z-1,s+1]
169                     + alte_population [z  ,s-1]
170                     + alte_population [z  ,s+1]
171                     + alte_population [z+1,s-1]
172                     + alte_population [z+1,s  ]
173                     + alte_population [z+1,s+1];
174
175     IF alte_population [z,s] = lebewesen
176        THEN
177           IF (anzahl_nachbarn <= 1) OR
178              (anzahl_nachbarn >= 4)
179             THEN
180                BEGIN
181                   population [z,s] := kein_lebewesen;
182                   gestorben        := gestorben + 1
183                END
184             ELSE
185                BEGIN
186                   population [z,s] := lebewesen;
187                   lebendig         := lebendig + 1
188                END
189        ELSE
190           IF anzahl_nachbarn = 3
191             THEN
192                BEGIN
193                   population [z,s] := lebewesen;
194                   geboren          := geboren + 1;
195                   lebendig         := lebendig + 1
196                END
197 END (* umfeld_untersuchen *);
198
199
200 BEGIN (* naechste_generation *)
201    alte_population := population;
202    gestorben       := 0;
203    geboren         := 0;
204    lebendig        := 0;
205
206    FOR zeile := 1 TO size1 DO
207       FOR spalte := 1 TO size1 DO
208          umfeld_untersuchen (zeile,spalte);
209
210    generation := generation + 1
211 END (* naechste_generation *);
212
213
214 FUNCTION noch_ne_generation : boolean;
215
216 VAR
217    antwort : char;
218
219 BEGIN
220    noch_ne_generation := false;
```

```
+-------------------------------------------------------------------+
!                                                                   !
! 221      IF (gestorben = 0) AND (geboren = 0)                     !
! 222        THEN                                                   !
! 223          writeln ('Statische Population')                    !
! 224        ELSE                                                   !
! 225         IF lebendig = 0                                       !
! 226           THEN                                                !
! 227             writeln ('Kein Ueberlebender')                   !
! 228           ELSE                                                !
! 229            IF generation = max_generationen                  !
! 230              THEN                                             !
! 231                writeln ('Maximale Zahl von ',                !
! 232                         'Generationen erreicht')             !
! 233              ELSE                                             !
! 234                BEGIN                                          !
! 235                   writeln;                                   !
! 236                   write ('>>>>>  Noch ''ne ',               !
! 237                          'Generation (J/N)?');               !
! 238                   readln (antwort);                          !
! 239                   noch_ne_generation :=                      !
! 240                           (antwort IN ['J','j',' '])         !
! 241                END (* Else *)                                !
! 242 END (* noch_ne_generation *);                                !
! 243                                                               !
! 244                                                               !
! 245 PROCEDURE schluss_zeile;                                     !
! 246 BEGIN                                                         !
! 247    writeln;                                                   !
! 248    writeln ('Ende der Simulation')                           !
! 249 END (* Schluss_zeile *);                                     !
! 250                                                               !
! 251                                                               !
! 252 BEGIN (* Life *)                                             !
! 253    lies (population);                                        !
! 254    gib_aus (population);                                     !
! 255    WHILE noch_ne_generation DO                               !
! 256       BEGIN                                                   !
! 257          naechste_generation (population);                   !
! 258          gib_aus (population)                                 !
! 259       END (* While *);                                       !
! 260    schluss_zeile                                              !
! 261 END (* Life *).                                              !
!                                                                   !
+------- Game of Life ---------------------------------- 5 -------+
```

Anregungen zum Weiterbasteln

1. Die Eingabe des Anfangsmusters ist nicht flexibel genug; in der vorliegenden Version ist der Anwender gezwungen, alle 16 Zeilen einzugeben, auch wenn sein Muster nur aus zum Beispiel 4 Zeilen besteht.

2. Schaffen Sie eine Variante, in der auf einen Blick die vorletzte und die aktuelle Generation zu sehen ist. Lassen Sie die aktuelle Generation dynamisch vor den Augen des Betrachters entstehen.

3. Nach "Bestellen" der nächsten Generation braucht es immer einige Sekunden, bis sie errechnet ist. Ändern Sie das Programm derart ab, daß es bereits die folgende Generation errechnet hat, wenn der Anwender gefragt wird, und sie nur noch ausgegeben werden muß.

2.8   Tips fürs Leben – mehr oder weniger ernst

Lotto

Nachdem Zufallszahlen bereits in fast allen Spielen eine große
Rolle spielen, bereitet dieses Spiel, das sich auf die Ermittlung
von 7 Zufallszahlen aus einer Menge beschränkt, keine Mühe mehr.
Um so größer mag die Wirkung dieses Programms einmal für Sie sein
(viel Glück jedenfalls):

Ein Ablaufbeispiel:

    Die Lottozahlen der   n a e c h s t e n   Ausspielung lauten:
              7   9   16   33   45   49
    Die Zusatzzahl lautet: 25

Anregungen zum Weiterbasteln

1. So schnell, wie die Gewinnzahlen auf dem Bildschirm erscheinen,
   geht's in der Wirklichkeit doch nicht zu (eine normale Ziehung
   im Fernsehen dauert gut und gerne 5 Minuten!). "Strecken" Sie
   den Vorgang der Ziehung bei der Simulation.
   Beispiel: FOR i := 1 TO 3000 DO
                    i := i + i
   sorgt für eine kleine Pause.

2. Machen Sie ein vollständiges Lotto-Spiel aus der Vorlage.
   1. Teil: Einlesen von Tips
   2. Teil: Ermittlung der Gewinnzahlen (nach dieser Vorlage)
   3. Teil: Auswertung der Tips (Gewinnrang bestimmen)
   Den 3. Teil können Sie auch aus Erbs/Stolz 'Einführung in
   die Programmierung mit PASCAL' S. 136 ff. übernehmen!

```
   1 PROGRAM lotto (output);
   2
   3 (*          L o t t o        *)
   4 (*                          *)
   5 (* Autor: H.E. Erbs  1983 *)
   6
   7 USES
   8    applestuff;
   9
  10 CONST
  11    max_zahl      = 49;
  12
  13 TYPE
  14    zahl_bereich = 1 .. max_zahl;
  15
  16 VAR
  17    zahl          : zahl_bereich;
  18    gewinn_zahlen: SET OF zahl_bereich;
  19    ziehung       : 1 .. 6;
  20
  21
  22 FUNCTION eine_zahl_ziehen : zahl_bereich;
  23 VAR
  24    zahl : zahl_bereich;
  25
  26 BEGIN
  27    REPEAT
  28       zahl := RANDOM MOD max_zahl + 1
  29    UNTIL NOT (zahl IN gewinn_zahlen);
  30    eine_zahl_ziehen := zahl
  31 END (* Eine_Zahl_ziehen *);
  32
  33
  34 BEGIN (* Lotto *)
  35    randomize;
  36    gewinn_zahlen := [];
  37    FOR ziehung := 1 TO 6 DO
  38       gewinn_zahlen := gewinn_zahlen + [eine_zahl_ziehen];
  39
  40    writeln; writeln;
  41    writeln ('Die Lottozahlen der  n a e c h s t e n  ',
  42             'Ausspielung lauten:');
  43    writeln; write ('  ':19);
  44    FOR zahl := 1 TO max_zahl DO
  45       IF zahl IN gewinn_zahlen
  46          THEN
  47             write (zahl,'   ');
  48    writeln; writeln;
  49    writeln ('Die Zusatzzahl lautet: ',eine_zahl_ziehen)
  50 END (* Lotto *).
```

Biorhythmus

Noch ein Spiel, mit dem man auch Geld verdienen kann (Zeitungs-
annoncen wie "Ihr persönlicher Biorhythmus für nur 30 DM" belegen
das): BIORHYTHMUS.

Man nimmt an, daß das Leben in drei sich immer wiederholenden
Zyklen verschiedener Länge verläuft:
- dem Intelligenzzyklus, der sich alle 33 Tage wiederholt.
  Er sagt aus, wie man zu einem gegebenen Zeitpunkt geistige
  Arbeit verrichten kann und
- dem Emotionalzyklus, der sich alle 28 Tage wiederholt.
  Er sagt aus, wie es sich zu einem bestimmten Zeitpunkt mit
  dem Gefühlsleben verhält,
- dem Körperzyklus, der sich alle 23 Tage wiederholt.
  Er sagt aus, wie fit (oder auch nicht) der Körper ist.

Alle drei Zyklen beginnen am Tag der Geburt mit einem mittleren
Wert und steigen zunächst an. Links auf dem Bildschirm sind die
schlechten Tage, in der Mitte die kritischen Tage und ganz rechts
die Tage, an denen man in Hochform ist, zu sehen. Der Emotions-
zyklus ist in der Grafik mit "E", der Körperzyklus mit "K" und
der Intelligenzzyklus mit "I" gekennzeichnet. Fallen zwei oder
drei Werte an einem Tag zusammen, so findet man dort stellvertretend für die entsprechenden Buchstaben ein "*".

Ich möchte hier nun nicht diskutieren, ob es solche Zyklen im
menschlichem Leben tatsächlich gibt oder ob das Geburtsdatum das
"richtige" Startdatum ist. Viele Menschen richten ihr ganzes
Handeln nach ihrem Biorhythmus aus und finden dabei die Theorie
in der Praxis bestätigt ('Self-fullfilling-Prophecy'?). Ob Sie
nun daran glauben oder nicht, interessant ist es allemal, in die
Zukunft zu schauen. Und das wollen wir einmal für Alexandra E.
(geboren am 25.8.1981; Zeitraum: November 1983) tun:

Also: hier ist Dein Biorhythmus

```
Datum           schlechte Tage            kritische Tage              gute Tage

1.11.1983         K                             E                   I
2.11.1983       K                        E      :                     I
3.11.1983         K               E             :                      I
4.11.1983           K       E                   :                       I
5.11.1983              EK                       :                     I
6.11.1983          E          K                 :                  I
7.11.1983       E                      K        :                  I
8.11.1983       E                               K                   I
9.11.1983        E                              :       K     I
10.11.1983         E                            :     I     K
11.11.1983             E                        : I                  K
12.11.1983                 E                I   :                        K
13.11.1983                         E     I       :                           K
14.11.1983                       I        E     :                             K
15.11.1983                  I                  E                             K
16.11.1983             I                        :      E                    K
17.11.1983           I                          :           E      K
18.11.1983         I                            :          K       E
19.11.1983      I                               :   K                  E
20.11.1983      I                          K     :                       E
21.11.1983         I               K             :                             E
22.11.1983          I       K                    :                             E
23.11.1983           KI                          :                               E
24.11.1983         K      I                      :                           E
25.11.1983       K             I                 :                       E
26.11.1983        K                  I           :                 E
27.11.1983          K                     I      :            E
28.11.1983              K                       I      E
29.11.1983                   K                  E      I
30.11.1983                             KE       :        I
```

Nun zum Programm:
Als Modell des Zyklenverlaufs wird eine Sinusschwingung ange-
nommen (das ist üblich und nicht nur in diesem Programm so!).
Dabei beginnen alle drei Sinuskurven am Tag der Geburt bei 0.
Die Amplitude an einem beliebigen Tag läßt sich dann aus fol-
gender Gleichung errechnen:

$$\text{Amplitude (Zyklustyp)} = \sin\left(2 * \frac{\text{Anzahl Tage seit Geburt}}{\text{Anzahl Tage des Zyklus}}\right)$$

Um diese gewonnenen Werte grafisch darstellen zu können, benötigt man wie in OEKOSYSTEM einen Zeilenpuffer, in dem die
errechneten Positionen engetragen werden.

Und noch etwas macht natürlich Mühe in diesem Programm: die
Errechnung der Tagesanzahlen! Dazu benötigt man einen Kalender-
algorithmus, der bezogenn auf einen beliebigen Nullpunkt
errechnet, wieviele Tage bis zu einem Tag x vergangen sind.
Es ist nicht sofort einzusehen, daß der Nullpunkt dieses Ka-
lenderalgorithmus' tatsächlich beliebig liegen kann, aber
wenn wir die Differenz zweier Tagesanzahlen (z. B. aktuelles
Datum und Geburtsdatum) errechnen wollen, so gilt:

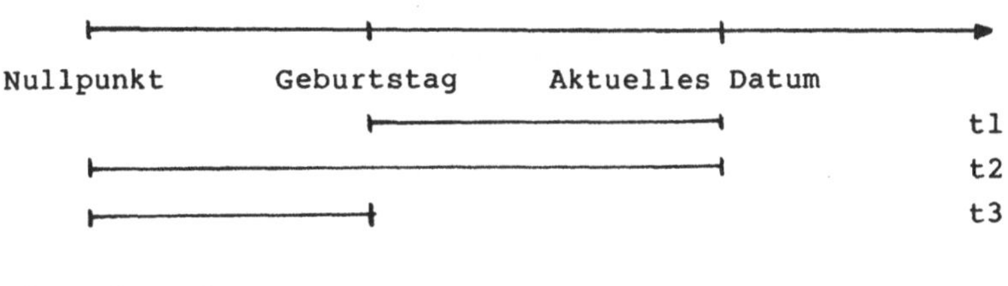

t1 = t2 - t3

Der Zusammenhang ist der Grafik unmittelbar zu entnehmen. Der
Algorithmus selber ist bereits in vielen anderen Büchern entsprechend erläutert worden, nehmen wir ihn hier als gegeben hin.

```
 1 PROGRAM biorhythmus(input,output);
 2
 3 (*        B i o r h y t h m u s        *)
 4 (*                                     *)
 5 (* Autoren: B.M. Haas & H. Roehl  1983 *)
 6
 7 USES transcend;
 8
 9 CONST
10    koerper_zyklus     = 23;
11    emotional_zyklus   = 28;
12    intelligenz_zyklus = 33;
13
14 TYPE
15    datum_typ          = RECORD
16                            tag   : 1 .. 31;
17                            monat : 1 .. 12;
18                            jahr  : 1900 .. 1990
19                         END (* Datum_Typ*) ;
20
21    natzahl            = 0..maxint;
22    zyklus_typ = koerper_zyklus .. intelligenz_zyklus;
23
24 Var
25    anfangs_datum,
26      geburts_datum     : datum_typ;
27    dauer               : natzahl;
28
29
30 PROCEDURE leerzeilen (n:natzahl);
31 VAR
32    k : natzahl;
33
34 BEGIN
35    FOR k:=1 TO n DO writeln('   ');
36 END    (* leerzeilen *);
37
38
39 PROCEDURE erklaerung;
40
41 VAR
42    antwort : char;
43
44 PROCEDURE teil1;
45 BEGIN (*  Teil1   *)
46    leerzeilen(6);
47    writeln('Beim Biorhythmus wird angenommen, dass das');
48    writeln('Leben in drei sich immer wiederholenden');
49    writeln('Zyklen verschiedener Laenge verlaeuft:');
50    writeln;
51    writeln('  - dem Intelligenzzyklus, der sich alle');
52    writeln('    33 Tage wiederholt. Er sagt aus, wie');
53    writeln('    gut Du zu einem gegebenen Zeitpunkt');
54    writeln('    geistige Arbeit verrichten kannst.' );
55    writeln;
```

```
 56     writeln('  - dem Emotionszyklus, der sich alle 28' );
 57     writeln('    wiederholt. Er sagt aus, wie es sich' );
 58     writeln('    zu einem bestimmten Zeitpunkt mit' );
 59     writeln('    Deinem Gefuehlsleben verhaelt.');
 60     writeln;
 61     writeln('  - und dem Koerperzyklus, der sich alle');
 62     writeln('    23 Tage wiederholt. Er sagt aus, wie');
 63     writeln('    fit oder auch nicht Dein Koerper an');
 64     writeln('    irgendeinem Zeitpunkt ist.')
 65 END (* Teil1 *) ;
 66
 67 PROCEDURE teil2;
 68 BEGIN (* Teil2 *)
 69     readln;
 70     leerzeilen(7);
 71     writeln('Links auf dem Bildschirm sind die schlech-');
 72     writeln('ten Tage, in der Mitte die kritischen Tage ');
 73     writeln('und ganz rechts die positiven Tage.');
 74     writeln;
 75     writeln('Der Emotionalzyklus ist mit einem "E",');
 76     writeln('der Koerperzyklus mit "K" und der ');
 77     writeln('Intelligenzzyklus mit "I" gekennzeichnet.');
 78     writeln('Fallen zwei Werte an einem Tag zusammen,');
 79     writeln('so findest Du dort ein "*" vor.');
 80     leerzeilen(2);
 81 END (* Teil2 *);
 82
 83 BEGIN (* Erklaerung *)
 84     write('Willst Du eine kurze Erklaerung,',
 85           ' was ein Biorhythmus ist?');
 86     readln (antwort);
 87     IF antwort IN ['J','j']
 88        THEN
 89           BEGIN
 90              teil1;
 91              teil2
 92           END
 93 END (*Erklaerung*);
 94
 95 PROCEDURE daten_eingeben (VAR geburts_datum,
 96                               anfangs_datum : datum_typ;
 97                           VAR dauer         : natzahl);
 98
 99 PROCEDURE lies_datum (VAR datum : datum_typ);
100 (* liest ein Datum von input *)
101
102 BEGIN
103    WITH datum DO
104       BEGIN
105          write ('Gib Tag  : '); read (tag);
106          write ('Gib Monat: '); read (monat);
107          write ('Gib Jahr : '); read (jahr)
108       END (* with *)
109 END (* lies_datum *) ;
110
```

```
111
112 BEGIN
113     leerzeilen(1);
114     writeln('Gib Dein Geburtsdatum ein ');
115     lies_datum (geburts_datum);
116
117     writeln;
118     writeln('Gib nun genauso das Anfangsdatum');
119     writeln('fuer die Berechnung ein');
120     writeln('(z.B. das heutige Datum)');
121     lies_datum (anfangs_datum);
122
123     writeln;
124     write('Fuer wieviele Tage soll ich Dir Deinen ',
125           'Biorhythmus ausrechnen: ');
126     readln (dauer);
127 END (* Daten_eingeben *) ;
128
129
130 PROCEDURE kurven_ausgeben (aktueller_tag : datum_typ;
131                            dauer         : natzahl);
132
133 (* Ausgabe des Biorhythmus' *)
134 CONST
135     max_spalte  = 30;
136
137 TYPE
138     spalten_typ = -max_spalte .. max_spalte;
139
140 VAR
141     zeile       : ARRAY [spalten_typ] OF char;
142     a, k        : spalten_typ;
143     akttag,
144     abstand     : natzahl;
145
146 PROCEDURE naechster_tag (VAR datum : datum_typ);
147
148 VAR
149     langemonate,
150     kurzemonate: SET OF 1 .. 12;
151     schaltjahr : boolean;
152
153 BEGIN  (* naechster_tag  *);
154     kurzemonate := [2, 4, 6, 9, 11];
155     langemonate := [1, 3, 5, 7, 8, 10, 12];
156
157     WITH datum DO
158       BEGIN
159         IF monat = 2 (*Februar*)
160             THEN
161               BEGIN (* Februar *)
162                 schaltjahr :=  (jahr MOD   4 = 0) AND
163                               (jahr MOD 100 <> 0);
164               IF ((tag=28) AND NOT schaltjahr
165                  OR ((tag=29) AND schaltjahr))
```

```
166                      THEN
167                        BEGIN
168                          tag:=1; monat:=3
169                        END
170                      ELSE
171                        tag := tag + 1
172                 END (* Februar *)
173
174            ELSE (* alle anderen Monate *)
175              IF ((monat IN langemonate) AND (tag=31))
176                 OR ((monat IN kurzemonate) AND (tag=30))
177                  THEN
178                    BEGIN
179                      tag:=1;
180                      IF monat = 12
181                         THEN
182                           BEGIN (*neues Jahr*)
183                             monat:=1; jahr:=jahr+1;
184                           END
185                         ELSE
186                           monat:=monat+1
187                    END (* letzter Tag im Monat *)
188                  ELSE
189                    tag := tag + 1;
190       END (* With Datum *)
191 END (*naechster_tag *);
192
193
194 FUNCTION wieviel_tage (datum : datum_typ) : integer;
195     (* berechnet die Zahl der Tage seit 1.1.0 *)
196 VAR
197    gleich:integer;
198
199 BEGIN (*wieviel_tage*)
200   WITH datum DO
201     BEGIN
202       gleich:=365*jahr+tag+31*(monat-1);
203       IF monat<=2
204         THEN (*Januar und Februar*)
205           wieviel_tage := gleich+(jahr-1) DIV 4 -
206                 trunc(0.75*(trunc((((jahr-1)/100)+1)))
207         ELSE (*Maerz bis Dezember*)
208           wieviel_tage := gleich-trunc(0.4*monat+2.3)
209                          + jahr DIV 4
210                          - trunc(0.75*(jahr DIV 100+1))
211     END (* With Datum *)
212 END (*wieviel_tage*);
213
214
215 FUNCTION spalte (zyklus  : zyklus_typ;
216                  abstand : natzahl   ): spalten_typ;
217
218 CONST
219    pi = 3.1415927;
220
```

```
221 BEGIN
222     spalte:=round(sin(2*pi*abstand/zyklus)* max_spalte);
223 END (*spalte*);
224
225
226 BEGIN (* Kurven_Ausgeben *)
227     abstand      := wieviel_tage (aktueller_tag)
228                       - wieviel_tage (geburts_datum);
229
230     leerzeilen (10);
231     writeln ('Also: hier ist Dein Biorhythmus');writeln;
232     writeln ('   Datum     !   schlechte Tage        ',
233            'kritische Tage          gute Tage   !');
234     writeln;
235
236     FOR akttag:=1 TO dauer DO
237        BEGIN
238          FOR k := -max_spalte TO max_spalte DO
239             zeile [k]:=' ';
240          zeile [0] := ':';
241
242          WITH aktueller_tag DO
243             write(tag:2,'.',monat:2,'.',jahr:4,'    ! ');
244
245          a := spalte(koerper_zyklus, abstand);
246          zeile[a] := 'K';
247
248          a := spalte(emotional_zyklus, abstand);
249          IF zeile[a] IN [' ', ':']
250             THEN zeile[a]:='E'
251             ELSE zeile[a]:='*';
252
253          a := spalte(intelligenz_zyklus, abstand);
254          IF zeile[a] IN [' ', ':']
255             THEN zeile[a]:='I'
256             ELSE zeile[a]:='*';
257          FOR k := -max_spalte TO max_spalte DO
258             write (zeile[k]);
259          writeln (' !');
260          abstand:=abstand+1;
261          naechster_tag(aktueller_tag);
262        END (* For *)
263 END (* Kurven_ausgeben *) ;
264
265
266 BEGIN (* Biorhythmus *)
267     erklaerung;
268     daten_eingeben  (geburts_datum,anfangs_datum,dauer);
269     kurven_ausgeben (             anfangs_datum,dauer)
270 END  (* Biorhythmus *) .
```

Anregungen zum Weiterbasteln

1. Es ist sicherlich für die Terminplanung interessant zu wissen,
   welche Tage eines Jahres besonders erfolgreich zu werden ver-
   sprechen. Schreiben Sie daher eine Ergänzung, in der die Tage
   ermittelt werden, an denen alle drei Kurven deutlich im posi-
   tiven Bereich liegen.

2. Das Programm BIORHYTHMUS ist nicht sicher genug gegenüber
   falschen Eingabedaten gestaltet:
   > o Es enthält keine saubere Behandlung "offensichtlich"
   > falscher Daten (z. B. 57.10.1980 oder 3.20.1985),
   > o es erkennt ebenso keine "unmöglichen" Daten
   > (z. B. 30.2.1980 oder 31.6.1983).

   Sehen Sie solche Prüfungen vor!

3. Für Ästheten:
   Die Lösung, LANGE_MONATE und KURZE_MONATE in der Berechnung
   des nächsten Tages einzuführen, erscheint wenig elegant.
   Lösen Sie diese Teilaufgabe geschickter anhand einer Tabelle:
   > anzahl_tage : ARRAY [1..12] OF 1..31

4. Die Prozedur WIEVIEL_TAGE läßt sich dazu verwenden, das Lebens-
   alter in Tagen zu berechnen. Ergänzen Sie das Programm um die
   Angabe dieser Zahl und außerdem um die Angabe, auf welchen
   Wochentag der Geburtstag fiel. (Weiteren Rat in dieser Angele-
   genheit vermitteln Erbs/Stolz 'Einführung in die Programmierung mit PASCAL' S. 121 f.)

5. Ein Biorhythmus ist in der Regel ein Stück Papier mit den drei
   Kurven (und nicht nur eine flüchtige Darstellung auf dem Bildschirm). Ergänzen Sie das Programm um diese Druckerangabe!

Horoskop

HOROSKOP stellt ein Nonsens-Programm dar, und es wird auch – im
Gegensatz zu LEBENSBERATER – vom "Laien" sofort als solches er-
kannt. Schließlich gibt es sich in seinen "Prognosen" auch keine
Mühe, ernst genommen zu werden. So lautet etwa das Horoskop für
Jungfrau:
    Mit guter Laune schaffen Sie zur Zeit
    alles. Ihr Problem wird daher sein,
    stets bei guter Laune zu bleiben.

Wichtiger als die Ausgabe dieses Programms sind die Prüfungen der
Eingabe; man kann bei Horoskop durchaus von einem Paradebeispiel
für ein "gutwilliges" Programm sprechen. Als Eingabe wird das
Geburtsdatum verlangt; der Anwender kann z. B. angeben:
                1. 4. 1983
        oder   1 4 1983
        oder   ich habe am 1.4.1983 Geburtstag
        oder   tag: 1 monat: 4 jahr: 1983

Diese weitgehende Eingabeanalyse wird durch ein vollständiges Um-
setzen der Eingabe von Zeichen in die Zahldarstellung unter Überlesen irrelevanter Teile erreicht. Dabei sollte man sich die
Transformation Ziffernfolge→Zahl etwas genauer ansehen (Prozedur
GETNUMBER; darin Zeile 78 – 86). Das Lesen einer ganzen Zahl ohne
Vorzeichen (aus einzelnen Ziffern und nicht mit der Standardprozedur read) vollzieht sich als folgender Prozeß:

```
initialisieren ZAHL mit 0

lies ein zeichen

wiederhole   solange zeichen = ziffer

                 zahl := zahl*10+ziffer(zeichen)

                 lies nächstes zeichen
```

Im Gegensatz zu vielen Lösungsansätzen mit einer Reihe kommt dieser Algorithmus mit einer einzigen Variablen, nämlich der zu
lesenden ZAHL aus; er ist damit sowohl hinsichtlich Speicherplatz
als auch Rechenzeit der effizienteste Algorithmus.

Ein Blick noch auf die Funktion ZIFFER (Zeilen 57 - 64): in ihr
wird zu einem Ziffernzeichen '0' .. '9' der entsprechende Ziffern-
wert 0 .. 9 ermittelt. Die Funktion ist in dieser Formulierung
maschinenunabhängig, sofern die Zeichen '0' bis '9' eine zusammen-
hängende Folge im Interncode der Rechenanlage bilden - aber das
ist bei den Ziffern (im Gegensatz zu den Buchstaben übrigens!)
auch zu erwarten.

Und noch etwas: Wie überliest man irrelevante Dinge?
Beispiel (auch aus der Prozedur GETNUMBER; Zeilen 68 - 71):

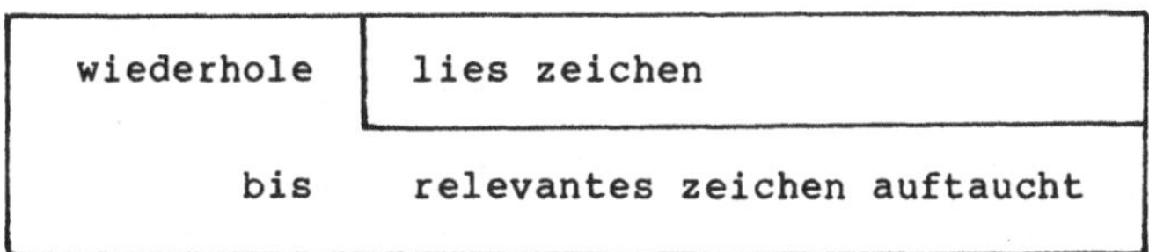

Abschlußfrage hierzu: Warum wird im Programm Horoskop für die Er-
kennung einer Zahl in den Zeilen 81 bis 87 eine annehmende
Schleife und nicht eine abweisende Schleife benutzt? Warum geht
das in diesem Programm stets gut?

```pascal
  1 PROGRAM horoskop (input,output);
  2
  3 (*        H o r o s k o p        *)
  4 (*                               *)
  5 (* Autor: Gerhard Holtkamp  1981 *)
  6
  7 TYPE
  8     sternzeichen = (steinbock, wassermann, fische,
  9                     widder, stier, zwillinge, krebs,
 10                     loewe, jungfrau, waage, skorpion,
 11                     schuetze);
 12
 13     datum        = RECORD
 14                      tag   : 1 .. 31;
 15                      monat : 1 .. 12;
 16                      jahr  : 0 .. 1984
 17                    END; (* Datumtyp *)
 18 VAR
 19     geburtstag  : datum;
 20     datenende   : boolean;
 21     tierkreis   : sternzeichen;
 22
 23 PROCEDURE readdatum (VAR geburtstag : datum;
 24                      VAR datenende  : boolean);
 25
 26 (* Einlesen eines Datums vom INPUT-File. Falls keine *)
 27 (* Daten mehr vorhanden sind, wird DATENENDE = TRUE, *)
 28 (* sonst FALSE. Bei fehlerhaften Daten wird eine Feh-*)
 29 (* lermeldung ausgegeben und ein neues Datum gesucht.*)
 30 (* Bei zuvielen Fehlern wird abgebrochen.            *)
 31
 32 CONST
 33     maxerrornumber = 3;
 34 VAR
 35     errorflag  : boolean;
 36     errorcounter: integer;
 37
 38 PROCEDURE nextdate (VAR geburtstag : datum;
 39                     VAR datenende  : boolean);
 40
 41 (* Lesen des naechsten Eingabedatums. Es wird solan- *)
 42 (* ge gesucht, bis drei (Integer-)Zahlen gefunden    *)
 43 (* wurden. Diese stellen dann Tag, Monat und Jahr des*)
 44 (* GEBURTSTAGs dar.                                  *)
 45
 46 PROCEDURE getnumber (VAR zahl      : integer;
 47                      VAR datenende : boolean);
 48
 49 (* Einlesen einer Zahl. Es wird eine Ziffernfolge    *)
 50 (* gesucht. Sind mehr als 4 Ziffern in der Folge,    *)
 51 (* werden nur die ersten 4 konvertiert, alle folgen- *)
 52 (* den ueberlesen.                                   *)
 53
 54 VAR
 55     position : integer;
```

```
 56
 57 FUNCTION ziffer (zeichen : char) : integer;
 58
 59 (* Umwandeln einer in CHAR dargestellten Ziffer in *)
 60 (* die entsprechende INTEGER-Ziffer.               *)
 61
 62 BEGIN (* ZIFFER *)
 63    ziffer := ord (zeichen) - ord ('0')
 64 END (* Ziffer *);
 65
 66
 67 BEGIN (* GETNUMBER *)
 68    (* Erste Ziffer suchen *)
 69    REPEAT
 70       get (input)
 71    UNTIL eof(input) OR (input^ IN ['0'..'9','*']);
 72
 73    IF eof(input) OR (input^ = '*')
 74       THEN
 75          datenende := true
 76       ELSE
 77          BEGIN
 78             (* Folgeziffern lesen *)
 79             zahl      := 0;
 80             position  := 0;
 81             REPEAT
 82                position := position + 1;
 83                zahl := zahl*10 + ziffer(input^);
 84                get (input)
 85             UNTIL eof(input)
 86                     OR NOT(input^ IN ['0'..'9'])
 87                     OR (position = 4)
 88          END (* Else *)
 89 END (* GETNUMBER *);
 90
 91 BEGIN (* NEXTDATE *)
 92    WITH geburtstag DO
 93       BEGIN
 94          getnumber(tag,datenende);
 95          IF NOT datenende
 96             THEN
 97                getnumber(monat,datenende);
 98          IF NOT datenende
 99             THEN
100                getnumber(jahr,datenende);
101       END (* With *)
102 END (* NEXTDATE *);
103
104 PROCEDURE verify_date(geburtstag : datum;
105                       VAR errorflag : boolean);
106 (* Pruefen, ob GEBURTSTAG ein korrektes Datum *)
107 (* darstellt. Wenn nein, ERRORFLAG = TRUE *)
108
109 FUNCTION tagerror (tag, monat, jahr : integer) : boolean;
110 (* TAGERROR = TRUE, falls das durch Tag, Monat und *)
```

```
111 (* Jahr angegebene Datum kein gueltiges Kalenderdatum *)
112 (* ist. *)
113 VAR
114    dpm : integer; (* Days per Month *)
115 BEGIN (* TAGERROR *)
116    IF (monat < 1) OR (monat > 12) OR (tag < 1)
117                    OR (jahr > 9999)
118       THEN
119          tagerror := true
120       ELSE
121          BEGIN
122             CASE monat OF
123                1, 3, 5,
124                7, 8,10,
125                12       : dpm := 31;
126                4, 6, 9,
127                11       : dpm := 30;
128                2        : IF jahr MOD 4 = 0
129                             THEN
130                                IF (jahr MOD 100 = 0) AND
131                                   NOT (jahr MOD 400 = 0)
132                                   THEN
133                                      dpm := 28
134                                   ELSE
135                                      dpm := 29
136                                            (* Schaltjahr *)
137                             ELSE
138                                dpm := 28
139             END (* Case *);
140
141             IF tag <= dpm
142                THEN
143                   tagerror := false
144                ELSE
145                   tagerror := true
146          END (* Else *)
147 END (* TAGERROR *);
148
149 BEGIN (* VERIFY_DATE *)
150    WITH geburtstag DO
151       BEGIN
152          errorflag := tagerror (tag, monat, jahr)
153       END (* With *)
154 END (* VERIFY_DATE *);
155
156 PROCEDURE errormessage (geburtstag : datum;
157                         errorcounter : integer);
158 (* Ausdrucken von Fehlermeldungen bei falschen *)
159 (* Eingabedaten *)
160 BEGIN (* ERRORMESSAGE *)
161 writeln;
162 writeln;
163 IF errorcounter > maxerrornumber
164    THEN
165       writeln ('* Eingabe wegen zuvieler Fehler ',
```

```
166                'abgebrochen *')
167     ELSE
168        BEGIN
169           write ('* Fehlerhaftes Eingabedatum *');
170           WITH geburtstag DO
171              write (tag,',',monat,',',jahr);
172           writeln ('<')
173        END (* Else *)
174 END (* ERRORMESSAGE *);
175
176
177 BEGIN (* READDATUM *)
178    errorcounter := 0;
179    REPEAT (* ein korrektes Datum suchen *)
180       write ('*** Gib Geburtsdatum ',
181             '(z.B. 25.8.1981; Ende= *): ');
182       nextdate (geburtstag, datenende);
183       IF NOT datenende
184          THEN
185             BEGIN
186                verify_date(geburtstag, errorflag);
187                IF errorflag
188                   THEN
189                      BEGIN
190                         errorcounter := errorcounter + 1;
191                         errormessage(geburtstag,
192                                      errorcounter);
193                         IF errorcounter > maxerrornumber
194                            THEN
195                               datenende := true
196                      END (* if errorflag *)
197             END (* if not datenende *)
198    UNTIL datenende OR NOT errorflag
199 END (* READDATUM *);
200
201 PROCEDURE wochentag (geburtstag : datum);
202 (* Bestimmen und Ausdrucken des Wochentages des *)
203 (* Geburtstags. *)
204 (* Fundstelle des Algorithmus: *)
205 (* FORTRAN im Informatik_unterricht. (M.Hihm) S. 62 *)
206
207 VAR
208    monatswert, year, weekday,
209    hilf1, hilf2, hilf3 :      0 .. maxint;
210
211 BEGIN (* Wochentag *)
212   WITH geburtstag DO
213     BEGIN
214       IF (jahr >= 1000) AND (jahr <=2000)
215          THEN
216            BEGIN
217              monatswert := monat;
218              year        := jahr;
219              IF monatswert > 2
220                 THEN
```

```
221                     monatswert := monatswert - 2
222                 ELSE
223                   BEGIN
224                     monatswert :=
225                           monatswert + 10;
226                     year := year - 1
227                   END (* Else *);
228             hilf1 := year MOD 100;
229             hilf3 := year DIV 100;
230             hilf2 := (13 * monatswert - 1) DIV 5
231                     + (hilf1 DIV 4)
232                     + (hilf3 DIV 4);
233             weekday := (hilf2 + hilf1 + tag
234                        - 2*hilf3) MOD 7;
235
236             writeln;
237             write ('Ihr Geburtstag, der ',tag,
238                    '.',monat,'.',jahr,' war ein  ');
239             CASE weekday OF
240                0 : write ('S o n n t a g');
241                1 : write ('M o n t a g');
242                2 : write ('D i e n s t a g');
243                3 : write ('M i t t w o c h');
244                4 : write ('D o n n e r s t a g');
245                5 : write ('F r e i t a g');
246                6 : write ('S o n n a b e n d')
247             END (* Case *);
248             writeln (' .')
249           END (* Then *)
250         ELSE
251           BEGIN
252             writeln ('Geburtstag : ',tag,'.',
253                      monat,'.',jahr)
254           END (* Else *)
255     END (* With *)
256 END (* WOCHENTAG *);
257
258 PROCEDURE sternbestimmen (geburtstag     : datum;
259                          VAR tierkreis : sternzeichen);
260 (* Bestimmen des Sternzeichens aus dem Geburtstag *)
261 BEGIN (* STERNBESTIMMEN *)
262     WITH geburtstag DO
263       BEGIN
264         IF (monat = 12) AND (tag >= 22) OR
265            (monat =  1) AND (tag <= 20)
266           THEN tierkreis := steinbock;
267         IF (monat =  1) AND (tag >= 21) OR
268            (monat =  2) AND (tag <= 19)
269           THEN tierkreis := wassermann;
270         IF (monat =  2) AND (tag >= 20) OR
271            (monat =  3) AND (tag <= 20)
272           THEN tierkreis := fische;
273         IF (monat =  3) AND (tag >= 21) OR
274            (monat =  4) AND (tag <= 20)
275           THEN tierkreis := widder;
```

```
276              IF (monat =    4) AND (tag >= 21) OR
277                 (monat =    5) AND (tag <= 20)
278                THEN tierkreis := stier;
279              IF (monat =    5) AND (tag >= 21) OR
280                 (monat =    6) AND (tag <= 21)
281                THEN tierkreis := zwillinge;
282              IF (monat =    6) AND (tag >= 22) OR
283                 (monat =    7) AND (tag <= 22)
284                THEN tierkreis := krebs;
285              IF (monat =    7) AND (tag >= 23) OR
286                 (monat =    8) AND (tag <= 23)
287                THEN tierkreis := loewe;
288              IF (monat =    8) AND (tag >= 24) OR
289                 (monat =    9) AND (tag <= 23)
290                THEN tierkreis := jungfrau;
291              IF (monat =    9) AND (tag >= 24) OR
292                 (monat = 10) AND (tag <= 23)
293                THEN tierkreis := waage;
294              IF (monat = 10) AND (tag >= 24) OR
295                 (monat = 11) AND (tag <= 22)
296                THEN tierkreis := skorpion;
297              IF (monat = 11) AND (tag >= 23) OR
298                 (monat = 12) AND (tag <= 21)
299                THEN tierkreis := schuetze
300          END (* With *)
301 END (* STERNBESTIMMEN *);
302
303 PROCEDURE drucken (tierkreis : sternzeichen);
304 (* Ausdrucken eines Horoskops je nach Sternzeichen *)
305
306 PROCEDURE druck_steinbock;
307 BEGIN
308    writeln ('STEINBOCK lautet:'); writeln;
309    writeln ('Angenehme Ueberraschungen stehen Ihnen');
310    writeln ('bevor. Hueten Sie sich aber vor Ueberan-');
311    writeln ('strengungen, sonst wird es eventuell');
312    writeln ('ein unangenehmes Ende geben.')
313 END;
314
315 PROCEDURE druck_wassermann;
316 BEGIN
317    writeln ('WASSERMANN lautet:'); writeln;
318    writeln ('Diese Woche wird es in sich haben.');
319    writeln ('Vergessen Sie aber nicht das Luftholen,');
320    writeln ('sonst koennte Ihnen die Puste ausgehen.')
321 END;
322
323
324 PROCEDURE druck_fische;
325 BEGIN
326    writeln ('FISCHE lautet:'); writeln;
327    writeln ('Arbeit macht Spass, aber nicht jeder');
328    writeln ('vertraegt Spass. Pruefen Sie also, ob');
329    writeln ('Sie in dieser Woche zu Spaessen');
330    writeln ('aufgelegt sind.')
```

```
331 END;
332
333
334 PROCEDURE druck_widder;
335 BEGIN
336     writeln ('WIDDER lautet:'); writeln;
337     writeln ('Versuchen Sie Klarheit in Ihre Plaene');
338     writeln ('zu bringen. Falls Sie jedoch garkeine');
339     writeln ('Plaene haben, schreiten Sie direkt zu');
340     writeln ('deren Ausfuehrung. Nur Mut!')
341 END;
342
343 PROCEDURE druck_stier;
344 BEGIN
345     writeln ('STIER lautet:'); writeln;
346     writeln ('Ihre Zweifel sind teils berechtigt.');
347     writeln ('Werfen Sie daher kein Geld auf die');
348     writeln ('Strasse. Es koennte zum Verkehrs-');
349     writeln ('hinderniss werden.')
350 END;
351
352
353 PROCEDURE druck_zwillinge;
354 BEGIN
355     writeln ('ZWILLINGE lautet: '); writeln;
356     writeln ('In dieser Woche besitzen Sie viel');
357     writeln ('inneren Schwung. Springen Sie aber');
358     writeln ('nicht immer gleich an die Decke.');
359     writeln ('Sie koennte frisch gestrichen sein.')
360 END;
361
362 PROCEDURE druck_krebs;
363 BEGIN
364     writeln ('KREBS lautet:'); writeln;
365     writeln ('Fangen Sie diese Woche keine grossen');
366     writeln ('Arbeiten an. Dafuer sollten Sie unver-');
367     writeln ('zueglich damit beginnen, alle kleinen');
368     writeln ('Arbeiten auf spaeter zu verschieben.')
369 END;
370
371
372 PROCEDURE druck_loewe;
373 BEGIN
374     writeln ('LOEWE lautet:'); writeln;
375     writeln ('Diese Woche wird Ihnen kaum Zeit zum');
376     writeln ('Atemholen lassen. Achten Sie auf Ihre');
377     writeln ('Gesundheit. Essen Sie lieber keine');
378     writeln ('Bierglaeser.')
379 END;
380
381 PROCEDURE druck_jungfrau;
382 BEGIN
383     writeln ('JUNGFRAU lautet:'); writeln;
384     writeln ('Mit guter Laune schaffen Sie zur Zeit');
385     writeln ('alles. Ihr Problem wird daher sein,');
```

```
386     writeln ('stets bei guter Laune zu bleiben.')
387 END;
388
389
390 PROCEDURE druck_waage;
391 BEGIN
392     writeln ('WAAGE lautet:'); writeln;
393     writeln ('Eine Woche, die sich sehen lassen kann.');
394     writeln ('Finanzieller Erfolg liegt in der Luft,');
395     writeln ('wenn Sie keine Schulden machen.')
396 END;
397
398
399 PROCEDURE druck_skorpion;
400 BEGIN
401     writeln ('SKORPION lautet:'); writeln;
402     writeln ('Schonen Sie Ihre Neven. Sollten Sie');
403     writeln ('allerdings keine Nerven mehr haben, so');
404     writeln ('stuerzen Sie sich ruhig einmal in ein');
405     writeln ('erfrischendes Abenteuer.')
406 END;
407
408
409 PROCEDURE druck_schuetze;
410 BEGIN
411     writeln ('SCHUETZE lautet:'); writeln;
412     writeln ('Ihrem Unternehmensgeist sind keine');
413     writeln ('Grenzen gesetzt, wenn Sie sich stets');
414     writeln ('innerhalb der Grenzen Ihrer Moeglich-');
415     writeln ('keiten bewegen.')
416 END;
417
418
419 BEGIN (* DRUCKEN *)
420 writeln;
421     writeln;
422     write ('Das Horoskop der Woche fuer ');
423     CASE tierkreis OF
424        steinbock   : druck_steinbock;
425        wassermann  : druck_wassermann;
426        fische      : druck_fische;
427        widder      : druck_widder;
428        stier       : druck_stier;
429        zwillinge   : druck_zwillinge;
430        krebs       : druck_krebs;
431        loewe       : druck_loewe;
432        jungfrau    : druck_jungfrau;
433        waage       : druck_waage;
434        skorpion    : druck_skorpion;
435        schuetze    : druck_schuetze
436     END (* Case *);
437     writeln;
438     writeln
439 END (* DRUCKEN *);
440
```

```
+----------------------------------------------------------------+
¦                                                                ¦
¦ 441                                                            ¦
¦ 442 BEGIN (* HOROSKOP *)                                       ¦
¦ 443    datenende := false;                                     ¦
¦ 444    readdatum (geburtstag, datenende);                      ¦
¦ 445    IF datenende                                            ¦
¦ 446       THEN                                                 ¦
¦ 447          BEGIN                                             ¦
¦ 448             writeln;                                       ¦
¦ 449             writeln ('*** Keine korrekten Eingabedaten ',  ¦
¦ 450                      'gefunden ***');                      ¦
¦ 451          END;                                              ¦
¦ 452                                                            ¦
¦ 453    WHILE NOT datenende DO                                  ¦
¦ 454       BEGIN                                                ¦
¦ 455          wochentag        (geburtstag);                    ¦
¦ 456          sternbestimmen   (geburtstag, tierkreis);         ¦
¦ 457          drucken          (tierkreis);                     ¦
¦ 458          readdatum        (geburtstag, datenende)          ¦
¦ 459       END (* While *)                                      ¦
¦ 460 END (* HOROSKOP *).                                        ¦
¦                                                                ¦
+------ Horoskop ----------------------------------------- 9 ----+
```

Anregungen zum Weiterbasteln

1. Die Angabe des HOROSKOPs (DRUCK_STEINBOCK, ... und Mehrseitige
   Auswahl) ist auf dem ersten Blick sehr umständlich. Realisieren
   Sie eine Variante mit Tabellen etwa folgender Datenstruktur:
   ```
   text_tabelle : ARRAY [sternzeichen] OF
                        ARRAY [1..maxzeichen] OF string
   ```

2. Programme, die Daten der Vergangenheit bearbeiten (wie hier
   Geburtstage), wirken stets "dumm", wenn ein Benutzer ein Datum
   der Zukunft angibt. Wie kann man erreichen, daß das Eingabe-
   datum geprüft wird, ob es in der Zukunft liegt? Besitzt Ihr
   Pascalsystem ein Unterprogramm, das das aktuelle Datum liefert?
   Wenn nicht - was dann?

3. Die eleganteste Lösung zur Verwaltung des Textes liegt sicherlich in externer Datenhaltung. Sehen Sie daher einen Mechanis-
   mus vor, nach dem das "Horoskop" von einer Datei gelesen wird.

Partnervermittlung

Die Vermittlung von Partnern über einen Computer - das ist die
"moderne" Art, an den Mann bzw. die Frau zu kommen. Das Programm
PARTNER_VERMITTLUNG stellt hierzu eine mögliche - zugegeben
einfache - Realisierung dar. Es verwendet eine Datei als Datenbank, in der alle bisherigen Kunden mit ihren Interessen eingetragen sind. Vermittlungsvorschläge ergeben sich aus dem Abgleichen der einzelnen Interessenprofile; noch genauer: stimmt das
Profil an mindestens einem Punkt zwischen zwei Personen überein,
so sind zwei potentielle Partner gefunden. Dieses Abgleichen
findet man in der Prozedur VERGLEICHEN auf den Zeilen 204-211.

Sehen wir uns die Aufnahme eines neuen Kunden und eine Vermittlung
für ihn an:

    Guten Tag, hier ist Ihre Partnervermittlung!
    Waren Sie schon einmal bei uns (J/N): n   - RETURN -

    Ihren Kontakt-Namen bitte: Robby Bitbeisser   - RETURN -
    Ihr Geschlecht (m/w): m   - RETURN -
    Und nun zu Ihren Interessengebieten.

    Literatur: n   - RETURN -
    Musik: j   - RETURN -
    Kunst: j   - RETURN -
    Theater: j   - RETURN -
    Kino: n   - RETURN -
    Sport: j   - RETURN -
    Politik: n   - RETURN -
    Reisen: n   - RETURN -
    Handarbeiten: n   - RETURN -
    Partys: j   - RETURN -

    Und zum Schluß noch eine Kontaktadresse:
    *im Rechenzentrum ganz tief im System   -RETURN-

So wurden Sie nun in die Datenbank aufgenommen:

```
>>>>> Robby Bitbeisser <<<<<
      Interessen:
          Musik
          Kunst
          Theater
          Sport
          Partys
      Kontakt: im Rechenzentrum ganz tief im System
Ist's recht so (J/N): j   - RETURN -


Unser Institut schlaegt Ihnen als Partner vor:

>>>>> Susi <<<<<
      Interessen:
          Kunst
          Partys
      Kontakt: Telefon 12345
----- weiter: RETURN druecken:


Auf Wiedersehen - beehren Sie uns bald wieder!
```

Interessant an diesem Programm ist die **Dateiverarbeitung.** Neben
der Suche nach Partnern in der Datenbank ragt als besonderes
Problem das Anfügen eines neuen Kunden in die Datenbank hervor:
Einen Eröffnungsmodus ERWEITERN oder EXTEND, wie ihn Großrechen-
anlagen kennen, gibt es im UCSD-Pascal nicht. Daher ist man
gezwungen, dieses Problem über eine Hilfsdatei zu lösen.

1. Schritt: Die alte Datenbank wird in eine Hilfsdatei
            kopiert (Zeile **130**),
2. Schritt: der Inhalt der Hilfsdatei überschreibt die Daten-
            bank (und damit ist die Datenbank auf
            Betriebsart SCHREIBEN eingestellt und kann
            erweitert werden; Zeile **131**),
3. Schritt: der neue Satz wird an die Datenbank angefügt
            (Zeile **182**).

Das sieht in einer Grafik etwa so aus:

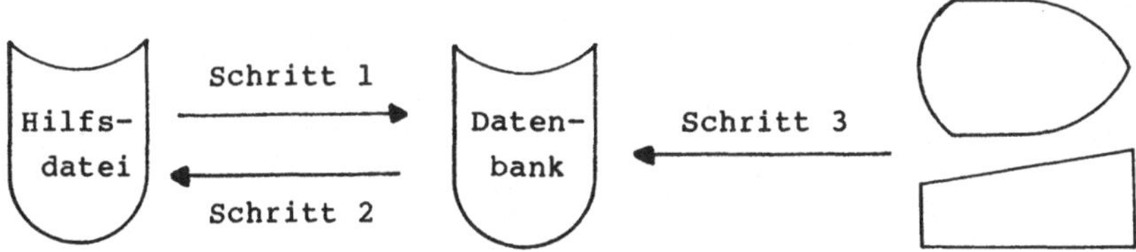

Die externen Namen der Dateien (also so, wie sie in der
Directory der Diskette verzeichnet sind) sind in diesem Programm
als Konstanten eingeführt; wenn Sie die Diskette mit der Datenbank
nicht im Laufwerk #10 haben oder einen anderen Dateinamen verwenden, so müssen Sie lediglich die Zeilen 11 (für die Datenbank) und
12 (für die Hilfsdatei) im Programm entsprechend ändern. Da die
Hilfsdatei lediglich für das Umkopieren benötigt wird, wird sie
automatisch erzeugt (Zeile **129**) und wieder gelöscht (Zeile **132**).

```
    1 PROGRAM partner_vermittlung (input, output);
    2
    3 (*      Partner-Vermittlung      *)
    4 (*                               *)
    5 (* Autor : H.E. Erbs      1983 *)
    6
    7 USES
    8     applestuff;
    9
   10 CONST
   11     db_name_extern = '#10:partner.db';
   12     kopie_d_extern = '#10:partner.db.kop';
   13     halt           = true;
   14     weiter         = false;
   15
   16 TYPE
   17     sex_typ     = (weiss_nicht, maennlich, weiblich);
   18
   19     int_typ     = (literatur, musik, kunst, theater,
   20                    kino, sport, politik, reisen,
```

```
+----------------------------------------------------------------------+
!                                                                      !
!   21                    handarbeiten, partys);                       !
!   22                                                                 !
!   23     person_typ = RECORD                                         !
!   24                     name        : string;                       !
!   25                     geschlecht  : sex_typ;                      !
!   26                     interessen  : SET OF int_typ;               !
!   27                     kontakt     : string                        !
!   28                   END (* RECORD *);                             !
!   29                                                                 !
!   30     db_typ     = FILE OF person_typ;                            !
!   31                                                                 !
!   32 VAR                                                             !
!   33     datenbank   : db_typ;                                       !
!   34     person      : person_typ;                                   !
!   35     int_tabelle : ARRAY [int_typ] OF string;                    !
!   36     okay, fehler: boolean;                                      !
!   37     antwort     : char;                                         !
!   38                                                                 !
!   39 PROCEDURE tabelle_initialisieren;                               !
!   40 BEGIN                                                           !
!   41     int_tabelle [literatur   ] := 'Literatur';                  !
!   42     int_tabelle [musik       ] := 'Musik';                      !
!   43     int_tabelle [kunst       ] := 'Kunst';                      !
!   44     int_tabelle [theater     ] := 'Theater';                    !
!   45     int_tabelle [kino        ] := 'Kino';                       !
!   46     int_tabelle [sport       ] := 'Sport';                      !
!   47     int_tabelle [politik     ] := 'Politik';                    !
!   48     int_tabelle [reisen      ] := 'Reisen';                     !
!   49     int_tabelle [handarbeiten] := 'Handarbeiten';               !
!   50     int_tabelle [partys      ] := 'Partys'                      !
!   51 END (* Tabelle_initialisieren *);                               !
!   52                                                                 !
!   53                                                                 !
!   54 PROCEDURE person_ausgeben (person : person_typ;                 !
!   55                            warten : boolean    );               !
!   56 VAR                                                             !
!   57     int_lauf : int_typ;                                         !
!   58                                                                 !
!   59 BEGIN                                                           !
!   60     WITH person DO                                              !
!   61        BEGIN                                                    !
!   62           writeln;                                              !
!   63           writeln ('>>>>> ', name, ' <<<<<');                   !
!   64           writeln ('      Interessen:');                        !
!   65           FOR int_lauf := literatur TO partys DO                !
!   66              IF int_lauf IN interessen                          !
!   67                 THEN                                            !
!   68                    writeln (' ':10, int_tabelle[int_lauf]);     !
!   69           writeln ('      Kontakt: ', kontakt)                  !
!   70        END (* WITH *);                                          !
!   71     IF warten                                                   !
!   72        THEN                                                     !
!   73           BEGIN                                                 !
!   74              writeln;                                           !
!   75              write ('--- weiter: RETURN druecken: ');           !
!                                                                      !
+------ Partnervermittlung ---------------------------------- 2 ------+
```

```
 76          readln
 77            END (* THEN *)
 78 END (* Person_Ausgeben *);
 79
 80
 81 PROCEDURE alter_kunde (VAR person : person_typ;
 82                        VAR ident  : boolean);
 83 VAR
 84    such_name : string;
 85
 86 BEGIN
 87    such_name   := ' ';
 88    person.name := '?';
 89    write ('Gib Kontakt-Namen: ');
 90    readln (such_name);
 91
 92    reset (datenbank);
 93    WHILE NOT eof (datenbank) DO
 94      BEGIN
 95        IF datenbank^.name = such_name
 96           THEN person := datenbank^
 97           ELSE (* weiter suchen *);
 98        get (datenbank)
 99      END (* WHILE *);
100
101    ident := person.name = such_name;
102    IF ident
103       THEN (* dann ist's ja gut *)
104       ELSE writeln ('Aber nein, ', such_name,
105                     ' ist nicht verzeichnet.')
106 END (* Alter_Kunde *);
107
108
109 PROCEDURE neuer_kunde (VAR person : person_typ;
110                        VAR neu    : boolean);
111 VAR
112    antwort  : char;
113    int_lauf : int_typ;
114    kopie    : db_typ;
115
116 PROCEDURE kopieren (VAR orig, ziel : db_typ);
117 BEGIN
118    reset (datenbank);
119    reset (kopie);
120    WHILE NOT eof (datenbank) DO
121      BEGIN
122        kopie^ := datenbank^;
123        put (kopie);
124        get (datenbank)
125      END (* WHILE *)
126 END (* kopieren *);
127
128 BEGIN
129    rewrite (kopie,kopie_d_extern);
130    kopieren (datenbank,kopie);
```

```
131      kopieren (kopie,datenbank);
132      close (kopie,purge);
133
134      WITH datenbank^ DO
135        BEGIN
136          writeln;
137          write ('Ihren Kontakt-Namen bitte: ');
138          readln (name);
139
140          write ('Ihr Geschlecht (m/w): ');
141          readln (antwort);
142          IF antwort IN  ['M','m','W','w']
143            THEN
144              CASE antwort OF
145                 'M','m' : geschlecht := maennlich;
146                 'W','w' : geschlecht := weiblich
147              END (* CASE *)
148            ELSE
149              geschlecht := weiss_nicht;
150
151          writeln('Und nun zu Ihren Interessengebieten.');
152          writeln;
153          interessen :=[];
154          FOR int_lauf := literatur TO partys DO
155            BEGIN
156              write (int_tabelle [int_lauf],': ');
157              readln (antwort);
158              IF antwort IN ['J','j']
159                THEN
160                  interessen  := interessen + [int_lauf]
161            END (* FOR *);
162
163          writeln;
164          writeln ('und zum Schluss noch eine ',
165                  'Kontaktadresse:');
166         write ('*'); readln (kontakt)
167       END (* WITH *)
168
169    (* Kontrollausgabe *);
170    writeln;
171    writeln  ('So werden Sie nun in die Datenbank ',
172              'aufgenommen:');
173    person_ausgeben (datenbank^,weiter);
174    neu := false;
175    write ('Ist''s recht so (J/N): ');
176    readln (antwort);
177    IF antwort IN ['J','j']
178      THEN
179        BEGIN
180          person := datenbank^;
181          neu := true;
182          put (datenbank)
183        END (* THEN *)
184      ELSE
185        writeln ('Na denn eben nicht!')
```

```
  186 END (* neuer_Kunde *);
  187
  188
  189 PROCEDURE vergleichen (person : person_typ);
  190 VAR
  191    partner_gefunden  : boolean;
  192
  193
  194 BEGIN
  195    writeln;
  196    writeln ('Unser Institut schlaegt Ihnen als ',
  197             'Partner vor:');
  198    partner_gefunden := false;
  199    reset (datenbank);
  200    WHILE NOT eof (datenbank) DO
  201      BEGIN
  202        IF datenbank^.geschlecht <> person.geschlecht
  203          THEN
  204            IF (datenbank^.interessen * person.interessen)
  205              = []
  206              THEN  (* keine gemeinsamen Interessen *)
  207              ELSE
  208                BEGIN
  209                  partner_gefunden := true;
  210                  person_ausgeben (datenbank^,halt)
  211                END (* ELSE *);
  212        get (datenbank)
  213      END (* WHILE*);
  214
  215    IF  partner_gefunden
  216      THEN (* na also *)
  217      ELSE
  218        writeln (' ':8,'***** leider kein geeigneter ',
  219                 'Partner gefunden! *****')
  220 END (* Vergleichen *);
  221
  222
  223 BEGIN (* Partner-Vermittlung *)
  224    reset (datenbank,db_name_extern);
  225    tabelle_initialisieren;
  226    writeln;
  227    writeln ('Guten Tag, hier ist Ihre ',
  228             'Partnervermittlung!');
  229    write   ('Waren Sie schon einmal bei uns (J/N): ');
  230    readln (antwort);
  231    IF antwort IN ['J','j']
  232      THEN alter_kunde (person,okay)
  233      ELSE neuer_kunde   (person,okay);
  234    IF okay
  235      THEN vergleichen (person);
  236    writeln;
  237    writeln ('Auf Wiedersehen - beehren Sie uns ',
  238             'bald wieder!');
  239    close (datenbank,lock)
  240 END   (* Partner-Vermittlung *).
```

Anregungen zum Weiterbasteln

1. Was passiert, wenn sich ein neuer Kunde unter einem Namen in
   die Datenbank einträgt, der bereits verzeichnet ist? Prüfen Sie
   diese Situation nach und nehmen Sie die nötigen Korrekturen im
   Programm vor.

2. So könnte der Ablauf des Programms auch aussehen:

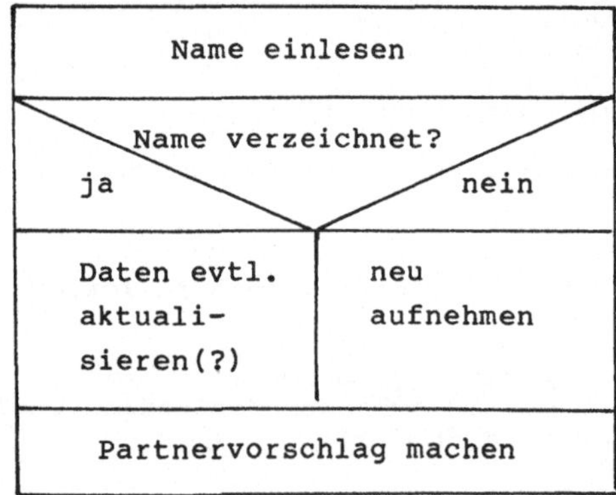

   Realisieren Sie ein entsprechendes Programm (damit wäre auch
   das Problem aus Anregung 1 elegant gelöst ...).

3. Wer einmal in einer Datenbank mit seinen Daten steht, kommt
   nicht wieder heraus. Das gilt - wie man oft in der Tageszeitung
   liest - zumindest für die Datenbank des Kreditgebers und der
   Polizei. Es muß jedoch nicht für PARTNER_VERMITTLUNG gelten:
   Realisieren Sie eine Funktion 'Eintrag löschen'.

For BASICians only

Hier gibt es grundsätzliche Probleme: einen allgemeinen FILE-Typ
kennen die meisten BASIC-Varianten nicht. Daher bleibt Ihnen
nichts anderes übrig, als auf eine Textausgabe in die Datei auszu-
weichen, was natürlich wesentlich rechenzeitintensiver ist.

Lebensberater

Mit HOROSKOP und BIORHYTHMUS haben Sie schon Programme kennengelernt, die Ihnen etwas über Ihre Zukunft mitteilen. HOROSKOP
kann man als reines Nonsens-Programm abtun; BIORHYTHMUS nimmt der
eine sehr ernst, der nächste ganz und gar nicht und ein dritter
weiß nicht recht, was er von der Sache halten soll (mir geht es
wie dem dritten...). Der LEBENSBERATER war ursprünglich von mir
entworfen worden, um Computergläubigen ("Was vom Computer kommt,
muß richtig sein") die Augen zu öffnen, ihnen zu zeigen, mit
welch einfachen Mitteln man den Eindruck erwecken kann, der
Computer wisse alles.

Doch weit gefehlt - ich habe beobachten müssen, daß Studenten,
denen ich Stunden zuvor das Programm erläutert hatte, fasziniert
den LEBENSBERATER um Rat gefragt haben und von seiner Antwort erleichtert oder auch sichtlich betroffen waren (Frage einer Stu-
dentin: "Werde ich einmal heiraten?" Antwort des LEBENSBERATERs:
"Nein"). Ich möchte gar nicht wissen, welche Folgen der unkontrol-
lierte Einsatz dieses Programms an der Universität Konstanz
bereits gebracht hat ...

Zum Ablauf des Programms ist nicht viel zu sagen, außer daß
der Zufallszahlengenerator ordentlich zu tun bekommt:
    1. Er wird zum "Hellsehen" benutzt (Zeilen 36 - 43),
    2. er bestimmt die Tonfolge der Fanfare (Zeilen 33 - 34),
    3. er legt das Honorar am Ende der Beratung fest (Zeile 52).

Ein Ablaufbeispiel:

>>>>> Hier ist Ihr Lebensberater <<<<<

Stellen Sie Ihre Fragen bitte kurz (1 Zeile pro Frage)
und formulieren Sie so, dass ich mit Ja oder Nein antworten kann.

Ihre erste Frage (Ende = '*'):
Wird dieses Buch ein grosser Erfolg?   - RETURN -
Ja

.

(Zu meiner Ehrenrettung sei noch gesagt, daß ich den LEBENS_
BERATER in dieser Sache wirklich befragt habe und dieses
auch nur ein einziges Mal!)

Anregungen zum Weiterbasteln

1. Stellt man dem LEBENSBERATER eine Frage ein zweites Mal, so
   fällt die Antwort genauso beliebig aus wie beim ersten Mal -
   und daraus erwächst ein großes Problem hinsichtlich seiner
   Glaubwürdigkeit. Schaffen Sie eine Variante, in der die
   Berechnung der Antwort zu 90 % aller Fälle allein von der
   Eingabezeichenfolge (alle Zeichenwerte werden z. B. aufad-
   diert) und zu 10 % zufällig bestimmt wird.

2. Den Schein eines tatsächlich "allwissenden" LEBENSBERATER
   können Sie noch verstärken, indem Sie folgende Ergänzungen
   vornehmen:
   > o Umfaßt die Frage weniger als n_min (n_min = 15?) Buch-
   >   staben, so lehnt das Programm die Frage ab, weil sie
   >   nicht ausführlich genug formuliert war.
   > o Übersteigt die Länge der Frage n_max (n_max > 50?),
   >   so lehnt der Lebensberater die Frage ab und bittet
   >   darum, sie präziser zu stellen, d. h. kürzer zu fassen.

3. Um offensichtlich unsinnige Eingaben (z. B. eine identi-
   sche Buchstabenfolge) erkennen zu können, braucht der
   LEBENSBERATER noch weitere Tests.

```
   1 PROGRAM lebens_berater (input, output);
   2
   3 (* L e b e n s b e r a t e r *)
   4 (*                               *)
   5 (* Autor : H.E. Erbs     1983 *)
   6
   7 USES
   8    applestuff;
   9
  10 CONST
  11    ende    = '*';
  12    dauer   = 20;
  13    anzahl  = 10;
  14
  15 VAR
  16    eingabe : char;
  17    i       : 1 .. anzahl;
  18
  19 BEGIN
  20    randomize;
  21    writeln ('>>>>> Hier ist Ihr Lebensberater! <<<<<');
  22    writeln;
  23    writeln ('Stellen Sie Ihre Fragen bitte kurz ',
  24             '(1 Zeile pro Frage)');
  25    writeln ('und formulieren Sie so, dass ich mit Ja ',
  26             'oder Nein antworten kann.');
  27    writeln;
  28    writeln ('Ihre erste Frage (Ende = ''*''):');
  29    readln (eingabe);
  30
  31    WHILE eingabe <> ende DO
  32       BEGIN
  33          FOR i := 1 TO anzahl DO
  34             note (random MOD 50,dauer);
  35
  36          CASE (random + ord (eingabe)) MOD 10 OF
  37             0,1     : writeln ('Hier wird man die ',
  38                               'Zukunft abwarten muessen!');
  39             2,3,4,5 : writeln ('Ja');
  40             6,7,8   : writeln ('Nein');
  41             9       : writeln ('Diese Frage sollten Sie',
  42                               ' so aber nicht stellen!')
  43          END (* CASE *);
  44
  45          writeln;
  46          writeln ('Ihre naechste Frage bitte ',
  47                   '(Ende = ''*''):');
  48          readln (eingabe)
  49       END (* While *);
  50
  51    writeln ('>>>>>  Bitte ueberweisen Sie <<<<<':50);
  52    writeln (random MOD 10000 / 100.0:34:2, ' DM');
  53    writeln ('auf das Konto Nr. 1.816.500 bei der',
  54             ' Badischen Beamtenbank Karlsruhe.')
  55 END   (* Lebens_Berater *).
```

2.9   Hier spielt der Computer

Labyrinth

LABYRINTH stellt das erste der drei Spiele dar, die den Rechner
einmal selbst spielen lassen, bei denen er völlig frei einen Buchtitel erfinden darf, oder der Mensch eine Aufgabe vorgibt
(z. B. hier: einen Ausweg aus einem beliebigen Labyrinth zu
finden), und der Rechner sie lösen muß.

Zunächst geben wir ihm einmal ein Labyrinth vor (im Bild links!):

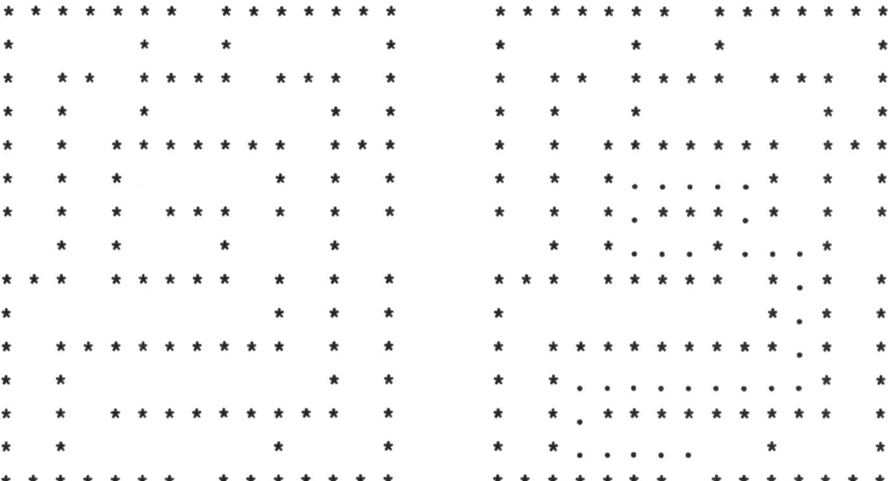

Wie gelangt nun ein Programm zu einem Ausweg wie diesem (im
Bild rechts)?

Nun, es gelangt am einfachsten nach der "Hänsel und Gretel"-Metho-
de zu einem Ausweg: Es markiert einfach seine Spur und immer dann,
wenn es nicht mehr weiterkommt, geht es den Weg wieder zurück bis
an die Stelle, an der eine Alternative möglich ist. Hierbei sei
allerdings unterstellt, daß es im Programm keine Vögel gibt, die
die Wegmarkierungen beseitigen - wie bei den Gebrüdern Grimm nun
mal geschehen!

Im Programm findet man dieses Vorgehen in den Zeilen 80 (hier
wird die Markierung gesetzt) und 93 (hier wird sie wieder ge-

löscht). Und dazwischen erfolgt das, was wir schon so ähnlich im
Programm KALAH kennengelernt haben: die Prozedur POSITIONIEREN
wird rekursiv aufgerufen. Sie überprüft bei jedem Aufruf, ob diese
Position im Labyrinth überhaupt frei, d.h. keine Wand ist
(Zeile 76) und weiter noch, ob die Freiheit erreicht ist
(Zeile 81). Dann passiert nichts weiter, als daß das Labyrinth mit
seiner Wegmarkierung ausgegeben wird. Ist noch kein Ausweg gefunden, muß in allen 4 Himmelsrichtungen weitergesucht werden; daraus
resultieren die 4 Aufrufe von POSITIONIEREN in den Zeilen 86-89.

Ein wesentlicher Unterschied zeigt sich im Vergleich der Rekursion
in KALAH und LABYRINTH: In Kalah wird das Spielfeld mit jedem Aufruf (man sagt hier auch 'Inkarnation') vollständig kopiert -
Aufräumungsarbeiten entfallen damit. LABYRINTH ist da wesentlich
ordentlicher: Das Spielfeld existiert nur einmal als globale
Variable; mit jeder Inkarnation wird lediglich eine Markierung
gesetzt und am Ende wieder gelöscht (wenn eine Wand erreicht ist,
passiert dergleichen auch gar nicht). Diese Art von Algorithmus
mit Rückzug (als wäre nichts geschehen) kennt man auch als
"Backtracking Algorithmen", in denen das Instrument Rekursion
vorzüglich eingesetzt werden kann.

Noch eine Kleinigkeit am Rande: Der aufmerksame Betrachter mag
sich über die Definition des LAUF_BEREICHS mit 0..n wundern.
Mit der unteren Schranke 0 (statt 1, wie man im ersten Augenblick
angenommen hätte) läßt sich die Überprüfung 'Rand erreicht?'
leichter realisieren, und die Programmierung der Video-Version
LABY2 wird damit auch wesentlich erleichtert.

```pascal
   1 PROGRAM labyrinth (input, output);
   2
   3 (*           L a b y r i n t h         *)
   4 (*      Autor: H. E. Erbs    1981      *)
   5 (* nach einer Idee von H. Schauer *)
   6
   7 CONST
   8    n               = 14; (* n+1 = Groesse des Labyrinths *)
   9    markierung      = '.';
  10    zwischenraum    = ' ';
  11    db_name_extern = '#10:laby&db.text';
  12
  13 TYPE
  14    lauf_bereich    = 0 .. n;
  15
  16 VAR
  17    irrgarten       : ARRAY [lauf_bereich, lauf_bereich]
  18                        OF char;
  19    laby_datei      : text;
  20    zaehler         : 0 .. maxint;
  21
  22
  23 PROCEDURE einlesen;
  24 VAR
  25    zeile, spalte : lauf_bereich;
  26 BEGIN
  27    writeln; writeln ('*** L a b y r i n t h ***');
  28    reset (laby_datei, db_name_extern);
  29    FOR zeile := 0 TO n DO
  30       BEGIN
  31          FOR spalte := 0 TO n DO
  32             read (laby_datei, irrgarten[zeile,spalte]);
  33          readln (laby_datei)
  34       END (* For *);
  35    close (laby_datei)
  36 END (* Einlesen *);
  37
  38
  39 PROCEDURE drucken;
  40 VAR
  41    zeile, spalte : lauf_bereich;
  42 BEGIN
  43    writeln; writeln; writeln;
  44    IF zaehler > 0
  45      THEN
  46         BEGIN
  47            write ('--- Der ',zaehler,'. Ausweg (RETURN):');
  48            readln;
  49            writeln; writeln
  50         END (* Then *);
  51    zaehler := zaehler + 1;
  52
  53    For zeile := 0 TO n DO
  54       BEGIN
  55          FOR spalte := 0 TO n DO
```

```
 56                 write (irrgarten[zeile,spalte],zwischenraum);
 57             writeln
 58          END (* For *);
 59      writeln;
 60 END (* Drucken *);
 61
 62
 63 PROCEDURE ohne_pfad_ausgeben;
 64 BEGIN
 65     zaehler := 0;
 66     writeln;
 67     writeln; writeln ('---- Das Original (ohne Pfad):');
 68     drucken
 69 END (* ohne_Pfad_ausgeben *);
 70
 71
 72 PROCEDURE positionieren (x, y : lauf_bereich);
 73 (* naechste Position fuer MARKIERUNG wird gesucht *)
 74
 75 BEGIN (* Positionieren *)
 76     IF irrgarten [x,y] = ' '
 77       THEN
 78         BEGIN
 79           (* Markierung setzen *)
 80           irrgarten [x,y] := markierung;
 81           IF (x MOD n = 0) OR (y MOD n = 0)
 82             THEN (* Rand erreicht: Ausweg gefunden *)
 83               drucken
 84             ELSE (* noch kein Ausweg; weitersuchen ... *)
 85               BEGIN
 86                 positionieren (x+1,y  );   (* nach  unten *)
 87                 positionieren (x  ,y+1);   (* nach rechts *)
 88                 positionieren (x-1,y  );   (* nach   oben *)
 89                 positionieren (x  ,y-1)    (* nach  links *)
 90               END (* Else *);
 91
 92           (* Markierung wieder loeschen *)
 93           irrgarten [x,y] := ' '
 94         END (* Then *)
 95       ELSE
 96         (* hier ist eine Wand *)
 97 END (* Positionieren *);
 98
 99
100 BEGIN (* Labyrinth *)
101     einlesen;
102     ohne_pfad_ausgeben;
103     positionieren (n DIV 2 , n DIV 2);
104     writeln;
105     writeln ('--- Das waren alle ',zaehler-1,' Auswege!')
106 END (* Labyrinth *).
```

Anregungen zum Weiterbasteln

1. Spielen Sie, oder besser: Lassen Sie den Rechner spielen.
   Geben Sie ihm ein eigenes Labyrinth vor, zu dem das Programm den (die) Ausweg(e) finden soll!

2. Was geschieht, wenn in der Labyrinth-Datei die achte Zeile
   (dort ist der rechte "Auslaß") nicht aus 15 sondern nur aus
   13 Zeichen besteht (die letzten beiden Blanks werden mit dem
   Editor nicht eingetragen)? Prüfen Sie Ihre Vermutung nach!
   Wie kann man im Programm solche Fehler abfangen?

3. Verbessern Sie den Einleseteil des Programms! Lassen
   Sie beliebige Größen (max. n = 20) des Labyrinths zu und
   gestalten Sie eine variable Eingabe (z. B. kann in der
   ersten Zeile der Labyrinth-Datei die Größe des Labyrinths
   stehen).

4. Was geschieht, wenn Sie dem Programm ein Labyrinth ohne
   Ausweg anbieten?

5. Lösen Sie das "Achtdamen-Problem": Acht Damen (Bewegungs-
   regeln aus dem Schachspiel) sollen so auf das 8 x 8 Brett
   gestellt werden, daß sie sich nicht gegenseitig bedrohen.
   Entwerfen Sie einen geeigneten Backtracking-Algorithmus!

Buchtitel

Bei manchen Buchtiteln (vorwiegend im akademischen Bereich)
kann man sich des Eindrucks kaum erwehren, hier wird mit Macht
verschleiert, um was es in dem Buch überhaupt geht. Ich kann mir
vorstellen, daß dieses Vorhaben, möglichst wichtig klingende, aber
unverständliche Titel-Ungetüme zu konstruieren, nicht immer ganz
einfach ist. Doch dafür gibt es jetzt dieses Programm: Es produziert aus drei Textteilen LINKS, MITTE und RECHTS zufällig
einen Buchtitel. Daß dieser Algorithmus nicht nur auf Buchtitel
anwendbar ist, sieht man außerdem recht schnell: Kompositionen
jedweder Art können hiermit erledigt werden (siehe hierzu die
'Anregungen zum Weiterbasteln').

Das abgebildete Programm stellt eine Version in UCSD-Pascal dar
- es gerät mit Hilfe des String-Typs wesentlich kürzer und auch
durchsichtiger als die Vorlage aus Erbs/Stolz 'Einführung in die
Programmierung mit PASCAL' (S. 135/136). In der Originalversion
mußte mit den Mitteln von Standard-Pascal der String-Typ nach-
empfunden werden; der Vergleich beider Versionen ist in dieser
Hinsicht sicherlich sehr interessant.

Lassen Sie das Programm einmal laufen und horchen Sie, was die
Zeilen 51 bis 54 Ihnen zu Gehör bringen!

```
 1 PROGRAM buchtitel (input, output);
 2
 3 (*           B u c h t i t e l          *)
 4 (*                                      *)
 5 (* Autoren: O. Stolz /  H.E. Erbs 1983 *)
 6
 7 USES
 8    applestuff;
 9
```

```
10 VAR
11     links, mitte, rechts : ARRAY [0..3] OF string;
12     titel                : string;
13     akt_textteil         : 0 .. 3;
14
15 PROCEDURE initialisieren;
16 BEGIN
17     links  [0] := 'Intermittierende';
18     links  [1] := 'Kontinental-europaeische';
19     links  [2] := 'Neu-romantische';
20     links  [3] := 'Eine erbauliche';
21
22     mitte  [0] := 'Degustation';
23     mitte  [1] := 'Reparatur-Anleitung';
24     mitte  [2] := 'Lesefibel';
25     mitte  [3] := 'Reminiszenz';
26
27     rechts [0] := 'fuer Fortgeschrittene';
28     rechts [1] := 'mit Pfiff';
29     rechts [2] := 'gestern - heute - morgen';
30     rechts [3] := 'ohne Sinn und Verstand';
31 END (* Initialisieren  *);
32
33
34 PROCEDURE titel_mix;
35 BEGIN
36     randomize;
37     titel := concat (links  [random MOD 4], ' ',
38                      mitte  [random MOD 4], ' ',
39                      rechts [random MOD 4])
40 END (* titel_mix *);
41
42
43 PROCEDURE ausgabe;
44 CONST
45     dauer = 50;
46
47 BEGIN
48     writeln;
49     writeln ('Der kommende Bestseller lautet:');
50     writeln;
51     note (26,dauer);
52     note (28,dauer);
53     note (30,dauer);
54     note (31,dauer*2);
55     writeln ('>>>>> ',titel, ' <<<<<');
56     note (7,dauer*2)
57 END (* Ausgabe *);
58
59
60 BEGIN (* Buchtitel *)
61     initialisieren;
62     titel_mix;
63     ausgabe
64 END    (* Buchtitel *).
```

Anregungen zum Weiterbasteln

1. Satzfragmente beliebig zu kombinieren läßt sich nicht nur
   zur "Kreation" von Buchtiteln anwenden. Ändern Sie BUCHTITEL
   derart ab, daß es
   - o Namen erfindet (z. B. "Baron Wolf von Dachsenstein"),
   - o neue Berufsbezeichnungen schafft (z. B. Oberkamin-
     kehrerverwalter) oder
   - o Menüvorschläge macht (z. B. "Blaue Bohnen mit
     gedörrten Meerschweinchen und Pfefferminzsauce").

2. Es ist nur ein kleiner Schritt, von der Kombination von
   Wörtern zur Kombination von Sätzen zu kommen. Genauer:
   Schreiben Sie ein Program, das "Moderne Lyrik" schreibt.
   Beispiel für ein solches "Gedicht":

   I
   jeder Schnee ist kalt
   und nicht jeder engel ist weiß
   und nicht jeder schnee ist still
   und kein friede ist kalt
   und kein engel ist hell
   und jeder friede ist still
   II
   kein friede ist weiß
   oder der engel ist weiß
   oder der christbaum ist kalt
   und nicht jeder friede ist schön
   und ein christkind ist leise
   III
   jeder nikolaus ist still
   .

   .

   .

   Dieses "Gedicht" ist 1959 von einer ZUSE Z22 produziert
   worden - und hat in der Folgezeit eine Vielzahl von Inter-
   pretationen über sich ergehen lassen ...

Zahltafel

Wenn üblicherweise in Zahlenratespielen der Rechner sich eine
Zahl ausdenkt, die der Mensch zu raten hat, so wird mit diesem
Spiel der Spieß umgedreht: der Rechner rät eine Zahl, die sich
der Mensch ausgedacht hat. Zum Raten gehört hier, daß der
Rechner eine Reihe Zahlentafeln (genauer gesagt: sechs an
der Zahl) vorzeigt, und der Mensch hat zu sagen, ob seine gedachte Zahl auf diesen Tafeln enthalten ist oder nicht.

Ein Ablaufbeispiel:

```
     .

     .

    1    3    5    7    9   11   13   15
   17   19   21   23   25   27   29   31
   33   35   37   39   41   43   45   47
   49   51   53   55   57   59   61   63


Ist Deine Zahl dabei (J/N): J    - RETURN -

    2    3    6    7   10   11   14   15
   18   19   22   23   26   27   30   31
   34   35   38   39   42   43   46   47
   50   51   54   55   58   59   62   63


Ist Deine Zahl dabei (J/N): N    - RETURN -
     .

     .

   32   33   34   35   36   37   38   39
   40   41   42   43   44   45   46   47
   48   49   50   51   52   53   54   55
   56   57   58   59   60   61   62   63


Ist Deine Zahl dabei (J/N): J    - RETURN -

*** Deine Zahl lautet: 49
```

Die Frage lautet hier: Woher weiß der Rechner das?

Ganz einfach: Jede Zahl zwischen 0 und 63 (und mehr sind in dieser
Version nicht zugelassen) ist eindeutig mit 6 Stellen im Dualsy-
stem darstellbar. Wenn man sich nun eine Zahltafel ansieht und die
Gemeinsamheiten aller darauf verzeichneten Zahlen sucht, dann
zeigt sich: Alle haben an einer bestimmten Position dieser Dual-
zahl denselben Wert.

Beispiel (Karte 1):

dezimal	dual
1	000001
3	000011
5	000101
7	000111
9	001001
.	.
.	.
.	.
63	111111

Tatsächlich: Die letzte Position ist bei allen Zahlen identisch!
Das bedeutet: Wenn die Zahl auf dieser Karte verzeichnet ist, so
hat Sie eine '1' in der letzten Stelle, wenn nicht, dann hat Sie
dort eine '0'. Der Wert (dezimal) dieser Stelle ist genau 1 und
kann damit auf die Zahl addiert werden (wenn die Tafel bestätigt
wurde).

So, damit ist das Geheimnis der Zahltafel gelüftet. Nur - wie
werden die Zahltafeln vom Programm zusammengestellt? Auf der Ebene
der Dualzahlen geht das ja wohl recht einfach (siehe oben), aber
wie geht das im INTEGER-Bereich 0..63? Bevor man zu dem allerärg-
sten Mittel der "Bitfummelei" greift, analysiert man doch einmal
die Zahlenfolgen und arbeitet Gesetzmäßigkeiten heraus.

Nehmen wir Tafel 2:

```
    enthält:              2 3      6 7      10 11         14 15 ...
    enthält nicht: 0 1      4 5      8 9        12 13        16 17 ...
```

oder Tafel 3:

```
    enthält:              4 5 6 7          12 13 14 15 ...
    enthält nicht: 0 1 2 3          8 9 10 11              16 17 ...
```

Bildet man Gruppen aus 4 (Tafel 2) bzw. aus 8 Zahlen (Tafel 3),
so erkennt man, daß die ersten 2 bzw. 4 Zahlen jeder Gruppe nicht
auf der Tafel enthalten sind, die letzten 2 bzw. 4 Zahlen dagegen
enthalten sind. Diesen Zusammenhang kann man auch so formulieren:

```
       Enthalten sind alle Zahlen z für die gilt:
            z MOD (anfang * 2) >= anfang
       wobei 'anfang' die erste Zahl der Tafel ist.
```

Eine "bitorientierte" Erklärung möchte ich Ihnen und mir hier ersparen, diese Erläuterungen dürften hinreichend plausibel sein.
Jetzt muß man (= das Programm) nur noch die Anfangszahlen aller
sechs Karten kennen, aber nach dieser Reise durch die Welt der
Dualzahlen bereitet die Zahlenfolge 1, 2, 4, 8, 16, 32 keine Auf-
regung mehr und ihre Entstehung (-geschichte) ist dann auch
schnell erklärt. Oder etwa nicht?

```
   1 PROGRAM zahl_tafel (input, output);
   2
   3 (*          Zahl_Tafel             *)
   4 (*                                 *)
   5 (* Autor: H. E. Erbs   1983 *)
   6
   7 CONST
   8    erste_zahl         = 0;
   9    letzte_zahl        = 63;
  10    max_zweier_potenz = 32;
  11
  12 TYPE
  13    zahl_bereich = erste_zahl .. letzte_zahl;
  14
  15 VAR
  16    zahl           : zahl_bereich;
  17    antwort        : char;
  18    zweier_potenz : 1 .. maxint;
  19
  20
  21 PROCEDURE initialisieren;
  22 BEGIN
  23    writeln ('***** Zahltafel *****'); writeln;
  24    writeln ('Denke Dir eine Zahl zwischen ', erste_zahl,
  25             ' und ', letzte_zahl, ' aus.');
  26    writeln ('Ich werde sie raten.');
  27    writeln ('Du musst lediglich sagen, auf welchen ',
  28             'Zahlentafeln Deine Zahl');
  29    writeln ('verzeichnet ist.');
  30    writeln; writeln;
  31    writeln ('Und hier kommen die Zahlentafeln:');
  32    writeln; writeln
  33 END (* Initialisieren *);
  34
  35
  36 PROCEDURE eine_tafel (anfang : zahl_bereich);
  37 CONST
  38    zahlen_pro_zeile = 8;
  39
  40 VAR
  41    lauf, anzahl : zahl_bereich;
  42
  43 BEGIN
  44    writeln; writeln;
  45    anzahl := 0;
  46    FOR lauf := anfang TO letzte_zahl DO
  47      IF (lauf MOD (anfang * 2)) >= anfang
  48        THEN
  49          BEGIN
  50            write (lauf:5);
  51            anzahl := anzahl + 1;
  52            IF (anzahl MOD zahlen_pro_zeile) = 0
  53              THEN writeln
  54          END (* Then *);
  55    writeln; writeln
```

```
 56 END (* Eine_Tafel *);
 57
 58
 59 BEGIN (* Zahl_Tafel *)
 60    initialisieren;
 61
 62    zahl := 0;
 63    zweier_potenz := 1;
 64    WHILE zweier_potenz <= max_zweier_potenz DO
 65      BEGIN
 66        eine_tafel (zweier_potenz);
 67        write ('Ist Deine Zahl dabei (J/N): ');
 68        readln (antwort);
 69        IF antwort IN ['J', 'j']
 70          THEN
 71             zahl := zahl + zweier_potenz;
 72        zweier_potenz := zweier_potenz * 2
 73      END (* While *);
 74
 75    writeln; writeln;
 76    writeln ('*** Deine Zahl lautet: ', zahl)
 77 END (* Zahl *).
```

+------- Zahltafel --------------------------------- 2 ------+

Anregungen zum Weiterbasteln

1. Das Programm Zahltafel ist für den Zahlenbereich 0 bis 63
   festgelegt. Welche Änderungen müssen vorgenommen werden,
   wenn es z. B. für den Bereich 0 bis 100 ablaufen soll?

2. Und damit die Anregung 1 nicht gar zu einfach gerät:
   Ändern Sie die Konstante MAX_ZWEIER_POTENZ in eine Variable
   um und lassen Sie sie vom Programm errechnen!

2.10 Videospiele

Labyrinth 2

Noch einmal LABYRINTH? Nach der maschinenunabhängigen und damit
etwas behäbigen Version des vorigen Kapitels möchte ich eine
dynamische Variante vorstellen: hier hat man direkt vor Augen (und
Ohren!), wie der Rechner den Ausweg aus dem Labyrinth sucht und
findet.

Die wesentlichen Unterschiede zur ersten Version von LABYRINTH
sind:
1. Die einzelnen Bewegungen werden direkt am Bildschirm (im
   Textmodus!) angezeigt. Dafür wird die Standardprozedur
   GOTOXY benutzt (positioniert den Cursor auf eine angegebene
   Stelle des Text-Bildschirms). Schauen wir uns etwas genauer
   an, wie eine Markierung gesetzt (Zeilen 89 - 93) bzw.
   gelöscht (Zeilen 113 - 116) wird: Sowohl die Reihe IRRGARTEN
   muß an der Stelle (x,y) geändert werden, als auch der Bildschirm (in dem Abbild). Was die Zuweisung für die Reihe ist,
   bedeutet die WRITE-Anweisung für den Bildschirm:

   ```
        gotoxy (spalte,zeile; write (markierung)
   ```

                              setzt eine Markierung

   ```
        gotoxy (spalte,zeile); write (' ')
   ```

                              löscht sie wieder.

   Zuvor müssen noch die Koordinaten der Markierung in der Reihe
   in die Koordinaten des Bildschirms umgerechnet werden:

   ```
            spalte:= y * 2
            zeile := x + 5
   ```

2. Nehmen Sie einmal die Zeile 91 mit dem Aufruf der Prozedur
   PAUSE aus dem Programm heraus! Aus dem beabsichtigen Augen-
   schmaus wird nichts, da der Rechner die Markierung kaum
   verfolgbar setzt und wieder löscht. Deshalb sollten Sie auch im
   eigenen Programm nach jedem Schritt eine kleine Pause einlegen.
3. Und damit nicht nur die Augen etwas geboten bekommen, wird
   jede Aktion mit einem frohgemuten Ton (Markierung setzen)
   bzw. einem eher ärgerlichen (Markierung löschen) untermalt und
   schließlich wird noch in der Freiheit ein Tusch angestimmt
   (Zeilen 68 - 80).

```pascal
  1 PROGRAM labyrinth (input, output);
  2
  3 (*        L a b y r i n t h   2      *)
  4 (*                                   *)
  5 (*      Autor: H. E. Erbs   1983     *)
  6
  7 USES
  8    applestuff;
  9
 10 CONST
 11    n                = 14; (* n+1 = Groesse des Labyrinths *)
 12    markierung     = '.';
 13    zwischenraum   = ' ';
 14    db_name_extern = '#10:laby&db.text';
 15
 16 TYPE
 17    kardinal_zahl  = 0 .. maxint;
 18    lauf_bereich   = 0 .. n;
 19
 20 VAR
 21    irrgarten       : ARRAY [lauf_bereich, lauf_bereich]
 22                         OF char;
 23    laby_datei     : text;
 24    zaehler        : 0 .. maxint;
 25
 26
 27 PROCEDURE einlesen;
 28 VAR
 29    zeile, spalte : lauf_bereich;
 30 BEGIN
 31    gotoxy (0,3);
 32    writeln ('*** L a b y r i n t h ***');
 33    reset (laby_datei, db_name_extern);
 34    FOR zeile := 0 TO n DO
 35       BEGIN
 36          FOR spalte := 0 TO n DO
 37             read (laby_datei, irrgarten[zeile,spalte]);
 38          readln (laby_datei)
 39       END (* For *);
 40    close (laby_datei)
 41 END (* Einlesen *);
 42
 43
 44 PROCEDURE drucken;
 45 VAR
 46    zeile, spalte : lauf_bereich;
 47 BEGIN
 48    gotoxy (0,5);
 49    For zeile := 0 TO n DO
 50       BEGIN
 51          FOR spalte := 0 TO n DO
 52             write (irrgarten[zeile,spalte],zwischenraum);
 53          writeln
 54       END (* For *)
 55 END (* Drucken *);
```

```
 56
 57
 58 PROCEDURE pause (laenge : kardinal_zahl);
 59 VAR
 60    i, j : kardinal_zahl;
 61
 62 BEGIN
 63    FOR i := 1 TO laenge DO
 64        j := i
 65 END (* Pause *);
 66
 67
 68 PROCEDURE tusch;
 69 CONST
 70    d   = 33;
 71    a   = 28;
 72    fis = 37;
 73    e   = 35;
 74
 75 BEGIN
 76    note (d,150);
 77    pause (50); note (d,50); note (a,100);
 78    pause (30); note (d,90); note (fis,90); note (e,90);
 79    pause (40); note (d,100)
 80 END (* tusch *);
 81
 82
 83 PROCEDURE positionieren (x, y : lauf_bereich);
 84 (* naechste Position fuer MARKIERUNG wird gesucht *)
 85 BEGIN (* Positionieren *)
 86    IF irrgarten [x,y] = ' '
 87      THEN
 88        BEGIN
 89          (* Markierung setzen *)
 90          irrgarten [x,y] := markierung;
 91          pause (200);
 92          gotoxy (y*2,x+5); write (markierung);
 93          note (33,50);
 94
 95          IF (x MOD n = 0) OR (y MOD n = 0)
 96             THEN (* Rand erreicht: Ausweg gefunden *)
 97               BEGIN
 98                 pause (500); tusch;
 99                 zaehler := zaehler + 1;
100                 gotoxy (0,22);
101                 write ('--- Noch''n Ausweg (RETURN): ');
102                 readln;
103               END (* Then *)
104
105             ELSE (* noch kein Ausweg; weitersuchen ... *)
106               BEGIN
107                 positionieren (x+1,y  ); (* nach   unten *)
108                 positionieren (x  ,y+1); (* nach  rechts *)
109                 positionieren (x-1,y  ); (* nach    oben *)
110                 positionieren (x  ,y-1)  (* nach   links *)
```

```
+-----------------------------------------------------------------+
!                                                                 !
! 111                END (* Else *);                              !
! 112                                                             !
! 113              (* Markierung wieder loeschen *);              !
! 114              gotoxy (y*2,x+5); write (' ');                 !
! 115              note (1,50);                                   !
! 116              irrgarten [x,y] := ' '                         !
! 117            END (* Then *)                                   !
! 118          ELSE                                               !
! 119            (* hier ist eine Wand *)                         !
! 120 END (* Positionieren *);                                    !
! 121                                                             !
! 122                                                             !
! 123 BEGIN (* Labyrinth *)                                       !
! 124     einlesen;                                               !
! 125     zaehler := 0;                                           !
! 126     drucken;                                                !
! 127     positionieren (n DIV 2 , n DIV 2);                      !
! 128     gotoxy (0,22);                                          !
! 129     writeln ('--- Das waren alle ',zaehler,' Auswege!')     !
! 130 END (* Labyrinth *).                                        !
!                                                                 !
+------ Labyrinth 2 -------------------------------- 3 ------+
```

Anregung zum Weiterbasteln

Prüfen Sie die 31 Nicht-Videospiele dieser Sammlung (incl. den
'Anregungen zum Weiterbasteln'), ob Sie Video-Varianten anlegen
können. REVERSI, KALAH, SCHIFFE_VERSENKEN und einige andere
werden erst als Videospiel zum richtigen Computerspiel!

PingPong

Dieses Videospiel stellt das geschichtlich erste seiner Gattung
dar: ein "Action-Spiel", bei dem es nicht auf Kombinations- oder
Erinnerungsvermögen daraufankommt, sondern die Geschicklichkeit
des Spielers gefordert wird. PINGPONG konnte man als das erste
Spiel erleben, bei dem die Tastatur des Computers als Eingabe-
medium nicht mehr gefragt war - die Hand lag am "Joy-Stick",
"Paddle" oder wie der Steuerknüppel auch immer heißen mag.

Und genau dieses Instrumentarium benötigt man zu diesem Spiel in
der Pascalfassung; ohne Paddles geht's zwar auch - aber neben der
Drängelei an der Tastatur (bei 2 Personen) ist "nach oben" = $\boxed{\text{A}}$
und "nach unten" = $\boxed{\text{Y}}$ (oder beliebige andere Zuordnung) nicht
recht einzusehen...

Nun zu den Besonderheiten dieses Programms:
1. Es benutzt eine Vielzahl von Prozeduren aus der Bibliothek
   TURTLEGRAFICS:
   INITTURTLE (Zeile 370):   Löscht den Bildschirm und stellt
                             auf Grafik- und Textmodus ein.
   GRAFMODE (Zeile 350):   Der Grafik-Bildschirminhalt wird
                             wiedergegeben.
   TEXTMODE (Zeile 345):   Der Text-Bildschirm wird wieder-
                             gegeben (normale Situation; z. B.
                             bei Ende eines Grafikprogramms).
   PENCOLOR (Zeile 140):   Legt die Farbe fest; in dieser
                             Schwarzweiß-Implementation
                             werden nur WHITE (es wird gezeich-
                             net) und NONE (für unsichtbare
                             Bewegungen) verwendet.
   MOVETO (Zeile 141):   Bewegt den Ball auf einen ange-
                             gebenen Punkt des Bildschirms zu.
   DRAWBLOCK (Zeile 77):   Gibt ein (beliebig) komplexes
                             Muster auf dem (Grafik-)Bildschirm aus;
                             wird dazu verwendet, den Ball
                             (Prozedur DRAWBALL) und die Schlä-
                             ger (Prozedur DRAWCLUB) auszugeben.

WCHAR (Zeile 184):   Gibt Text im Grafik-Bildschirm
                             aus; wird für den Spielstand be-
                             nötigt (Prozedur DISPLAYSCORE;
                             Zeilen 162 - 188).
2. Es benutzt die Prozedur PADDLE (z. B. in Zeile 116), um die
   aktuelle Position der Paddles festzustellen - und entsprechend
   dieser Stellung wird dann die neue Position des Schlägers
   bestimmt (Prozedur MOVECLUB; Zeilen 111 - 133).

So, nachdem zunächst einmal einige grundsätzliche Grafik-
Prozeduren in ihrer Funktion klar sind, können wir uns den
Besonderheiten des Ablaufs widmen.

Die Bewegung des Schlägers: Mit der Prozedur DRAWCLUB wird nur
eine Zeile des Schlägers gezeichnet; die Prozedur INITCLUB
zeichnet damit nun den ganzen Schläger. Wazu das? Damit kann
die Schlägerbewegung nach oben als ein Entfernen der untersten
Zeile und Aufsetzen dieser Zeile auf den Schläger realisiert
werden (nach unten natürlich umgekehrt). Dieses Vorgehen kann
man in den Zeilen 123/124 (nach oben) bzw. 129/130 (nach
unten) wiedererkennen.

Das Retournieren des Balls: Ein Schläger trifft den Ball, wenn
beide auf derselben x-Koordinate zu finden sind und die
y-Koordinate des Balles innerhalb des Intervalls untere Ecke
bis obere Ecke des Schlägers liegt. Und diese Prüfungen sind
in den Zeilen 227 - 240 (1 Spieler) und 251 - 269 (2 Spieler)
zu finden. Darin ist außerdem das eigentliche Retournieren
des Balls enthalten: Ist er getroffen, so wird seine Flug-
richtung umgekehrt (und dabei wieder seine Geschwindigkeit
nicht konstant gehalten, sondern von dem Ergebnis der Funktion
RANDOMSPEED abhängig gemacht.

Den Ablauf von PINGPONG hier darstellen zu wollen, erscheint
mir müßig; zum einen sollte das Spiel nun hinlänglich klar
sein und zum anderen läßt sich solch ein Actionspiel eben nicht
auf dem Papier adäquat wiedergeben. Also: Nun spielt man schön!
(Frei nach einem ehemaligen Bundespräsidenten)

```
   1 PROGRAM pingpong
   2
   3 (*                 P i n g P o n g                *)
   4 (*                                                *)
   5 (* Autoren: R. Dierenbach & K. Laeufer    1983 *)
   6
   7
   8 ;   USES turtlegrafics
   9     ,      applestuff
  10
  11 ;   CONST
  12         xmax        = 275
  13     ;   ymax        = 189
  14     ;   charheight  =   7
  15     ;   charwidth   =   8
  16     ;   xclub1      =  23    (* Position von Schlaeger 1 *)
  17     ;   xclub2      = 275    (* Position von Schlaeger 2 *)
  18     ;   heightclub  =  30    (* Hoehe des Schlaegers *)
  19     ;   blank       = ' '
  20     ;   sizex       =   5
  21     ;   sizey       =   1
  22     ;   ytop        = 178
  23     ;   ydown       =   4
  24     ;   maxspeed    =  20
  25     ;   maxpaddle   = 255
  26     ;   maxscore    =  15
  27     ;   scoreheight= 170
  28     ;   scoreleft  = 125
  29     ;   scoreright = 155
  30
  31 ;   TYPE
  32         bar         = PACKED ARRAY [ 0..sizey , 0..sizex ]
  33                                 OF boolean
  34     ;   charac      = PACKED ARRAY [ 0..charheight,
  35                                 0..charwidth ] OF boolean
  36     ;   mode        = 0..15
  37     ;   scoretype   = 0..maxscore
  38     ;   scorearr    = ARRAY [ 1..2 ] OF scoretype
  39     ;   switchtype  = ARRAY [ 1..2 ] OF integer
  40     ;   playertype  = 1..2
  41     ;   speedtype   = -maxspeed..maxspeed
  42
  43 ;   VAR club : bar
  44     ;    ball : charac
  45     ;    ynew
  46      , yold : switchtype
  47     ;    help
  48      , x
  49      , y
  50      , dx,dy : integer
  51     ;    score : scorearr
  52
  53
  54 ;   PROCEDURE wait (time:integer)
  55
```

```
+----------------------------------------------------------------------+
!                                                                      !
!    56      ;   VAR run : integer                                     !
!    57                                                                !
!    58      ;   BEGIN (* wait *)                                      !
!    59            FOR run := 1 TO time DO ;                           !
!    60          END (* wait *)                                        !
!    61                                                                !
!    62                                                                !
!    63 ;   PROCEDURE genball                                          !
!    64                                                                !
!    65      ;   VAR i,j : integer                                     !
!    66                                                                !
!    67      ;   BEGIN                                                 !
!    68            FOR i:=O TO charwidth  - 1 DO                       !
!    69            FOR j:=O TO charheight - 1 DO                       !
!    70              ball [ j,i ] := true                              !
!    71          END                                                  !
!    72                                                                !
!    73 ;   PROCEDURE drawball (x,y : integer )                       !
!    74                                                                !
!    75                                                                !
!    76      ;   BEGIN                                                 !
!    77            drawblock ( ball,2,0,0,7,8,x,y,6 )                  !
!    78          END                                                  !
!    79                                                                !
!    80                                                                !
!    81 ;   PROCEDURE generateclub                                    !
!    82                                                                !
!    83      ;   VAR i: integer                                        !
!    84        ;    s: string                                          !
!    85                                                                !
!    86      ;   BEGIN (* generateclub *)                             !
!    87            s:='00000'                                          !
!    88          ; FOR i:= 1 TO sizex DO                               !
!    89              club [ 1   ,i-1 ] := S [ i ] <> blank            !
!    90          END (* generateclub *)                               !
!    91                                                                !
!    92                                                                !
!    93 ;   PROCEDURE drawclub (x,y:integer ; m:mode)                 !
!    94                                                                !
!    95      ;   BEGIN (* drawclub *)                                 !
!    96            drawblock (club,2,0,0,5,1,x,y,m)                    !
!    97          END (* drawclub *)                                   !
!    98                                                                !
!    99                                                                !
!   100 ;   PROCEDURE initclub (sw, x:integer )                       !
!   101                                                                !
!   102      ;   VAR run: integer                                      !
!   103                                                                !
!   104      ;   BEGIN (* INITCLUB *)                                 !
!   105            FOR  run := yold [ sw ] TO                          !
!   106                        (yold [ sw ]  + heightclub) DO         !
!   107              drawclub (x,run,15)                               !
!   108          END (* INITCLUB *)                                   !
!   109                                                                !
!   110                                                                !
!                                                                      !
+------- PingPong ----------------------------------------- 2 -------+
```

```
111 ;   PROCEDURE moveclub (sw, x:integer )
112
113    ;  VAR run : integer
114
115    ;  BEGIN (* moveclub *)
116          help:=paddle(sw-1)
117       ;  ynew [ sw ] :=help - (maxpaddle-ymax) DIV 2
118       ;  IF ynew [ sw ]  > yold [ sw ]
119          THEN
120             FOR run := yold [ sw ]  TO ynew [ sw ]  DO
121             BEGIN
122                IF run <> 0
123                THEN drawclub (x,run,0)
124             ;  drawclub (x,run+heightclub,15)
125             END
126          ELSE
127             FOR run := yold [ sw ]  DOWNTO ynew [ sw ]  DO
128             BEGIN
129                drawclub (x,run+heightclub,0)
130             ;  drawclub (x,run,15)
131             END
132       ;  yold [ sw ] :=ynew [ sw ]
133       END (* moveclub *)
134
135
136    ;  PROCEDURE drawframe
137
138       ;  BEGIN (* drawframe *)
139             moveto (0,0)
140          ;  pencolor (white)
141          ;  moveto (xmax,0)
142          ;  moveto (xmax,191)
143          ;  moveto (0,191)
144          ;  pencolor (none)
145          END (* drawframe *)
146
147
148    ;  PROCEDURE draw2frame
149
150       ;  BEGIN (* drawframe2 *)
151             moveto (0,0)
152          ;  pencolor (white)
153          ;  moveto (xmax,0)
154          ;  pencolor (none)
155          ;  moveto (xmax,191)
156          ;  pencolor (white)
157          ;  moveto (0,191)
158          ;  pencolor (none)
159          END (* drawframe2 *)
160
161
162    ;  PROCEDURE displayscore ( player:playertype
163                              ; score : scoretype )
164
165        ;  TYPE
```

```
 166                 numbertype = 0..9
 167
 168      ;  VAR sign    : char
 169      ;      number  : numbertype
 170      ;      height  : integer
 171      ;      width   : integer
 172
 173      ;  FUNCTION numbchar ( number : numbertype ) : char
 174
 175      ;    BEGIN (* numbchar *)
 176             numbchar := chr ( ord('0') + number )
 177          END (* numbchar *)
 178
 179      ;  BEGIN (* displayscore *)
 180          height:=scoreheight
 181      ;   IF player = 2 THEN width:=scoreleft
 182                         ELSE width:=scoreright
 183      ;   moveto (width,height)
 184      ;   wchar   (numbchar (score DIV 10 ))
 185      ;   wchar   (numbchar (score MOD 10))
 186          END (* displayscore *)
 187
 188
 189   ;  PROCEDURE initgame ( player: playertype )
 190
 191      ;   CONST speedx = 10
 192      ;         speedy = 10
 193
 194      ;   BEGIN
 195      ;    IF player=1
 196           THEN x:= 268
 197           ELSE x:=  48
 198      ;   y:=  91
 199      ;    IF player=1
 200           THEN dx:= - speedx
 201           ELSE dx:=    speedx
 202      ;   dy:=    speedy
 203      ;   note (30, 100)
 204      ;   drawball(x,y)
 205          END
 206
 207
 208      ;   FUNCTION randomspeed : speedtype
 209
 210      ;    BEGIN (* randomspeed *)
 211            CASE random MOD 4 OF
 212              0 : randomspeed:= 6
 213            ;   1 : randomspeed:=10
 214            ;   2 : randomspeed:=12
 215            ;   3 : randomspeed:= 4
 216            END (* ESAC *)
 217          END (* randomspeed *)
 218
 219
 220      ;  PROCEDURE game1
```

```
221
222         ;   BEGIN
223              drawball (x,y)
224         ;   x:=x+dx
225         ;   y:=y+dy
226         ;   drawball (x,y)
227         ;   IF (x = xmax-7 )OR ((x=28)
228              AND (y>yold [ 1 ] -4)
229              AND (y<yold [ 1 ]+heightclub-4))
230           THEN BEGIN
231              IF dx < 0
232              THEN dx := randomspeed
233              ELSE dx :=-randomspeed
234           ;  note(5,5)
235           END (* THEN *)
236         ;  IF y IN [ 1, ymax-8 ]
237           THEN BEGIN
238              dy:=-dy
239           ;  note(8,5)
240           END (* THEN *)
241         END (* game1 *)
242
243
244     ;   PROCEDURE game2
245
246         ;   BEGIN (* game2 *)
247              drawball(x,y)
248         ;   x:=x+dx
249         ;   y:=y+dy
250         ;   drawball(x,y)
251         ;   IF ((x=28)
252              AND (y > yold [ 1 ] -4)
253              AND (y < yold [ 1 ] +heightclub-4))
254           OR((x=xmax-7)
255              AND (y > yold [ 2 ] -4)
256              AND (y < yold [ 2 ] + heightclub-4))
257           THEN BEGIN
258              IF dx > 0
259              THEN dx := -randomspeed
260              ELSE dx :=  randomspeed
261           ;  note (5,5)
262           END
263         ;  IF y IN [ 1, ymax-8 ]
264           THEN BEGIN
265              IF   dy > 0
266              THEN dy := - randomspeed
267              ELSE dy := + randomspeed
268           ;  note (8,5)
269           END
270         END (* game2 *)
271
272
273 ;   PROCEDURE singleplay
274
275     ;   VAR player : playertype
```

```
+---------------------------------------------------------------+
!                                                               !
! 276                                                           !
! 277      ;   BEGIN                                            !
! 278            drawframe                                      !
! 279          ; help := paddle (0)                             !
! 280          ; yold [ 1 ]  := help- (maxpaddle-ymax) DIV 2    !
! 281          ; initclub (1,xclub1)                            !
! 282          ; player:=1                                      !
! 283          ; score [ 1 ] :=0                                !
! 284          ; WHILE score [ 1 ] < maxscore  DO               !
! 285            BEGIN                                          !
! 286              wait(2000)                                   !
! 287            ; initgame(player)                             !
! 288            ; displayscore (player,score [ player ] )      !
! 289            ; WHILE x > 0 DO                               !
! 290              BEGIN                                        !
! 291                game1                                      !
! 292              ; IF dx < 0 THEN  moveclub (1,xclub1)        !
! 293              END                                          !
! 294            ; score [ player ] :=  succ(score [ player ] ) !
! 295            END                                            !
! 296          ; displayscore (player,score [ player ] )       !
! 297          ; wait (5000)                                    !
! 298          END (* singleplay *)                            !
! 299                                                           !
! 300                                                           !
! 301  ;   PROCEDURE doubleplay                                 !
! 302                                                           !
! 303      ;  VAR player:playertype                             !
! 304                                                           !
! 305      ;  BEGIN                                             !
! 306            score [ 1 ] :=0                                !
! 307          ; score [ 2 ] :=0                                !
! 308          ; draw2frame                                     !
! 309          ; displayscore (1,score [ 1 ] )                  !
! 310          ; displayscore (2,score [ 2 ] )                  !
! 311          ; help:= paddle(0)                               !
! 312          ; yold [ 1 ] :=help- (maxpaddle-ymax) DIV 2      !
! 313          ; initclub (1,xclub1)                            !
! 314          ; help:= paddle(1)                               !
! 315          ; yold [ 2 ] :=help- (maxpaddle-ymax) DIV 2      !
! 316          ; initclub (2,xclub2)                            !
! 317          ; player:= random MOD 2                          !
! 318          ; WHILE (score [ 1 ] < maxscore) AND             !
! 319                  (score [ 2 ] < maxscore)        DO       !
! 320            BEGIN                                          !
! 321              wait(2000)                                   !
! 322            ; initgame(player)                             !
! 323            ; displayscore( player,score [ player ] )      !
! 324            ; WHILE (x > -20 ) AND (x < xmax+20) DO        !
! 325              BEGIN                                        !
! 326                game2                                      !
! 327              ; IF dx < 0                                  !
! 328                THEN moveclub (1,xclub1)                   !
! 329                ELSE moveclub (2,xclub2)                   !
! 330              END                                          !
!                                                               !
+------ PingPong -------------------------------------- 6 ------+
```

```
331               ;   IF x <= 0
332                   THEN player :=1
333                   ELSE player :=2
334               ;   score [ player ] := succ (score [ player ] )
335               END
336           ;   displayscore (player,score [ player ] )
337           END (* doubleplay *)
338
339
340   ;   FUNCTION hello : boolean
341
342       ;   VAR ch : char
343
344       ;   BEGIN (* hello *)
345           textmode
346           ;   writeln (' one player  : press <1> ')
347           ;   writeln (' two players : press <2> ')
348           ;   read (keyboard,ch)
349           ;   hello := ch='1'
350           ;   grafmode
351           END   (* hello *)
352
353
354   ;   PROCEDURE finish
355
356       ;   BEGIN (* finish *)
357           textmode
358         ;   writeln
359         ;   writeln
360         ;   writeln
361         ;   IF score [ 1 ] > score [ 2 ]
362           THEN writeln ('Player 1 won by ', score [ 1 ]:3,
363                         ' : ',score [ 2 ]:3)
364           ELSE writeln ('Player 0 won by ', score [ 2 ]:3,
365                         ' : ',score [ 1 ]:3)
366       END (* finish *)
367
368
369   ;   BEGIN (* PingPong *)
370           initturtle
371         ;   genball
372         ;   IF hello
373           THEN singleplay
374           ELSE BEGIN
375               doubleplay
376             ;   finish
377           END
378       END   (* PingPong *)
379   .
```

Anregungen zum Weiterbasteln

1. Jede Runde PINGPONG geht immer bis 15 (genauer gesagt: bis
   MAXCODE). Schaffen Sie eine Möglichkeit, das Spiel zum beliebigen Zeitpunkt abzubrechen, z. B. durch gleichzeitiges Drücken
   beider Buttons an den Paddles (was bedeutet "gleichzeitig"
   hier?). Wird nur ein Button gedrückt, so bedeutet das: dieser
   Spieler gibt auf!

2. Die abgedruckte Version ist im Schwierigkeitsgrad nicht
   variabel; schaffen Sie eine "Einstiegsversion", bei der
   der Ausfallswinkel des Balls gleich dem Einfallswinkel
   ist.

3. PingPong ist das Grundgerüst für viele Videoactionspiele.
   Erweitern Sie es zu
   - o Fußball
   - o Squash
   - o oder anderes.
   Lassen Sie sich einmal von den Katalogen der Videospiel-
   Vertreiber inspirieren!

2.11 Dies und das

Pferdewette

In der PFERDEWETTE wird die Wette auf der Rennbahn simuliert. Der
Reiz dieses Spiels liegt darin, daß der Ausgang jedes Rennens
nicht ausschließlich zufallsbestimmt ist, sondern die Einschät-
zungen der Pferde (= Wettquote) den Verlauf beeinflußt.
Das bedeutet: in der Regel setzen sich die Favoriten durch, es
kann aber durchaus einmal ein Außenseiter gewinnen.

Damit ist der interessanteste Teil des Programms sicherlich die
Berechnung des Rennverlaufs (und seine Ausgabe am Bildschirm).
Hierzu zwei Vorbemerkungen:

1. Der Rennverlauf wird als eine Folge von Einzelschritten angese-
   hen, in dem jedes Pferd um x Einheiten (= Längen ?) dem Ziel
   näherkommt. Die Größe x wird als gewichtete Zufallszahl ermittelt; und damit hat
      a) das Pferd mit der kleinsten Wettquote die größten Chancen
         zu gewinnen, aber
      b) jedes Pferd besitzt eine reelle Außenseiterchance.

2. Die Darstellung des Rennverlaufs gerät in seiner rechnerunab-
   hängigen Gestaltung (ohne Terminalsteuerung; siehe Anregung 2)
   sicherlich nicht optimal. So wird eine ZEILE aufgebaut, die
   die Rennbahn stilisiert und in der die einzelnen Pferde an
   ihren Positionen durch Kennzeichnung markiert werden. Die
   Position, an der zwei oder mehrere Pferde "liegen", wird durch
   ein Spezialsymbol ('X') markiert - im Gedränge sind schließlich die einzelnen Pferde nicht mehr genau auszumachen...

Es bereitet nach diesen Vorüberlegungen keine Probleme mehr, den
Einlauf zu errechnen:
   Immer wenn ein Pferd die Position IM_ZIEL_POS erreicht hat, ist
   es im Ziel und wird in der Reihe EINLAUF an die Stelle PLATZ
   eingetragen.

Und auch die Terminierung des Rennens ist jetzt klar: wenn alle
Pferde im Ziel sind, d. h. wenn der letzte Platz (MAX_PFERDE) im
EINLAUF besetzt ist, ist das Rennen "gelaufen".

Schauen wir uns einmal ein Ablaufbeispiel an:

Die Quoten fuer das Rennen lauten:

```
    1   Jaegermeister          12.00 fuer 1
    2   Golden Ass             17.70 fuer 1
    3   Dchingis Khan           3.70 fuer 1
    4   Volturno                6.30 fuer 1
    5   Waidwerk                8.20 fuer 1
    6   Fuerst Igor             2.50 fuer 1
    7   Total Eclipse          14.30 fuer 1
    8   Fortune                13.20 fuer 1
    9   Madrigal                4.40 fuer 1
```

Auf welches Pferd wollen Sie setzen (keines=0): 6   - RETURN -
Ihr Einsatz: 100   - RETURN -
Gesetzt: 100 DM auf Fuerst Igor

Weiterer Einsatz (Pferd-Nr. oder 0): 9   - RETURN -
.

.
Ziel :   3 9 26 54X7   : Start

In Fuehrung liegt:
    Dchinghis Khan   vor Madrigal   und Golden Ass
.

.
Der Einlauf im Ueberblick:

Platz 1 : Madrigal
Platz 2 : Dchinghis Khan
Platz 3 : Fuerst Igor
.

.
Ihr Einsatz auf den Sieger: 20 DM
Die Quote   : 4,40 :1
Ihr Gewinn   :   88 DM
Ihr Gesamteinsatz   : 120 DM
Leider, leider - Sie gehen mit 32 DM weniger nach Hause!

```
   1 PROGRAM pferdewette (input,output);
   2
   3 (*       P f e r d e w e t t e      *)
   4 (*                                  *)
   5 (*    Autor:  H.E. Erbs   1982      *)
   6
   7 uses applestuff;
   8
   9 CONST
  10    max_pferde =  9;
  11    max_pos    = 99;
  12
  13 TYPE
  14    kardinalzahl = 0 .. maxint;
  15    string_20    = PACKED ARRAY [1..20] OF char;
  16    pferde_range = 1 .. max_pferde;
  17    pferde_typ   = ARRAY [pferde_range] OF
  18                     RECORD
  19                         name    : string_20;
  20                         quote   : real;
  21                         einsatz : kardinalzahl;
  22                         position: 0 .. maxpos
  23                     END (* pferde_typ *);
  24    einlauf_typ  = ARRAY [1..max_pferde] OF pferde_range;
  25
  26 VAR
  27    feld          : pferde_typ;
  28    rangfolge     : einlauf_typ;
  29    zufall_merker : kardinalzahl;
  30
  31 FUNCTION zufall (anfang, ende : kardinalzahl)
  32                  : kardinalzahl;
  33 (* Berechnet eine Zufallszahl im Bereich anfang..ende *)
  34
  35 BEGIN
  36    zufall := anfang + random MOD (ende - anfang + 1)
  37 END (* Zufall *);
  38
  39 PROCEDURE initialisieren (VAR feld : pferde_typ);
  40 (* Festlegen der Quoten und Namen
  41    Initialisieren des zufall_merker
  42 *)
  43
  44 VAR
  45    pferd : pferde_range;
  46
  47 BEGIN
  48    feld [1] .name := 'Jaegermeister       ';
  49    feld [2] .name := 'Golden Ass          ';
  50    feld [3] .name := 'Dschingis Khan      ';
  51    feld [4] .name := 'Volturno            ';
  52    feld [5] .name := 'Waidwerk            ';
  53    feld [6] .name := 'Fuerst Igor         ';
  54    feld [7] .name := 'Total Eclipse       ';
  55    feld [8] .name := 'Fortune             ';
```

```
 56      feld [9] .name := 'Madrigal               ';
 57
 58      randomize;
 59      zufall_merker := random;
 60      FOR pferd := 1 TO max_pferde DO
 61         WITH feld [pferd] DO
 62            BEGIN
 63               quote   := zufall (15,200) / 10.0;
 64               einsatz := 0
 65            END (* With *)
 66 END    (* initialisieren *);
 67
 68 PROCEDURE wette_einnehmen (VAR feld : pferde_typ);
 69 (* Einlesen der Wette(n) von input *)
 70
 71 VAR
 72    pferd : pferde_range;
 73    zahl  : integer;
 74
 75 BEGIN
 76    writeln ('Die Quoten fuer das Rennen lauten:');
 77    writeln;
 78    FOR pferd := 1 TO max_pferde DO
 79       WITH feld[pferd] DO
 80          writeln (pferd:3, name:25, quote:7:2,' fuer 1');
 81
 82    writeln;
 83    write ('Auf welches Pferd wollen Sie setzen ',
 84          '(keines = 0): ');
 85    readln (zahl);
 86    WHILE zahl > 0 DO
 87      BEGIN
 88        IF zahl IN [1..max_pferde]
 89          THEN (* Pferd richtig benannt *)
 90            BEGIN
 91               pferd := zahl;
 92               write ('Ihr Einsatz: '); readln (zahl);
 93               WHILE zahl < 0 DO
 94                 BEGIN (* falsch: negativer Einsatz *)
 95                   writeln ('Aber, aber - ein Einsatz von ',
 96                     zahl,' DM ist doch nicht moeglich!');
 97                   write ('Also bitte noch einmal: ');
 98                   readln (zahl)
 99                 END (* negativer Einsatz *);
100
101               WITH feld [pferd] DO
102                 BEGIN
103                   einsatz := einsatz + zahl;
104                   writeln ('Gesetzt:', einsatz:5,
105                              ' DM auf ',name)
106                 END (* With *)
107            END (* Pferd richtig benannt *)
108
109          ELSE (* Pferd gibt's nicht *)
110            BEGIN
```

```
111                    writeln ('Das Starterfeld reicht aber nur ',
112                         'von 1 bis',max_pferde:3,'!');
113                  writeln ('Bitte waehlen Sie daraus aus.')
114               END (* Else *);
115        writeln;
116        write ('Weiterer Einsatz (PferdNr. ',
117              'oder 0 (= kein weiterer Einsatz): ');
118        readln (zahl)
119      END (* einsetzen *);
120
121    writeln;
122    writeln ('Ihr Einsatz auf einen Blick:');
123    writeln;
124    FOR pferd := 1 TO max_pferde DO
125       WITH feld[pferd] DO
126          IF einsatz > 0
127             THEN
128                writeln (pferd:5, name:25, quote:9:2,
129                        ' fuer 1', einsatz:7,' DM')
130             ELSE (* wurde nicht gesetzt *);
131    writeln
132 END    (* wette_einnehmen *);
133
134
135 PROCEDURE rennen ( feld : pferde_typ
136                     VAR einlauf : einlauf_typ);
137 (* Ablauf des Rennens *)
138
139 VAR
140    platz : pferde_range;
141
142
143 PROCEDURE renn_verlauf (VAR feld : pferde_typ;
144                         VAR einlauf : einlauf_typ);
145 (* Rennen durchfuehren und protokollieren *)
146
147 CONST
148    im_ziel_pos = 65;
149
150 VAR
151    blanks,
152    zeile   : PACKED ARRAY [1..im_ziel_pos] OF char;
153    pos     : 1 .. im_ziel_pos;
154    im_ziel : 0 .. max_pferde;
155    pferd   : pferde_range;
156    lauf    : 1 .. im_ziel_pos;
157
158
159 PROCEDURE fuehrungs_trio_bestimmen (feld : pferde_typ);
160
161 VAR
162    pferd, platz : pferde_range;
163    in_fuehrung  : einlauf_typ;
164    maximum      : 0 .. max_pos;
165
```

```
166 BEGIN
167    FOR platz := 1 TO 3 DO
168      BEGIN
169        in_fuehrung [platz] := 1;
170        maximum              := feld [1] .position;
171        FOR pferd := 2 TO max_pferde DO
172          IF feld [pferd] .position > maximum
173            THEN
174              BEGIN
175                in_fuehrung [platz] := pferd;
176                maximum := feld [pferd] .position
177              END (* THEN *);
178        feld [in_fuehrung [platz]] .position := 0
179      END (* Sortieren *);
180
181    writeln ('In Fuehrung liegt: ');
182    writeln ('      ', feld [in_fuehrung [1]] .name,
183             ' vor ', feld [in_fuehrung [2]] .name,
184             ' und ', feld [in_fuehrung [3]] .name)
185 END (* Fuehrungs_Trio_Bestimmen *);
186
187 PROCEDURE pause_einlegen_zum_lesen;
188 (* damit man das Renngeschehen
189    in aller Ruhe beobachten kann *)
190
191 CONST
192    dauer = 2000;
193
194 VAR
195    lauf : 1 .. dauer;
196
197 BEGIN
198    lauf := 1;
199    WHILE lauf < dauer DO
200        lauf := lauf + 2 - 1
201 END (* pause_einlegen_zum_lesen *);
202
203
204 BEGIN (* Rennverlauf *)
205    FOR lauf := 1 TO im_ziel_pos DO
206        blanks [lauf] := ' ';
207    FOR pferd := 1 TO max_pferde DO
208        feld [pferd] .position := 0;
209    writeln;
210    writeln ('>>>>>>> und ab geht das Feld ...');
211    writeln;
212
213    im_ziel := 0;
214    WHILE im_ziel < max_pferde DO
215      BEGIN
216        zeile := blanks;
217        FOR pferd := 1 TO max_pferde DO
218          WITH feld [pferd] DO
219            IF position >= im_ziel_pos
220              THEN
```

```
221                        (* kann vergessen werden, da im Ziel *)
222                  ELSE
223                    BEGIN
224                      position := position +
225                          round (zufall(1,8) + 3/quote);
226                      IF position >= im_ziel_pos
227                        THEN
228                          BEGIN
229                            im_ziel := im_ziel + 1;
230                            einlauf [im_ziel] := pferd;
231                            writeln ('>>> ',name,' im Ziel')
232                          END (* Zieldurchlauf *)
233                        ELSE
234                          IF zeile [position] = ' '
235                            THEN
236                              zeile [position] :=
237                                chr (pferd + ord ('0'))
238                            ELSE
239                              zeile [position] := 'X'
240                      END (* war/ist noch auf der Strecke *);
241
242              writeln;
243              write ('Ziel !');
244              FOR pos := im_ziel_pos DOWNTO 1 DO
245                 write (zeile[pos]);
246              writeln ('! Start');
247              writeln;
248              IF im_ziel = 0
249                 THEN
250                    fuehrungs_trio_bestimmen (feld)
251                 ELSE (* nicht mehr noetig *);
252              writeln; writeln;
253              pause_einlegen_zum_lesen
254       END (* Solange noch Pferde unterwegs *)
255 END    (* Rennverlauf *);
256
257 BEGIN (* Rennen *)
258    write ('Bitte starten Sie das Rennen (RETURN): ');
259    get (input);
260    (* +++++ Hier koennen Spezialeingaben hinein! *)
261
262    renn_verlauf (feld,einlauf);
263    writeln;
264    writeln ('Der Einlauf im Ueberblick:');
265    writeln ('---------------------------');
266    FOR platz := 1 TO max_pferde DO
267       writeln ('Platz',platz:3,' : ',
268                feld [einlauf [platz]] .name);
269    writeln
270 END    (* Rennen *);
271
272
273 PROCEDURE auszahlen (feld : pferde_typ;
274                      einlauf : einlauf_typ);
275 (* Ueber Gewinn oder Verlust entscheiden *)
```

```
276
277 VAR
278     pferd                     : pferde_range;
279     gewinn, gesamt_einsatz : kardinalzahl;
280     differenz                 : integer;
281
282 BEGIN (* Auszahlen *)
283     gesamt_einsatz := 0;
284     FOR pferd := 1 TO max_pferde DO
285        gesamt_einsatz := gesamt_einsatz +
286                          feld [pferd] .einsatz;
287
288     WITH feld [einlauf[1]] DO
289        BEGIN
290           gewinn := round (einsatz * quote);
291           writeln ('Ihr Einsatz auf den Sieger betrug:',
292                    einsatz:7, ' DM');
293           writeln ('Die Quote                       :',
294                    quote:7:2, ' :1')
295        END (* With *);
296
297     writeln ('Ihr Gewinn',':':24,gewinn:7, ' DM');
298     writeln ('Ihr Gesamteinsatz',':':17,
299              gesamt_einsatz:7,' DM');
300     writeln;
301
302     differenz := gewinn - gesamt_einsatz;
303     IF differenz > 0
304        THEN
305           writeln ('Gratuliere - es bleiben ',differenz,
306                    ' DM an Reingewinn uebrig.')
307        ELSE
308           IF differenz =0
309              THEN
310                 writeln ('Und damit haben Sie weder ',
311                          'Gewinn noch Verlust gemacht.')
312              ELSE
313                 writeln ('Leider, leider - Sie gehen',
314                          ' mit ', abs(differenz),
315                          ' DM weniger nach Hause!')
316 END   (* Auszahlen *);
317
318 BEGIN
319    initialisieren (feld);
320    wette_einnehmen (feld);
321    rennen (feld,rangfolge);
322    auszahlen (feld,rangfolge)
323 END (* Pferdewette *) .
```

Anregungen zum Weiterbasteln

1. In dem abgedruckten Programm gehen immer dieselben Pferde an
   den Start. Was ist zu ändern, wenn aus einem Pool von etwa
   30 Pferden eine zufällige Auswahl von 8 bis 12 Pferden getroffen werden soll?

2. Schaffen Sie eine rechnerabhängige Variante des Programms,
   in der die Ausgabe des Rennverlaufs mit Cursorsteuerung abläuft (alte Position des Pferdes wird gelöscht, neue wird
   erzeugt).
   Variante: Lassen Sie die Pferde in festen Bahnen laufen (wie
   im Hundert-Meter-Lauf üblich).

3. Für "Mengen-Freaks": Führen Sie in der Prozedur RENNVERLAUF
   als Schleifenvariable einen SET ein, der die Menge aller Pferde
   enthält, die im Ziel angekommen sind. Gibt es noch andere
   Stellen im Programm, an denen sich die Verwendung von Mengen
   anbietet?

4. Neben der Wette "auf Sieg" gibt es auch die Wette auf den
   Einlauf der ersten drei. Fügen Sie diese Wette in das Programm ein.

5. Der Datentyp REAL entspricht nicht der üblichen Angabe
   der Quote. Üblich ist vielmehr eine ganzzahlige Angabe
   (33 für 10, 5 für 2 z. B. statt 3.3 bzw. 2.5 für 1). Fügen
   Sie einen geeigneten Datentyp in das Programm ein.

Umdrehen

Ein Beispieldialog spricht für sich:

    Der Computer gibt Dir bei Spielbeginn die Zahlen zwischen
    1 und 9 in zufaelliger Reihenfolge auf dem Terminal aus.
    Deine Aufgabe ist es nun,
    die Zahlen in aufsteigender Reihenfolge zu sortieren,
    und zwar durch ** Drehen ** der ersten n Zahlen.
    Dabei gibst Du den Wert fuer n vor.
      .
      .
      .

       5 6 1 3 2 7 4 9 8

    **** Wieviele Zahlen willst Du drehen (Ende = 0): 8 - RETURN -
       9 4 7 2 3 1 6 5 8
    **** Wieviele Zahlen willst Du drehen (Ende = 0): 9 - RETURN -
       8 5 6 1 3 2 7 4 9
    **** Wieviele Zahlen willst Du drehen (Ende = 0): 8 - RETURN -
       4 7 2 3 1 6 5 8 9
    **** Wieviele Zahlen willst Du drehen (Ende = 0):
      .
      .
      .

Bemerkenswert an diesem Programm erscheint mir die Lösung des
Problems 'Wie stelle ich fest, ob die Zahlenfolge richtig
sortiert ist?' zu sein. Die Programmschritte sind recht einfach, wenn auch nicht unbedingt naheliegend: Das SPIELFELD
(= die bisher sortierte Zahlenfolge) wird mit einer bereits
sortierten Zahlenfolge (ALLE_RICHTIG_SORTIERT) verglichen -
und das läßt sich in Pascal sehr elegant mit einem unmittel-
baren Vergleich der beiden Reihungen erledigen (Zeile 175).
Die beiden Zeilen 173 und 174 dienen nun dazu, diese richtig
sortierte Folge aufzubauen (eine konstante Reihung wäre hier
natürlich angemessener gewesen - aber so etwas hat Pascal
nun einmal nicht ...).

```pascal
   1 PROGRAM umdrehen (input,output);
   2
   3 (*         U m d r e h e n         *)
   4 (*                                 *)
   5 (* Autor: Thomas Beicher  1983     *)
   6
   7 USES
   8    applestuff;
   9
  10 CONST
  11    minzahl  = 1;
  12    maxzahl  = 9;
  13    minpos   = minzahl;
  14    maxpos   = maxzahl;
  15    ende     = 0;
  16
  17 TYPE
  18    zahlbereich  = minzahl .. maxzahl;
  19    spielbereich = ende    .. maxzahl;
  20    feldtyp      = ARRAY [zahlbereich] OF zahlbereich;
  21
  22 VAR
  23    versuch   : 0 .. maxint;
  24    spielfeld : feldtyp;
  25    position  : spielbereich;
  26
  27
  28 PROCEDURE spielregel;
  29 VAR
  30    entscheidung : CHAR;
  31
  32 PROCEDURE regeln_ausgeben;
  33 BEGIN
  34    writeln('Der Computer gibt Dir bei Spielbeginn',
  35            ' die Zahlen');
  36    writeln('zwischen ',minzahl,' und ',maxzahl,
  37            ' in zufaelliger Reihenfolge auf dem');
  38    writeln('Terminal aus.');
  39    writeln('Deine Aufgabe ist es nun,');
  40    writeln('die Zahlen in aufsteigender Reihenfolge ',
  41            'zu sortieren');
  42    writeln ('und zwar durch **Drehen** der ersten ',
  43            'n Zahlen.');
  44    writeln ('Dabei gibst Du den Wert fuer n vor.');
  45    writeln;
  46    writeln('   ** EIN BEISPIEL **');
  47    writeln('Der Rechner gibt die Zahlen :',
  48            '9 3 4 1 6 2 5 8 7');
  49    writeln('Spieler dreht 3 Zahlen                   !');
  50    writeln;
  51    writeln('Das Ergebnis :                 ',
  52            '4 3 9 1 6 2 5 8 7');
  53    writeln('Spieler dreht 6 Zahlen         ',
  54            '                      !');
  55    writeln;
```

```
56     writeln('Das Ergebnis :                    ',
57             ' 2  6  1  9  3  4  5  8  7');
58     writeln;
59     writeln('              usw...');
60     writeln
61 END (* Regeln_ausgeben *);
62
63 BEGIN (* Spielregel *)
64    write ('Willst Du die Spielregeln sehen (J/N): ');
65    readln (entscheidung);
66    IF entscheidung IN ['J','j']
67       THEN
68          regeln_ausgeben
69 END   (* Spielregel *);
70
71
72 PROCEDURE Initialisieren (VAR spielfeld  : feldtyp);
73
74 (* Legt die zu sortierende Zahlenfolge fest *)
75
76 VAR
77    wertemenge : SET OF zahlbereich;
78    aktpos     : spielbereich;
79    zahl       : zahlbereich;
80
81 BEGIN
82    randomize;
83    wertemenge := [minzahl..maxzahl];
84    aktpos     := 0;
85
86    WHILE wertemenge <> [] DO
87       BEGIN
88          zahl := minzahl +
89                  random mod (maxzahl + 1 - minzahl);
90          IF zahl in wertemenge
91             THEN
92                BEGIN
93                   aktpos            := succ(aktpos);
94                   spielfeld[aktpos] := zahl;
95                   wertemenge        := wertemenge - [zahl]
96                END (* THEN *)
97             ELSE (* Zahl ausserhalb der Wertemenge *)
98       END (* While *);
99    versuch := 0
100 END; (* Initialisieren *)
101
102
103 PROCEDURE ausgabe (spielfeld : feldtyp);
104 (* Gibt das Spielfeld auf dem Terminal aus *)
105
106 VAR
107    aktpos  : zahlbereich;
108
109 BEGIN (* Ausgabe *)
110    writeln;
```

```
111     FOR aktpos := minpos TO maxpos DO
112         write(spielfeld[aktpos]:3);
113     writeln; writeln
114 END; (* Ausgabe *)
115
116
117 PROCEDURE eingabe (VAR position : spielbereich);
118
119 VAR
120    zahl : integer;
121
122 BEGIN (* Eingabe *)
123    writeln;
124    write ('**** Wieviele Zahlen willst Du drehen ',
125           '(Ende=',ende,'): '); readln (zahl);
126    WHILE NOT (zahl IN [ende..maxzahl]) DO
127       BEGIN (* Fehlermeldung und neue Eingabeforderung *)
128          writeln('**** Zahl liegt ausserhalb des',
129                  ' Bereichs ',minpos,'-',maxpos,' ***');
130          write  ('**** Wiederhole bitte Deine Ein',
131                  'gabe (Ende=',ende,')  : ');
132          readln (zahl)
133       END (* While *);
134    position := zahl
135 END; (* Eingabe *)
136
137
138 PROCEDURE drehvorgang (VAR spielfeld : feldtyp;
139                            position  : zahlbereich);
140 VAR
141    aktpos,
142    dreher,
143    reserve,
144    tauschpos : zahlbereich;
145
146 BEGIN (* Drehvorgang *)
147    IF position > 1
148      THEN
149        BEGIN
150          dreher := position DIV 2;
151          FOR aktpos := minpos TO dreher DO
152            BEGIN (* Drehen *)
153               reserve            := spielfeld [aktpos];
154               tauschpos          := position + 1 - aktpos;
155               spielfeld[aktpos]  := spielfeld [tauschpos];
156               spielfeld[tauschpos] := reserve
157            END; (* Drehen *)
158        END(* Then *)
159      ELSE
160        (* hier lohnt sich kein Drehen *);
161    versuch := versuch + 1
162 END; (* Drehvorgang *)
163
164
165 FUNCTION richtig_sortiert (spielfeld : feldtyp) : boolean;
```

```
166 (* Ueberprueft, ob Zahlen richtig sortiert sind *)
167
168 VAR
169     aktpos                  : zahlbereich;
170     alle_richtig_sortiert : feldtyp;
171
172 BEGIN (* Richtig_sortiert *)
173    FOR aktpos := minpos TO maxpos DO
174       alle_richtig_sortiert [aktpos] := aktpos;
175    richtig_sortiert := alle_richtig_sortiert = spielfeld
176 END; (* Richtig_sortiert *)
177
178
179 PROCEDURE ende_meldung (abbruch : boolean);
180
181 BEGIN
182    IF abbruch
183       THEN
184          BEGIN
185             writeln;
186             writeln ('Leider nicht geschafft -   ',
187                      'bis zum naechsten mal ...')
188          END  (* Then  *)
189       ELSE
190          BEGIN
191             writeln;
192             writeln ('Herzlichen Glueckwunsch!');
193             writeln ('Du hast ',versuch,
194                       ' Drehungen benoetigt,');
195             writeln ('um die Zahlen in die richtige ',
196                       'Reihenfolge zu bringen.')
197          END (* Else *)
198 END; (* Ende_Meldung *)
199
200
201 BEGIN (* Umdrehen *)
202    spielregel;
203    initialisieren (spielfeld);
204    ausgabe  (spielfeld);
205
206    REPEAT
207      eingabe (position);
208      IF position = ende
209         THEN (* keine Lust mehr *)
210         ELSE
211            BEGIN
212               drehvorgang (spielfeld, position);
213               ausgabe (spielfeld)
214            END (* ELSE *)
215    UNTIL richtig_sortiert(spielfeld) OR (position = ende);
216
217    ende_meldung (position=ende)
218 END. (* Umdrehen  *)
```

Anregungen zum Weiterbasteln

1. Das Spielfeld ist in UMDREHEN statisch, d. h. der Spieler kann nicht eine Zahlenfolge von - sagen wir - 20 Zahlen sortieren. Sehen Sie eine variable Länge vor.

2. Schreiben Sie zu dem Programm UMDREHEN eine Prozedur, die einen (optimalen?) Lösungsweg findet und ausgibt.

3. Bewerten Sie das Spielergebnis, indem Sie die Zahl der Drehungen mit dem Ergebnis des Rechnerlaufs (aus Anregung 2) vergleichen.

4. Übertragen Sie UMDREHEN in die zweite Dimension! Die Spielereingabe muß dann die Angabe Spalte oder Zeile und ihre Nummer umfassen.

5. Wenn auch dieser Fall recht unwahrscheinlich ist *), so sollte man ihn doch nicht so vernachlässigen, wie das im Programm geschehen ist: Die Zahlenfolge ist bereits von Anfang an sortiert! Korrigieren Sie die Prozedur INITIALISIEREN so, daß sie eine solcherart degenerierte Zahlenfolge für sich behält und flugs eine andere generiert!

Anmerkung: Eine Menge aus n Elementen kann auf
$$n! = n * (n-1) * (n-2) * \ldots 3 * 2 * 1 \text{ Arten}$$
angeordnet werden. Bei $n = 9$ (wie in dem Programm) ist $n! = 362880$; die Wahrscheinlichkeit, eine bereits geordnete Folge zu bekommen, beträgt somit etwa 0.0000027 % (ganz schön unwahrscheinlich, nicht wahr?).

Wortraten

In diesem Spiel soll ein vom Rechner vorgegebenes Wort geraten
werden. Dabei kann man
- o entweder einen Buchstaben raten und bekommt mitgeteilt,
  ob dieser Buchstabe in dem Wort enthalten ist, und wenn
  ja, an welcher Stelle,
- o oder das gesamte Wort auf einmal raten. Dann gibt es
  aber neben "right or wrong" keine weitere Information
  von WORTRATEN zurück.

Ein Ablaufbeispiel:

    *** Wortraten ***
    Gib einen Buchstaben oder das ganze Wort (Ende = *): a -RETURN-
    Ja, a ist im Wort enthalten.
    Bisher geraten: .a..a.
    Gib einen Buchstaben oder das ganze Wort (Ende = *): m -RETURN-
    Nein, m ist nicht im Wort enthalten.
    Bisher geraten: .a..a.
    Gib einen Buchstaben oder das ganze Wort (Ende = *):
    .
    .
    .

Versuchen Sie es selbst einmal; Sie werden feststellen, daß das
Raten von Wörtern auf diese Art gar nicht so einfach ist.

Zum WORTSCHATZ des Computers:
Das gesamte Wissen des Programms steht in der Datei
WORTSCHATZ.TEXT. Diese Datei kann mit dem Editor gelesen und ganz
nach eigenem Gusto abgeändert und noch erheblich ausgebaut werden.
Das Verfahren, nach dem ein Wort zufällig aus dieser Datei ausge-
wählt wird, habe ich bereits in Kapitel 1.1.3 beschrieben - lesen
Sie also bitte dort die Erklärung zu der Prozedur WORT_BESTIMMEN
(Zeilen 39 - 74) nach.

```
   1 PROGRAM wortraten (input, output, wortfile);
   2
   3 (*        W o r t r a t e n       *)
   4 (*                                *)
   5 (* Autor: Heinz-Erich Erbs  1983 *)
   6
   7 USES
   8    applestuff;
   9
  10 CONST
  11    dateiname_extern = '#10:wortschatz.text';
  12    max_wort_laenge  = 12;
  13
  14 TYPE
  15    lauf_bereich      = 1 .. max_wort_laenge;
  16    wort_typ          = RECORD
  17                          laenge : 0 .. max_wort_laenge;
  18                          wert   : ARRAY [lauf_bereich]
  19                                       OF char
  20                        END;
  21
  22 VAR
  23    rate_wort,
  24    bereits_geraten : wort_typ;
  25    wortfile        : text;
  26    keine_lust_mehr : boolean;
  27
  28
  29 PROCEDURE init;
  30 VAR
  31    b : boolean;
  32 BEGIN
  33    reset (wortfile, dateiname_extern);
  34    keine_lust_mehr := false;
  35    writeln; writeln ('*** Wortraten ***'); writeln;
  36 END (* Init *);
  37
  38
  39 PROCEDURE wort_bestimmen (VAR zu_raten,
  40                               bereits_geraten : wort_typ);
  41 VAR
  42    anzahl_woerter, i : 0 .. maxint;
  43
  44 BEGIN
  45    anzahl_woerter := 0;
  46    reset (wortfile);
  47    WHILE NOT eof (wortfile) DO
  48       BEGIN
  49          readln (wortfile);
  50          anzahl_woerter := anzahl_woerter + 1;
  51       END (* While *);
  52
  53    randomize;
  54    reset (wortfile);
  55    FOR i := 1 TO random MOD anzahl_woerter DO
```

```
 56         readln (wortfile);
 57
 58     WITH zu_raten DO
 59        BEGIN
 60           laenge := 0;
 61           WHILE NOT eoln (wortfile) AND
 62                       (laenge < max_wort_laenge) DO
 63              BEGIN
 64                 laenge := laenge + 1;
 65                 read (wortfile, wert [laenge])
 66              END (* While *);
 67           FOR i := laenge + 1 TO max_wort_laenge DO
 68              zu_raten.wert [i] := ' '
 69        END (* With *);
 70
 71     bereits_geraten := zu_raten;
 72     FOR i := 1 TO bereits_geraten.laenge DO
 73        bereits_geraten.wert [i] := '.'
 74 END (* Wort_bestimmen *);
 75
 76
 77 PROCEDURE ausgeben (wort : wort_typ);
 78 VAR
 79    lauf : lauf_bereich;
 80 BEGIN
 81    WITH wort DO
 82      FOR lauf := 1 TO laenge DO
 83        write (wert [lauf])
 84 END (* Ausgeben *);
 85
 86
 87 PROCEDURE rate_versuch (VAR geraten : wort_typ);
 88 VAR
 89    eingabe : wort_typ;
 90    c       : char;
 91
 92 PROCEDURE treffer_vermerken (    eingabe : char;
 93                              VAR geraten : wort_typ);
 94 VAR
 95    vorhanden : boolean;
 96    i         : 1 .. max_wort_laenge;
 97 BEGIN
 98    vorhanden := false;
 99    FOR i := 1 TO rate_wort.laenge DO
100       IF eingabe = rate_wort.wert [i]
101          THEN
102             BEGIN
103                vorhanden := true;
104                geraten.wert [i] := eingabe
105             END (* Then *);
106
107    IF vorhanden
108       THEN
109          writeln ('Ja, ',eingabe,' ist im Wort ',
110                   'enthalten.')
```

```
+---------------------------------------------------------------------+
!                                                                     !
! 111         ELSE                                                    !
! 112            writeln ('Nein, ',eingabe,' ist nicht im ',          !
! 113                       'Wort enthalten.');                       !
! 114         writeln;                                                !
! 115         IF geraten = rate_wort                                  !
! 116            THEN                                                  !
! 117               writeln ('... und damit ist das Wort ',           !
! 118                         'komplett geraten.')                    !
! 119            ELSE                                                 !
! 120              BEGIN                                              !
! 121                write ('Bisher geraten: ');                      !
! 122                ausgeben (geraten);                              !
! 123                writeln                                          !
! 124              END (* Else *);                                    !
! 125         writeln                                                 !
! 126      END (* Treffer_vermerken *);                               !
! 127                                                                 !
! 128 BEGIN (* Rate_versuch *)                                        !
! 129     write ('Gib einen Buchstaben oder das ganze Wort ',         !
! 130            '(Ende=*): ');                                       !
! 131     eingabe := rate_wort;                                       !
! 132     WITH eingabe DO                                             !
! 133        BEGIN                                                    !
! 134           laenge := 0;                                         !
! 135           read (c);                                            !
! 136           WHILE NOT eoln AND (laenge < max_wort_laenge) DO     !
! 137             BEGIN                                               !
! 138                laenge := laenge + 1;                            !
! 139                eingabe.wert [laenge] := c;                      !
! 140                read (c)                                         !
! 141             END (* While *);                                    !
! 142           readln                                                !
! 143        END (* With *);                                          !
! 144                                                                 !
! 145     IF eingabe.wert [1] = '*'                                   !
! 146        THEN                                                     !
! 147           BEGIN                                                 !
! 148              keine_lust_mehr := true;                           !
! 149              write ('Das Wort lautet: ');                       !
! 150              ausgeben (rate_wort); writeln                      !
! 151           END (* Then *)                                        !
! 152        ELSE                                                     !
! 153           IF eingabe.laenge = 1                                 !
! 154              THEN (* Buchstabe eingegeben *)                    !
! 155                 treffer_vermerken (eingabe.wert [1],            !
! 156                                    bereits_geraten)             !
! 157              ELSE (* Wort eingegeben *)                         !
! 158                 IF eingabe = rate_wort                          !
! 159                    THEN                                         !
! 160                      BEGIN                                      !
! 161                         bereits_geraten := eingabe;             !
! 162                         writeln ('Richtig geraten!')            !
! 163                      END (* Then *)                             !
! 164                    ELSE                                         !
! 165                      writeln ('Nein - falsch geraten!')         !
!                                                                     !
+------- Wortraten -------------------------------------- 3 -------+
```

```
+------------------------------------------------------------------+
¦                                                                  ¦
¦ 166 END (* Rate_versuch *);                                      ¦
¦ 167                                                              ¦
¦ 168                                                              ¦
¦ 169 BEGIN (* Wort_raten *)                                       ¦
¦ 170    init;                                                     ¦
¦ 171    IF eof (wortfile)                                         ¦
¦ 172       THEN                                                   ¦
¦ 173          writeln ('Tut mir leid - mir fehlen einfach ',     ¦
¦ 174                    'die Worte!')                             ¦
¦ 175       ELSE                                                   ¦
¦ 176          BEGIN                                               ¦
¦ 177             wort_bestimmen (rate_wort, bereits_geraten);     ¦
¦ 178             REPEAT                                           ¦
¦ 179               rate_versuch (bereits_geraten)                ¦
¦ 180             UNTIL keine_lust_mehr OR                         ¦
¦ 181                   (bereits_geraten = rate_wort)             ¦
¦ 182          END (* Else *);                                     ¦
¦ 183    close (wortfile, normal)                                  ¦
¦ 184 END (* Wort_raten *).                                        ¦
¦                                                                  ¦
+------ Wortraten ------------------------------------- 4 ------+
```

Anregungen zum Weiterbasteln

1. Sollte Ihre Pascal-Version einen String-Typ kennen (was ich
   bei einer Reihe anderer Programme einfach angenommen habe),
   so nutzen Sie ihn: Vereinfachen Sie Ein- und Ausgabe des
   Programms Wortraten!

2. Die Unterscheidung von Klein- und Großbuchstaben ist in der
   Anwendung unpraktisch. Nehmen Sie bei den Eingaben
       o von Input   -> eingabe
       o von Wortfile -> zu_raten
   eine Umcodierung in Großbuchstaben vor.
   Anleitung:
   Großbuchstabe := chr(ord(Kleinbuchstabe) + ord('A') - ord('a'))

3. Nehmen wir einmal an, das zu ratende Wort ist "Baum". Die
   Eingabe von "Baum " (also: hinter Baum folgt noch ein
   Blank!) führt dazu, daß der Versuch als "falsch" bewertet
   wird. Nehmen Sie eine Korrektur vor, sodaß schließende
   Blanks in dem Rateversuch nicht beachtet werden.

4. Auch in diesem Programm können Sie wieder das Auftauchen
   eines richtigen Buchstabens an der (den) jeweiligen Stelle(n)
   direkt vornehmen (ohne kompletten Aufbau des Wortes). Musike
   nicht vergessen!

5. Zu diesem Spiel gibt es eine grafische Ergänzung: Mit
   jedem erfolglosen Rateversuch wird ein Körperteil einer
   Person an einem Galgen auf dem Terminal abgebildet, und
   wenn das Bild komplett ist, bevor das Wort geraten wurde,
   hat der Rater verloren. Diese weitverbreitete Variante trägt
   allgemein den Namen Hangman.

Mastermind

Dieses Spiel stellt sicherlich eines der meisterfundenen (gibt es
dieses Wort überhaupt?) Programme dar; ganze Generationen von
Studenten wurden damit entweder freiwillig oder aber zwangsweise
(als Übungs-/Klausuraufgabe) konfrontiert. Und da sich alle Versionen wieder ein wenig von einander unterscheiden, soll diese
sich einmal selbst vorstellen:

```
    ****  M a s t e r m i n d  ****
    Sie sollen eine Zeichenfolge aus Zeichen von 0 bis 9 raten.
    Nach jedem Rateversuch erhalten Sie mitgeteilt,
        o wieviele Zeichen an der richtigen Position stehen
        o und wieviele sonst noch richtig sind (aber nicht
          an der richtigen Position).
    Wieviele Stellen (max. 10): 4    - RETURN -

    Gib Zeichenfolge: 1234     - RETURN -
    richtige Positionen: 0
    richtige Zeichen:    2
    Gib Zeichenfolge:
      .
      .
      .
```

Ein Blick in das Innere des Programms: Neben der Behandlung einer
Zeichenfolge (üblicherweise werden in MASTERMINDs immer nur Zif-
fernfolgen geraten) sticht die Prozedur AUSWERTEN ins Auge. Das
Problem "Wie berechne ich die Anzahl der Zeichen, die zwar richtig, aber nicht an der richtigen Position stehen" ist dort mit
Hilfe von Mengenoperationen gelöst worden. Dabei - und das erweist
sich das wesentliche Argument für den Einsatz von Mengen - dürfen
Duplikate von Zeichen nicht mehrfach gezählt werden. Somit müssen
zunächst die beiden Zeichenmengen CHARSET_MENSCH (Zeilen 128-131)
und CHARSET_RECHNER (Zeilen 132 - 135) aufgebaut werden und danach
dann ihre Schnittmenge ermittelt werden (Zeilen 139 - 143).

Doch damit ist erst die Gesamtzahl aller richtig geratenen Zeichen
bestimmt worden. Von dieser Zahl muß noch die Zahl der Zeichen ab-
gezogen werden, die an den richtigen Positionen geraten wurden
(Zeile 144). Und damit ist die Zahl der REST_RICHTIGEn gefunden.

```pascal
   1 PROGRAM mastermind (input, output);
   2
   3 (*    M a s t e r m i n d    *)
   4 (*                           *)
   5 (* Autor : H.E. Erbs    1983 *)
   6
   7 USES
   8    applestuff;
   9
  10 CONST
  11    ende             = '*';
  12    max_zeichenzahl  = 10;
  13    erstes_zeichen   = '0';
  14    letztes_zeichen  = '9';
  15
  16 TYPE
  17    lauf_typ        = 0..max_zeichenzahl;
  18    zeichen_vorrat  = erstes_zeichen..letztes_zeichen;
  19    zf_typ          = RECORD
  20                          zeichenfolge : ARRAY [lauf_typ]
  21                                         OF zeichen_vorrat;
  22                          anzahl       : lauf_typ
  23                      END;
  24
  25 VAR
  26    zu_raten,
  27    rate_versuch   : zf_typ;
  28    schluss        : boolean;
  29
  30
  31 PROCEDURE initialisieren (VAR rechner, mensch : zf_typ);
  32 VAR
  33    i : lauf_typ;
  34
  35 BEGIN
  36    FOR i := 0 TO max_zeichenzahl DO
  37       rechner.zeichenfolge [i] := letztes_zeichen;
  38    rechner.anzahl := 0;
  39    mensch := rechner;
  40
  41    writeln;  writeln;
  42    writeln ('***** M a s t e r m i n d *****');
  43    writeln;
  44    writeln ('Sie sollen eine Zeichenfolge aus Zeichen ',
  45             'von ',erstes_zeichen,' bis ',
  46             letztes_zeichen,' raten.');
  47    writeln;
  48    writeln ('Nach jedem Rateversuch erhalten Sie ',
  49             'mitgeteilt,');
  50    writeln (' o wieviele Zeichen an der richtigen ',
  51             'Position stehen');
  52    writeln (' o und wieviele sonst noch richtig sind ');
  53    writeln ('    (aber nicht an der richtigen Position).');
  54    writeln;
  55    write   ('Wieviele Stellen soll die Zeichenfolge ',
```

```
 56                    'haben (max. ',max_zeichenzahl,'): ');
 57     readln (rechner.anzahl)
 58 END (* Initialisieren*);
 59
 60
 61 PROCEDURE rechner_denkt (VAR zu_raten : zf_typ);
 62 VAR
 63    i, zufall   : lauf_typ;
 64    zufall_set : SET OF lauf_typ;
 65
 66 BEGIN
 67    randomize;
 68    zufall_set := [];
 69    WITH zu_raten DO
 70      BEGIN
 71        FOR i := 1 TO anzahl DO
 72          BEGIN
 73            zufall := random MOD max_zeichenzahl;
 74            WHILE zufall IN zufall_set DO
 75              zufall := random MOD max_zeichenzahl;
 76            zeichenfolge [i] := chr (zufall +
 77                              ord (erstes_zeichen));
 78            zufall_set := zufall_set + [zufall]
 79          END (* FOR *)
 80      END (* WITH *)
 81 END (* Rechner_denkt *);
 82
 83
 84 PROCEDURE mensch_raet (VAR rate_versuch : zf_typ;
 85                            stellenzahl  : lauf_typ);
 86 VAR
 87    in_string : string;
 88    i         : lauf_typ;
 89
 90 BEGIN
 91    writeln;
 92    WITH rate_versuch DO
 93      BEGIN
 94        write ('Gib Zeichenfolge (Ende=<RETURN>): ');
 95        readln (in_string);
 96        anzahl := length (in_string);
 97        FOR i := 1 TO anzahl DO
 98          zeichenfolge [i] := in_string [i]
 99      END (* WITH *)
100 END (* Mensch_raet *);
101
102
103 PROCEDURE auswerten (rechner, mensch : zf_typ;
104                      VAR zu_ende     : boolean);
105 VAR
106    i               : lauf_typ;
107    charset_mensch,
108    charset_rechner : SET OF zeichen_vorrat;
109    z               : zeichen_vorrat;
110    ergebnis        : RECORD
```

```
 111                           position,
 112                           rest_richtige : lauf_typ
 113                         END (* RECORD *);
 114
 115 BEGIN
 116     IF mensch.anzahl > 0
 117       THEN
 118         BEGIN
 119           (* wieviele an der richtigen Stelle? *)
 120           ergebnis.position := 0;
 121           FOR i := 1  TO mensch.anzahl DO
 122             IF mensch.zeichenfolge [i]
 123                = rechner.zeichenfolge [i]
 124               THEN
 125                 ergebnis.position := ergebnis.position + 1;
 126
 127           (* wieviele sind sonst noch richtig? *)
 128           charset_mensch := [];
 129           FOR i := 1 TO mensch.anzahl DO
 130             charset_mensch := charset_mensch
 131                               + [mensch.zeichenfolge [i]];
 132           charset_rechner:= [];
 133           FOR i := 1 TO rechner.anzahl DO
 134             charset_rechner:= charset_rechner
 135                               + [rechner.zeichenfolge [i]];
 136
 137           WITH ergebnis DO
 138             BEGIN
 139               rest_richtige := 0;
 140               FOR z := erstes_zeichen TO letztes_zeichen DO
 141                 IF z IN (charset_rechner * charset_mensch)
 142                   THEN
 143                     rest_richtige := rest_richtige + 1;
 144               rest_richtige := rest_richtige - position;
 145
 146               writeln ('richtige Positionen: ',position);
 147               writeln ('richtige Zeichen   : ',
 148                         rest_richtige)
 149             END (* WITH *)
 150         END (* THEN *);
 151
 152     zu_ende := (rechner = mensch) OR (mensch.anzahl = 0)
 153 END (* Auswerten *);
 154
 155
 156 PROCEDURE ende_meldung (rechner,mensch : zf_typ);
 157 VAR
 158     i : lauf_typ;
 159
 160 BEGIN
 161     IF mensch.anzahl = 0
 162       THEN
 163         BEGIN
 164           writeln; writeln;
 165           writeln ('Na denn eben nicht.');
```

```
+---------------------------------------------------------------+
|                                                               |
| 166              write   ('Die Zeichenfolge lautet: ');       |
| 167              FOR i := 1 TO rechner.anzahl DO              |
| 168                 write (rechner.zeichenfolge [i]);         |
| 169              writeln                                       |
| 170            END (* THEN *)                                  |
| 171          ELSE                                             |
| 172            IF mensch = rechner                             |
| 173              THEN                                          |
| 174                writeln ('***** Herzlichen Glueckwunsch!')  |
| 175              ELSE                                          |
| 176                writeln ('Nanu - hier kann man doch garnicht ', |
| 177                         'hingelangen ?????');             |
| 178      writeln;                                             |
| 179      writeln ('***** Ende Mastermind')                    |
| 180 END (* Ende_Meldung *);                                   |
| 181                                                           |
| 182                                                           |
| 183 BEGIN (* Mastermind *)                                    |
| 184    initialisieren (zu_raten, rate_versuch);              |
| 185    rechner_denkt  (zu_raten);                             |
| 186    REPEAT                                                  |
| 187       mensch_raet (rate_versuch, zu_raten.anzahl);       |
| 188       auswerten   (zu_raten, rate_versuch, schluss)      |
| 189    UNTIL schluss;                                         |
| 190    ende_meldung   (zu_raten, rate_versuch)              |
| 191 END    (* Mastermind *).                                  |
|                                                               |
+------ Mastermind -------------------------------- 4 ------+
```

Anregungen zum Weiterbasteln

1. MASTERMIND oder SUPERHIRN werden bevorzugt mit Farben gespielt.
   Ändern Sie das Programm entsprechend ab.
   Für die "Besitzenden": Schaffen Sie eine maßgeschneiderte
   Version für Ihren Farbmonitor.

2. Nach - sagen wir - 10 Versuchen verliert ein Spieler allmählich den Überblick, welche Zeichenfolgen er mit welchem
   Resultat geraten hat. Sehen Sie ein "Gedächtnis" vor, in dem
   diese Daten gehalten werden und durch eine Spezialeingabe
   abgerufen werden können.

3. Erfinden Sie - analog zum 'Zahlenraten' eine einfache
   Rechner-Variante: 'Zufallsstrategie mit Gedächtnis'. Jeder
   Rateversuch ist dabei eine Zufallsfolge, die im Gedächtnis
   gemerkt wird (damit sie kein zweites Mal benutzt wird).

4. Entwickeln Sie eine intelligentere Rechner-Variante als in
   Anregung 3; analysieren Sie zuvor Ihr eigenes Spielverhalten
   und übertragen Sie eine geeignete Strategie in das Programm.

3 Literatur

Lehrbücher zur Programmierung (in Pascal bzw. BASIC)

Heinz-Erich Erbs &   Einführung in die Programmierung in PASCAL
Otto Stolz: Stuttgart 1982
Dieses Buch sollte man vor der Lektüre von Spielebüchern (also
auch dem vorliegenden) durcharbeiten - in ihm wird vorrangig ver-
mittelt, wie man vernünftiges Programmieren erlernt (mit Pascal).
Es enthält auch ein spezielles Kapitel über UCSD-Pascal mit dem
apple II (für "Einsteiger").

Herbert Löthe &   Systematisches Arbeiten mit BASIC
Werner Quehl: Stuttgart 1982
Das Buch zeigt, wie man auch mit BASIC strukturiert programmieren
kann.

Kathleen Jensen &   Pascal User Manual and Report
Niklaus Wirth :   2. Auflage New York 1975
Heute noch (solange jedenfalls die Norm noch nicht endgültig
festliegt) das Standardwerk in allen Pascal-Fragen. Taugt aber
nichts zum Erlernen von Pascal (viele haben's schon damit versucht und haben schnell zu etwas Besserem gegriffen). Ist aber
gut für die Hinterhand.

Spielprogramm-Sammlungen

Rüdeger Baumann: Computerspiele und Knobeleien programmiert
                        in BASIC Würzburg 1983 (2. Auflage)
gut: Programme sind lesbar, der Ablauf der Spiele wird erläutert.
aber: zu wenig zum Prozeß der Programmentwicklung
Trotz allem: bestes Buch dieser Gruppe!

People's Computer   What to Do After You Hit RETURN
Company :   Menlo Park California 1974 5. Auflage

R. W. Brown: BASIC Software Library
                        Scientific Research Inst.
                        Key Biscayne Florida 1977 (2. Auflage)
Sammlung von Programmen aus verschiedenen Themenbereichen
(8 Bände), darunter auch Spielprogramme

David H. Ahl (Hrsg.): BASIC Computer Games Microcomputer Edition
                      Morristown New Jersey 1978

Digital Equipment   101 BASIC Computer Games
Cooperation :   Mayward, Massachusetts 1975 (3. Auflage)

Gerfried Tatzl :   Spielpartner Mini-Computer Spiele und
                        Spielgestaltung mit programmierbaren
                        Taschenrechnern Wiesbaden 1983
Der Untertitel dieses letzten Buches verrät, welche 'Mini-
Computer' der Autor im Auge hat: Taschenrechner! Wenn für die
bisher aufgezählten Spielesammlungen (außer Baumann!) das Prädikat
'kaum lesbar' vergeben werden muß, so trifft für diese Zusammen-
stellung eine schlimmere Wertung zu: diese Programme kann man nur
noch abtippen und hoffen, daß sie laufen!
gut: Die Entwicklung von Details der Programme wird ausreichend
breit geschildert, die allgemeinen Gedanken zur Spielgestaltung
fallen dagegen sehr mager aus und so allgemein sind sie auch wieder nicht: alles ist orientiert an dem 'Mini-Computer' (und da es
sich lediglich um programmierbare Taschenrechner wie HP 65 oder
TI 58/59 handelt, nimmt es eben Rücksicht auf deren Grenzen!).

Aus allen diesen Vorlagen lassen sich sicherlich Ideen für die
eigene Programmentwicklung schöpfen - aber mehr auch nicht! In den
meisten Fällen ist es besser, an die völlige Neuentwicklung eines
Programms zu gehen, als eine schlechte Vorlage umzusetzen zu versuchen. In den meisten Programmlistings ist der GOTO-Dschungel
einfach nicht zu durchqueren!

In diesen Sammlungen finden Sie dann auch (endlich?) die martiali-
schen Spiele wie WAR, BATTLE, GUN etc., die der Autor dieses
Buches nicht als verbreitenswert ansieht (SCHIFFE_VERSENKEN stellt
die einzige Ausnahme dar!).

Und wo sind sonst noch Spiele zu finden?

Klaus Menzel: BASIC in 100 Beispielen   Stuttgart 1981
In dieser Programmsammlung findet man einige Spiele, allesamt zu
kurz geraten und kaum strukturiert programmiert, bieten aber
Anregungen zu eigenen Entwicklungen!

Peer und Ullrich   Videospiele Tips und Strategien wie man
Blumenschein: sie meistert Ratschläge für den Kauf
                       München 1982
Wenngleich dieses Buch nur die passive Seite (passiv aus der Sicht
der Spielentwickler) von Spielen im Auge haben, so lassen sich ihm
doch sicherlich Ideen zum Entwurf von sehr dynamischen Spielen
('Tele-/Videospiele') entnehmen.

Rita Danylink: Das große Taschenbuch der Freizeitspiele
                       (Spiele für unterwegs und für Schönwetter-
                       tage. Karten-, Würfel-, Schreib- und
                       Streichholzspiele. Internationale Spiele)
                       München 1983
Dieses Buch steht stellvertretend für alle Spielbücher, die eben
nicht Computerspiele meinen und noch mit realen (und nicht nur
simulierten) Objekten umgehen. Eine Fundgrube für Ideen zur
Spieleprogrammierung!

Literatur zu einzelnen Sachthemen

Horst Schmid: Biorhythmus - Die neue Lebenshilfe
                       Köln 1980
Eine populärwissenschaftlich gehaltene Einführung über Biorhyth-
mik, die neben Hilfe zur manuellen Berechnung des Kurvenverlaufs
anhand von Fallstudien von bekannten Personen die "Richtigkeit"
der Theorie nachweist (?).

Gunther Gediga,   Problemlösen in einer komplexen Situation
Henning Schöttke und
Manfred Tüche:

Dieser Band 27 aus der Reihe der "Psychologischen Forschungs-
berichte" der FB 8 der Universität Osnabrück beschreibt Ergeb-
nisse einer Untersuchung zum Problemlöseverhalten von Personen,
die mit dem Programm HAMURABI spielten.

Brüder Grimm: Schönste Kindermärchen   Reutlingen o.J.

Theorie der Spiele

Rudolf Vogelsang: Die mathematische Theorie der Spiele
                       Bonn 1963
Dieses Buch (oder andere Bücher mit ähnlichen Titeln) ist für
diejenigen geeignet, die sich mit dem mathematischen Hinter-
grund (Wahrscheinlichkeitsrechnung, Spieltheorie) von Spielen
beschäftigen möchten.

MikroComputer–Praxis

Die Teubner-Buchreihe für Ausbildung, Beruf, Freizeit und Hobby

Duenbostl/Oudin: **BASIC-Physikprogramme**
152 Seiten. DM 23,80

Duenbostl/Oudin: **BASIC-Physikprogramme 2**
In Vorbereitung

Erbs: **33 Spiele mit PASCAL**
... und wie man sie (auch in BASIC) programmiert
326 Seiten. DM 32,—

Erbs/Stolz: **Einführung in die Programmierung mit PASCAL**
232 Seiten. DM 23,80

Haase/Stucky/Wegner: **Datenverarbeitung heute**
mit Einführung in BASIC
2. Aufl. 284 Seiten. DM 23,80

Hainer: **Numerik mit BASIC-Tischrechnern**
251 Seiten. DM 26,80

Klingen/Liedtke: **Programmieren mit ELAN**
207 Seiten. DM 23,80

Klingen/Liedtke: **ELAN in 100 Beispielen**
In Vorbereitung

Lehmann: **Lineare Algebra mit dem Computer**
285 Seiten. DM 23,80

Löthe/Hoppe: **Logo in Beispielen**
In Vorbereitung

Löthe/Quehl: **Systematisches Arbeiten mit BASIC**
188 Seiten. DM 19,80

Menzel: **BASIC in 100 Beispielen**
4. Aufl. 244 Seiten. DM 24,80

Menzel: **BASIC in 100 Beispielen**

— **mit Diskette I:** Alle BASIC-Programme in APPLESOFT
DM 62,—

— **mit Diskette II:** Alle BASIC-Programme für CBM 8050/8250 Floppy
DM 62,—

Menzel: **Dateiverarbeitung mit BASIC**
237 Seiten. DM 28,80

— **mit Diskette:** Alle BASIC-Programme in CP/M-Version und APPLE-DOS
3.3-Version sowie eine Testdatei
DM 62,—

Fortsetzung auf der nächsten Seite

 B. G. Teubner Stuttgart

MikroComputer–Praxis

Die Teubner-Buchreihe für Ausbildung, Beruf, Freizeit und Hobby

Mittelbach: **Simulationen in BASIC**
In Vorbereitung

Nievergelt/Ventura: **Die Gestaltung interaktiver Programme**
124 Seiten. DM 23,80

— **mit Diskette:** UCSD-Pascal-Programme für den Apple II Computer
DM 59,80

Ottmann/Schrapp/Widmayer: **PASCAL in 100 Beispielen**
258 Seiten. DM 24,80

— **mit Diskette:** UCSD-Pascal-Programme für den Apple II Computer
DM 72,—

Die Reihe wird durch weitere Bände fortgesetzt.

Preisänderungen vorbehalten

B. G. Teubner Stuttgart